परमाणु ऊर्जा
ATOMIC ENERGY

लेखक
डॉ. डी. के. ठाकुर
एम. एससी., पीएच.डी.

डिस्कवरी पब्लिशिंग हाऊस प्राईवेट लिमिटेड
नई दिल्ली–110 002

प्रकाशकः

तिलक वासन

डिस्कवरी पब्लिशिंग हाऊस प्राइवेट लिमिटेड
4383/4B, अन्सारी रोड, दरियागंज
नई दिल्ली - 110 002
दूरभाष 23279245, 43596064-65
फैक्स 91-11-23253475
E-mail : discoverypublishinghouse@gmail.com
sales@discoverypublishinggroup.com
parul.wasan@gmail.com
web : www.discoverypublishinggroup.com

प्रथम संस्करणः 2014

ISBN: 978-93-5056-531-5

परमाणु ऊर्जा

Printed at:
Dynamic Printers
Delhi

प्रस्तावना

पदार्थ की विभाज्यता की धारणा के बारे में विश्व के अनेक देशों (भारत सहित) में बहुत पहले विचार किया गया था। भारतीय दार्शनिक महर्षि कनाड ने प्रतिपादित किया था कि यदि हम द्रव्य को विभाजित करते जाएँ तो हमें छोटे और छोटे कण प्राप्त होंगे, और एक सीमा ऐसी आएगी जब हमें सूक्ष्मतम कण मिलेगा जिसका आगे और विभाजन करना असंभव होगा। उन्होंने इन कणों को परमाणु कहा। सन् 1920 ईस्वी में रदरफोर्ड ने प्रस्तावित किया कि नाभिक के अंदर इलेक्ट्रॉन और प्रोटॉन उच्च स्थिर वैद्युत आकर्षण के कारण इतने करीब होते हैं कि दोनों को मिलाकर एक कण रूप में सोचा जा सकता है। इस कण पर कुल आवेश शून्य होगा। उन्होंने इस कण को न्यूट्रॉन का नाम दिया। इसका द्रव्यमान प्रोटॉन के द्रव्यमान का नाम दिया। इसका द्रव्यमान प्रोटॉन के द्रव्यमान के समान अपेक्षित था। न्यूट्रॉन को प्रयोगात्मक प्रेक्षण के लिए कई प्रयास किए गए। चूँकि ये आवेशित कण नहीं है इसलिए ये दूसरे पदार्थ के साथ प्रबलता से परस्पर अभिक्रिया नहीं करते और उनमें से आसानी से प्रवाहित हो सकते हैं। इस प्रकार न्यूट्रॉन का प्रेक्षण करना बहुत कठिन कार्य था। कणाद् रचित ''वैशेशिक दर्शन'' में परमाणु-सिद्धांत का सुन्दर उल्लेख है, जिसमें सम्पूर्ण सृष्टि की रचना परमाणुओं से बतलाई गयी है। जब परमाणु एक दूसरे से पृथक अवस्था में होते है तो प्रलयावस्था होती है और जब वे संयुक्त होकर भिन्न-भिन्न पदार्थों की रचना करते हैं तो सृष्टि का आविर्भाव होता है। 10 दिसंबर, 1967! अमरीका में जमीन के अंदर 1200 मीटर की गहराई पर एक 20 किलोटन प्रतिफल वाला न्यूक्लीय विस्फोट किया गया और जून 1968 तक उससे काफी मात्रा में गैस निकाली गयी! 12 मार्च 1968! नेंवाद में बोसाल्ट माध्यम श्रृंखलाबद्ध रूप से एक के बाद एक धमाके (री-चार्ज डिटोनेशन) किये गये। और परिणामस्वरूप पहाड़ों को काटकर सड़कें, रेलमार्ग, नहरें इत्यादि बनाये जाने की संभावनाएँ बढ़ने लगी। अगर पुराने पारंपरिक रासायनिक विस्फोटों को जैसे डायनामाइट आदि का उपयोग करके पहाड़ियों वाली जगह में एक 200 मीटर चौड़ी, 30 मीटर गहरी और 80 किलोमीटर लंबी नहर खोदी जाये, तो तकरीबन 3000 करोड़ खर्च होते हैं। वहीं नहर यदि कुछ भूमिगत न्यूक्लीय विस्फोटों से खोदी जाये तो मात्र 300 करोड़ रूपये ही खर्च होते हैं। सिर्फ इसी एक उदाहरण से न्यूक्लीय विस्फोटों की शांतिपूर्ण क्षमताओं का पता लग जाता है।

प्रस्तुत पुस्तक में परमाणु से उत्पन्न ऊर्जा को विभिन्न रूपों में दर्शाया गया है।

- लेखक

विषय सूची

1

परमाणु एवं परमाणु की उत्पत्ति

पदार्थ परमाणुओं एवं अणुओं से मिलकर बनते हैं। परिभाषा के अनुसार परमाणु पदार्थों के सूक्ष्मतम अविभाज्य कण होते हैं। जिनका स्वतंत्र अस्तित्व होता है। यह विचार 19वीं शताब्दी में डाल्टन तथा अन्य वैज्ञानिकों ने दिया था। इस सिद्धांत ने रासायनिक अभिक्रियाओं एवं गैसों के गुणधर्मों को स्पष्ट करने में सहायता की है। परमाणु सिद्धांत के आधार पर रासायनिक क्रियाओं में स्थिर अनुपात के नियम को आसानी से समझाया गया है। विभिन्न परमाणुओं के आपेक्षिक द्रव्यमानों और रासायनिक यौगिक के सूत्रों को स्थापित करने के लिए भी यह सिद्धांत उपयोगी सिद्ध हुआ। ठीक इसी समय वैज्ञानिक विचार कर रहे थे कि क्या परमाणु वास्तव में अविभाज्य है? क्या परमाणु के अंदर छोटे-छोटे संघटक कण उपस्थित हैं? यदि ऐसा है तो क्या ऐसे आधारभूत और सूक्ष्म कण हैं जिनसे मिलकर परमाणु बना है? सन् 1895 और 1905 ईस्वी में हुए मूल प्रयोगों की श्रृंखला द्वारा यह स्पष्ट हुआ है कि परमाणु की एक संरचना होती है।

अब हम 1890 के दशक में प्रतिपादित परमाणु की प्रकृति से जुड़े मूल सिद्धांतों पर विचार करते हैं। यह सर्वविदित था कि विभिन्न परमाणुओं द्वारा उत्सर्जित प्रकाश में अभिलाक्षणिक वर्ण या तरंगदैर्ध्य होती हैं। प्रिज्म स्पेक्ट्रोमीटर में यह अभिलाक्षणिक वर्ण रेखाओं के रूप में प्रकट होते हैं जो साधारणत: वर्णक्रमीय रेखाएँ कहलाती हैं। यह सारी रेखाएँ मिलकर परमाणु का अभिलाक्षणिक वर्णक्रम बनाती हैं। उदाहरणार्थ, सोडियम परमाणु की प्रमुख वर्णक्रमीय रेखाएँ, स्पेक्ट्रम के पीत क्षेत्र में विद्यमान होती हैं।

इसी प्रकार हाइड्रोजन भी एक अभिलाक्षणिक स्पेक्ट्रम प्रदान करता है। इस प्रकार यह भलीभाँति स्थापित हुआ कि परमाणुओं का वर्णक्रम, परमाणु की संरचना के साथ जुड़ा होता है। 19वीं शताब्दी के अंत में परमाणु की संरचना को व्यक्त करना तथा उसके महत्त्वपूर्ण गुणधर्मों, जैसे अभिलाक्षणिक उत्सर्जन वर्णक्रम और रासायनिक अभिक्रियाओं को समझना एक चुनौतीपूर्ण कार्य था।

इलेक्ट्रॉन की खोज

लगभग 100 वर्ष पहले विसर्जन नलिका द्वारा किए प्रायोगिक कार्यों ने कई ऐतिहासिक आविष्कारों को जन्म दिया। यह दोनों सिरों से बंद एक काँच की नली G है। इससे एक छोटी नली V संगलित है। दो धातु के इलेक्ट्रॉड A और B नली G के दोनों सिरों पर सील बन्द हैं। धातु की प्लेट A और B को विद्युत पावर स्त्रोत के इलेक्ट्रॉडों से जैसे उच्च वोल्टता प्रेरण कुण्डली जोड़ सकते हैं। अगर इलेक्ट्रॉड A को पावर स्रोत के ऋण सिरे से जोड़ते हैं तो यह कैथोड कहलाता है। इलेक्ट्रॉड B को पावर सप्लाई के धन सिरे से जोड़ते हैं तो यह ऐनोड कहलाता है। प्रसिद्ध वैज्ञानिक माइकेल फैराडे द्वारा स्थापित परिपाटी के अनुसार ही ऐनोड और कैथोड शब्द प्रयुक्त

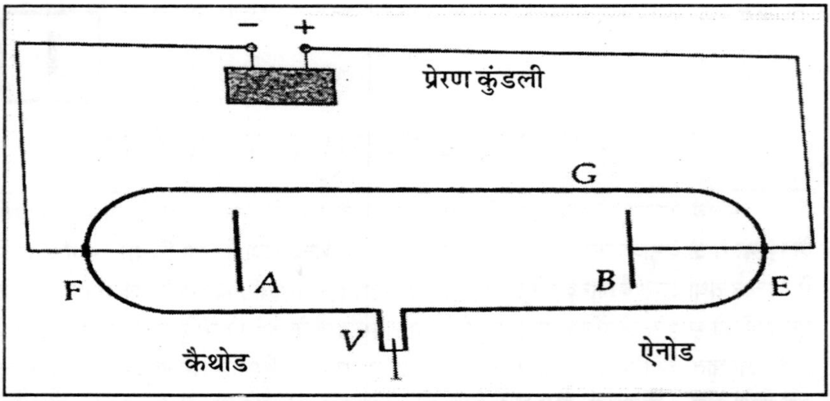

किए गए हैं। जब नली G में वायु या कोई अन्य गैस नॉर्मल वायुमंडलीय दाब तथा दसों हजार की उच्च वोल्टता पर इलेक्ट्रॉड A और B को रखते हैं, तो कुछ भी आसामान्य नहीं होता। अपितु जब नली G में से वायु या अन्य गैस को निर्वात पंप द्वारा निकालते हैं तो कई आश्चर्यजनक परिघटनाएँ घटनी शुरू होती हैं। प्रारंभ में टिमटिमाहट के रूप में प्रकाश उत्सर्जित होता है। जैसे ही नली G में से वायु को बाहर निकाल कर, इसके दाब को कम कर देते हैं, तो पूरी नली लगभग समान रूप से दीप्ति से भर जाती है।

जब नली को प्रारंभ में नॉर्मल वायु से भरा गया था तब दीप्ति मैजेंटा लाल वर्ण (Magentared) का होता है। निम्नतर दाब पर एक समान दीप्ति के बीच-बीच में गहरी धारियाँ बनती हैं जो नली के अक्ष के अभिलंब (perpendicular) होती हैं। नॉर्मल वायु भरी हुई विसर्जन नलिका को दिखाता है। उस नली को दर्शाया गया है जिसमें निर्वात करने के पहले वैद्युत क्षेत्र अनुप्रयुक्त किया गया है। जिसके फलस्वरूप विसर्जन नली में कोई दीप्ति उत्पन्न नहीं होती है। दूसरी तरफ जिसमें नली का दाब कम है, दीप्ति साफ-साफ दिखाई देती है। अगर दाब और कम कर दें तो सारे विसर्जन लुप्त हो जाते हैं और नली काली दिखाई पड़ती है। शीशे की नली में कैथोड के विपरीत सिरे पर हरा-पीला प्रकाश उत्सर्जित होता है। यह नली के काँच का प्रतिदीप्ति है। दैनिक जीवन में अधिकतर प्रकाश के लिए प्रतिदीप्ति ट्यूबों का उपयोग किया जाता है। इन नलिकाओं में प्रतिदीप्ति के लिए फॉसफॉर (Phosphor) नामक एक विशेष प्रकार का उपयोग

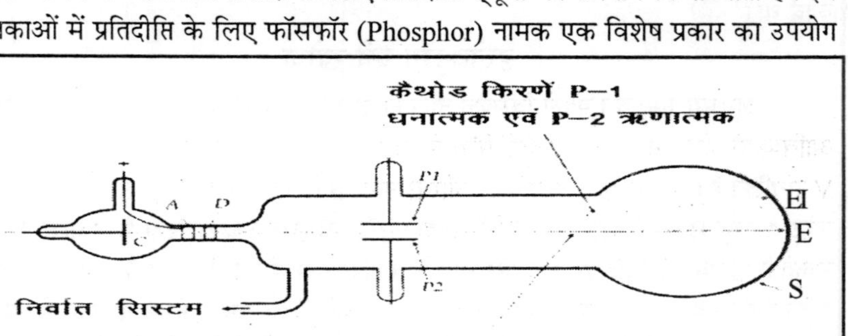

कैथोड किरणें (P-1एंव (P-2 के मध्य कोई क्षेत्र नही है)

किया जाता है। हरा-पीत वर्ण का प्रकाश काँच की नली के पदार्थ का अभिलक्षण होता है। यदि B को कैथोड और A को ऐनोड बना दें तो हरी-पीत प्रतिदीप्ति नली के F क्षेत्र में अवलोकित होती है। इस प्रेक्षण से यह निष्कर्ष निकला कि कैथोड कुछ प्रकार की किरणें उत्सर्जित करता है जो सीधी रेखा में चलती है। इन किरणों को **कैथोड किरणें** कहा जाता है। विलियम क्रूक्स (Crooks) और जे.जे. टॉसन ने विसर्जन परिघटना की सही प्रकृति और कैथोड किरणों की प्रकृति को समझने में आधारभूत योगदान दिया।

जे.जे. टॉमसन द्वारा इलेक्ट्रॉन की खोज

जे.जे. टॉमसन ने एक विशेष विसर्जन नलिका बनाई। इस नली में C कैथोड है। एक धातु की डिस्क A जिसके केंद्रीय भाग में अत्यंत सूक्ष्म छिद्र है जो ऐनोड का कार्य सम्पन्न करती है। डिस्क A के समान दूसरी डिस्क D, A के ठीक पीछे लगी है। इस प्रकार की व्यवस्था से कैथोड किरणें A तथा D डिस्कों के छिद्रों से निकलकर नली के दूसरे सिरे E पर टकराती हैं। नली में धातु की दो चपटी प्लेटें P^1 और P^2 लगाई गई हैं जिसे उच्च वोल्टता से जोड़ा गया है।

इस प्रकार की व्यवस्था से टॉमसन ने प्रमाणित किया कि उच्च वैद्युत क्षेत्र कैथोड किरणों को विक्षेपित कर सकता है। जब नली को उच्च निर्वात में संचालित कराया तो प्रतिदीप्ति किरणें E पर दिखाई पड़ती हैं। ऐनोड का मुख अत्यंत पतला होने के कारण विकिरण छोटे धब्बे के रूप में प्रकट हुई P^1 और P^2 पर जब उच्च वैद्युत क्षेत्र का अनुप्रयोग किया गया तो P^1 और P^2 की ध्रुवता पर आधारित धब्बा, E पर ऊपर नीचे होते दिखाई दिया। अगर P^1 प्लेट धनावेशित होने पर धब्बा ऊपर की ओर गतिशील हुआ। P^2 धनावेशित होने पर धब्बा नीचे की ओर गतिमान हुआ। जे.जे. टॉमसन ने विभिन्न वैद्युत शक्ति क्षेत्रों द्वारा बिन्दु E पर परिदीप्ति धब्बों द्वारा विस्थापित दूरियों को अनुमान S की सहायता से सावधानीपूर्वक मापा। यह भी उल्लेखित है कि क्रूक्स एवं अन्य वैज्ञानिकों ने पहले ही प्रेक्षण कर लिया था कि तीव्र चुंबकीय क्षेत्र भी कैथोड किरणों को विक्षेपित कर सकता है।

यह तो स्पष्ट हो गया कि कैथोड किरणें गतिमान आवेशित कण हैं, क्योंकि ये किरणें वैद्युत और चुंबकीय क्षेत्रों द्वारा प्रभावित होती हैं अब इन आवेशित कणों की प्रकृति को सिद्ध करना था। कैथोड किरणों की वैद्युत क्षेत्र में विक्षेपित होने की दिशा ने दिखाया कि ये ऋणावेशित कणों से मिलकर बनी हैं। वैद्युत क्षेत्र में कैथोड किरणों के विक्षेपण के अध्ययन द्वारा जे.जे. टॉमसन ने कैथोड किरणों की संघटन कणों के आवेश और द्रव्यमान के अनुपात e/m का मान निर्धारित किया। e कण का आवेश एवं m कण का द्रव्यमान हैं। e/m का मान निम्न रूप में प्रदर्शित कर सकते हैं।

$$e/m = 1.76 \times 10^{11}\ C/kg$$

यह पाया गया कि इलेक्ट्रॉड के पदार्थों को बदलने या विसर्जन नली में विभिन्न गैसों के बदलने पर भी e/m का मान नहीं बदलता, अर्थात् यह मान स्थिर रहता है। स्मरण रहे कि उस समय तक माइकेल फैराडे एवं अन्य वैज्ञानिकों द्वारा वैद्युत अपघट्य विलयन के अपघटन का गहन अध्ययन किया जा चुका था। विलयन में वैद्युत क्षेत्र के प्रभाव में धनायनों और ऋणायनों की

गतिशीलता को स्थापित किया जा चुका था। उदाहरण के लिए सोडियम क्लोराइड के विलयन में Na^+ धनायन का कैथोड की ओर गति करके एकत्रित होना ज्ञात था। वैद्युत क्षेत्र में Cl^- ऋणायन ऐनोड की ओर गतिमान हुए। इन प्रयोगों से विभिन्न धनायन तथा ऋणायन के e/m के मान ज्ञात किए गए। कैथोड किरणों के कणों के e/m का मान H^+ आयन के मान से 2000 गुना अधिक पाया गया। इससे यह निष्कर्ष निकला कि या तो कैथोड किरणों के कणों का आवेश H^+ धनायन (प्रोटॉन) से 2000 गुना अधिक था या फिर ये कण 2000 गुना हाइड्रोजन परमाणु से हल्के थे। सभी प्रयोगात्मक साक्ष्यों को अध्ययन करने पर यह निष्कर्ष निकला कि कैथोड किरणों के कणों का द्रव्यमान हाइड्रोजन परमाणु से लगभग 2000 गुना कम था।

लगभग इसी समय रॉबर्ट ए. मिलिकन ने तेल की बूँदों के आवेश पर आकर्षक प्रयोग किए। दो धातुओं की प्लेटों के बीच में वैद्युत क्षेत्र प्रवाहित करने पर आवेशित तेल की बूँदें गतिशिल हुईं। वे बूँदों के आवेश को परिशुद्धता से मापने में सफल रहे।

उन्होंने बूँदों पर आवेश आधारभूत आवेश 1.6×10^{-19}C (कूलॉम) का हमेशा गुणात्मक पाया। कुछ और प्रयोगों, जिसमें धातुओं को गर्म कर अथवा पराबैंगनी विकिरणों द्वारा आवेशित कणों के उत्सर्जन पर भी अनुसंधान किया गया था। इन सभी कणों का मान एक जैसा पाया गया था। इन प्राप्त परिणामों को कैथोड किरणों के अध्ययन द्वारा प्राप्त परिणामों के साथ जोड़ने पर यह निष्कर्ष निकाला गया कि कैथोड किरणों के कणों पर एक आधारभूत इकाई का आवेश है। अर्थात्

$$e = 1.6 \times 10^{19} \text{ C}$$

जब e के इस मान को e/m के मान के साथ संयुक्त किया गया तो कण के द्रव्यमान को निम्न प्रकार से परिकलन किया गया।

$$m = 1.6 \times 10^{19} \text{ C}$$

$$1.76 \times 10^{11} \text{ C/kg}$$

इस प्रकार कैथोड किरणों के बनाने वाले कणों के मूलभूत गुणधर्मों को स्थापित किया। कैथोड किरणों के इन कणों को **इलेक्ट्रॉन** की संज्ञा दी गई। इस आधारभूत खोंज का श्रेय जे.जे. टॉम्सन को जाता है। उपरोक्त परिचर्चाओं से यह निष्कर्ष निकला कि ऋण आवेशित इलेक्ट्रॉन परमाणु का एक हिस्सा होता है जो कि उपयुक्त परिस्थितियों में परमाणु से विलगित किया जा

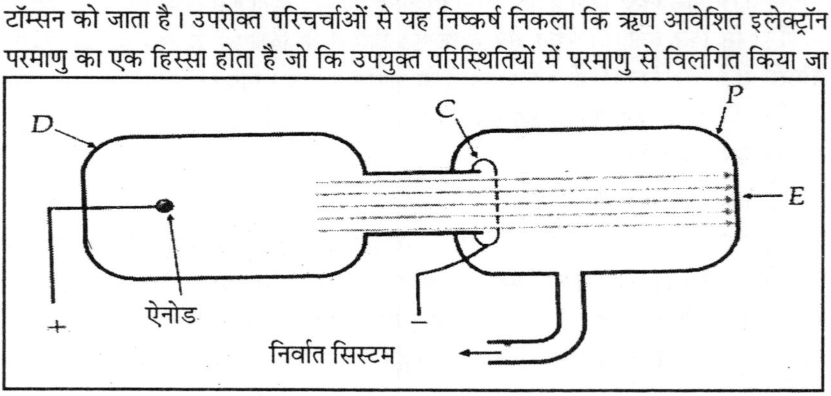

सकता है, जैसे कि उत्सर्जन नली में प्राप्त होता है। परमाणु वैद्युत रूप से उदासीन है, इसलिए परमाणु का शेष भाग जिसमें से इलेक्ट्रॉन निकाला गया, धनावेशित होना चाहिए। विसर्जन नलिका द्वारा किए गए अध्ययन से आयनित परमाणुओं के प्रयोगात्मक साक्ष्य दिए गए।

कैनाल किरणें या धनात्मक किरणें

कैथोड किरण नली से इलेक्ट्रॉन की आधारभूत खोज हुई। इन अध्ययनों ने आयनित परमाणु की उपस्थिति तथा परमाणुओं के आवेश/द्रव्यमान अनुपात के मापने को प्रदर्शित किया। सन् 1886 में एक जर्मन वैज्ञानिक ई.गौल्डस्टाइन (E.Goldstein) ने कैथोड किरण नली में नई किरणों की खोज को प्रकाशित किया। उसने एक विशेष प्रकार की नली बनाई। इस नली में आवश्यक दो कक्ष थे जो एक छिद्रयुक्त धातु डिस्क C द्वारा विलगित किए गए थे। विसर्जन नली D में डिस्क C कैथोड के रूप में थी। कक्ष D में कैथोड और ऐनोड के बीच वैद्युत–विसर्जन के फलस्वरूप समक्षणिक दूसरे कक्ष P में कुछ नई किरणों को लगातार गोल्डस्टाइन द्वारा प्रेक्षित किया गया।

ये किरणें कैथोड के छिद्रों से निकलकर कक्ष P के दूसरे सिरे E पर टकराई। कक्ष P में

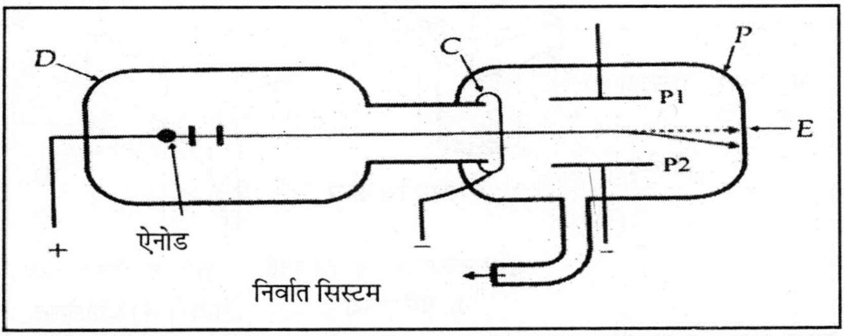

इन किरणों के पथ में अवशेष गैस की दीप्ति द्वारा ये किरणें देखी गईं। जब ये किरणें कक्ष P के सिरे E पर टकराई, तब प्रदीप्ति विकिरण भी उत्पन्न हुआ। इन किरणों को कैनाल किरणें कहा गया, क्योंकि ये कैथोड के छिद्रों या कैनाल में से निकलीं। यह उल्लिखित हैं कि जे.जे. टॉमसन और उसके सहयोगियों द्वारा विस्तारपूर्वक अध्ययन करने से पहले ही गोल्डस्टाइन ने ये विलक्षण प्रयोग किए थे।

टॉमसन द्वारा वैद्युत क्षेत्र में कैथोड किरणों को विक्षेपित करने में अपार सफलता प्राप्त करने के बाद, डब्लू. वीन उच्च वैद्युत क्षेत्र में कैनाल किरणों को विक्षेपित करने में सफल हुए। उन्होंने कैथोड C में केवल एक छोटा गोल छिद्र किया और सिरे E पर छोटा धब्बा देखा। उन्होंने दो प्लेट P^1 और P^2 कक्ष P में लगाई।

जब इन प्लेटों में लगभग 2000 वोल्ट का वैद्युत क्षेत्र उत्पन्न किया, तो प्रदीप्ति धब्बे का मापनीय विक्षेपण होते पाया गया। कैनाल, किरणों का ऋण इलेक्ट्रॉड की ओर आकर्षण ने दर्शाया कि इन्हे धनावेशित किरणें भी कहा जाता है। डब्ल्यु. वीन. (W.wien) किरणों के

आवेश/द्रव्यमान e/m अनुपात को टॉमसन तकनीक द्वारा मापने में सफल हुआ। जे.जे. टॉमसन और सहयोगियों ने धनावेशित किरणों के विक्षेपण का गहन अध्ययन किया। जब इन किरणों को वैद्युत और चुंबकीय क्षेत्र में से गुजारा गया तो उन्होंने पाया कि इन धनावेशित किरणों को फोटोग्राफिक प्लेट पर प्रतिबिंबित किया जा सकता है। वैद्युत और चुंबकीय क्षेत्र के साथ प्रयोगों से उन्होंने फोटोग्राफिक प्लेट पर वक्राकार चाप (Curved arc) का प्रतिबिम्ब देखा। धनावेशित किरणों का विक्षेपण एवं उनके चाप की आकृतियाँ उनके संघटक कणों के e/m अनुपात पर निर्भर करती है।

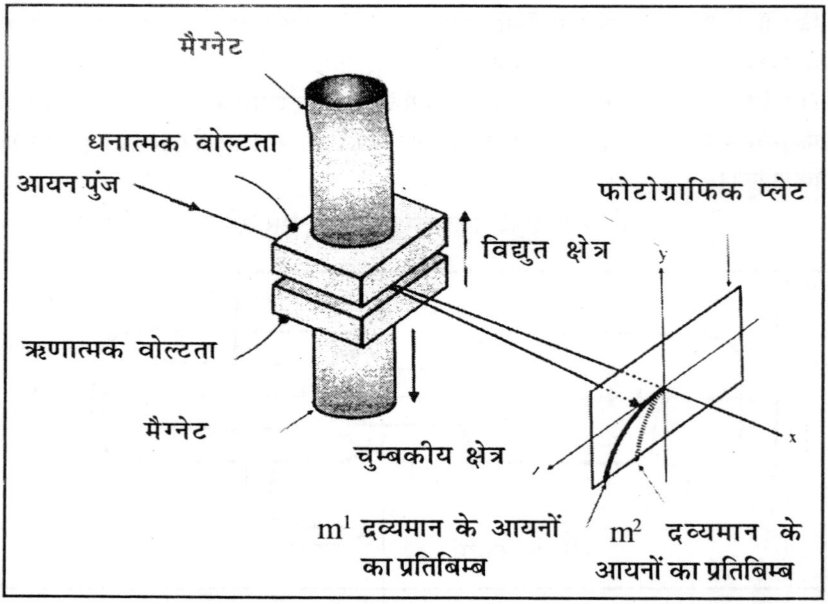

प्रायोगिक व्यवस्था की विधि द्वारा कई वर्षों से गैसीय अवस्था में विभिन्न परमाणविक और आणविक स्पीशीज की पहचान की जा रही है और यह द्रव्यमान स्पेक्ट्रममिति कहलाती है। आजकल, यह पदार्थों के संघटकों तथा उनमें बहुत कम मात्रा में उपस्थित अशुद्धियों के निर्धारण में उपयोग होता है।

X-किरणें और रेडियोधर्मिता

विसर्जन नलिका से संबंधित अध्ययनों से एक ओर आधारभूत खोज हुई, नामत, **बिल्हेल्म कोनार्ड रून्टगेन** (Wilhelm. k. Rontgen) द्वारा X-किरणों की खोज हुई। जब ऐनोड और कैथोड के बीच अत्यधिक उच्च वोल्टता प्रवाहित की तो काँच की नली पर जहाँ कैथोड किरणें टकराई, वहाँ से X-किरणों का उत्सर्जन हुआ। X-किरणों के खोज के समय उसकी प्रकृति एक रहस्य थी, इसलिए ये X-किरणें कहलाईं। कभी–कभी इन्हें रून्टगेन किरणें भी कहते है परन्तु इन आश्चर्यजनक विकिरणों को अधिकांशतः X-किरणों के नाम से प्रयुक्त किया जाता है। X-किरणों की खोज से वैज्ञानिकों के साथ–साथ आम आदमी पर भी गहरा प्रभाव पड़ा। चिकित्सकों

ने इसे कुछ महीनों की खोज के बाद से ही नैदानिक उद्देश्यों के लिए इसका उपयोग करना शुरू कर दिया। वे हड्डियों के प्रतिबिंब का प्रत्यक्ष देख कर उसमें दरार, विकृति और कई उन परिवर्तनों को जो स्वास्थ्य की समस्याओं का कारण बनते हैं, उनका पता लगा सकते थे।

कई वैज्ञानिकों ने जो X-किरणों के गुणधर्मों का अध्ययन कर रहे थे, सोचा कि ये किरणें विसर्जन नलिका में वहाँ से उत्पन्न हुईं जहाँ कैथोड किरणें टकराई थीं, इसलिए ये किरणें स्फुरदीप्ति से संबंधित हो सकती हैं। स्फुरदीप्ति एक ऐसी परिघटना है जिसमें जब किसी पदार्थ को X-किरणों या कैथोड किरणों या पराबैंगनी किरणों द्वारा किरणित किया जाता है, तो दृश्य प्रकाश का उत्सर्जन होता है। स्फुरदीप्ति उत्पन्न करने वाली विकिरण को बंद करने या हटाने पर भी प्रकाश उत्सर्जित होता रहता है। उदाहरण के लिए यह सर्वविदित था कि यूरेनियम के लवण को सूर्य के प्रकाश द्वारा किरणित करने पर ये चमकने लगती हैं। ये चमक सूर्य के प्रकाश से दूर हटाने के बाद भी बनी रहती है। हेनरी बैकेरल ने स्फुरदीप्ति और X-किरणों के संबंध की जाँच की। बैकेरल ने यूरेनियम के लवण को सूर्य के प्रकाश में थोड़ी देर खुला रखकर कागज में लपेट दिया। फिर उसे फोटोग्राफिक प्लेट पर रख दिया जो काले कागज से लिपटी हुई थी, जिससे कि सूर्य का प्रकाश प्लेट पर सीधा न पड़े। जब इन लवणों को कम समय के लिए देखा गया तो उसने कोई विशेष प्रभाव नहीं देखा, फिर जब समय बढ़ाया तो लवण ने प्लेट में कालापन उत्पन्न किया। यूरेनियम यौगिक को फोटोग्राफिक प्लेट पर रखने से पहले उसे प्रकाश में खुला रखना या न रखना निराकार था। इन प्रेक्षणों से बैकेरल ने निष्कर्ष निकाला कि ये लवण एक प्रकार की दुर्बल X-किरणें उत्सर्जित करते हैं जो लवण के आस-पास लिपटे कागज का तथा फोटोग्राफिक प्लेट को भेद सकती हैं।

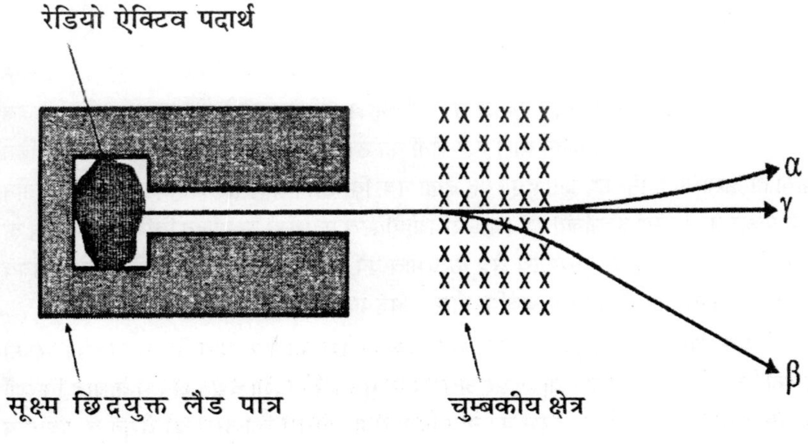

रेडियो ऐक्टिव पदार्थों पर चुम्ब कीय क्षेत्र के प्रभाव के अध्ययन के लिए किए गए प्रयोग का रेखीय चित्र

बैकेरल के निष्कर्षों ने वैज्ञानिकों को उन दूसरे पदार्थों की ओर ध्यान देने के लिए उत्साहित किया जो दुर्बल X-किरणें उत्सर्जित करते थे।

इस क्षेत्र में मादाम मेरी स्कलोदोवास्का क्यूरी (Madam Marie Sklodowska Curie) जो कि पति-पत्नी थे, ने अति विलक्षण अध्ययन किया। यह पाया गया कि थोरियम भी यूरेनियम जैसे गुणधर्म प्रदर्शित करता है। उन्होंने देखा कि पिचब्लैंड नामक खनिज में एक या अधिक ऐसे पदार्थ होते हैं जो उत्सर्जन में यूरेनियम से भी प्रबल हो सकते हैं। इस खनिज के रासायनिक प्रक्रमण से मादाम क्यूरी ने एक पदार्थ प्राप्त किया जो कि आयनकारी विकिरण के उत्सर्जन में यूरेनियम से 400 गुना अधिक शक्तिशाली था। उन्होंने इस नये पदार्थ को पोलोनियम का नाम देने का प्रस्ताव रखा जो कि मादाम क्यूरी के जन्मस्थान पोलैण्ड पर आधारित था।

क्यूरी दम्पती की टीम के परिश्रमयुक्त प्रयास से एक और नये पदार्थ को प्राप्त किया गया जो कि पोलोनियम से भी अधिक सक्रिय था। इस नये पदार्थ के रासायनिक गुणधर्म पोलोनियम से भिन्न थे परन्तु बेरियम के समान थे। प्रारंभ में यह पाया गया कि इसकी X-किरणों के समान विकिरण उत्पन्न करने की क्षमता यूरेनियम की तुलना में 900 गुना अधिक थी। इस नये पदार्थ का नाम रेडियम दिया गया।

यद्यपि खनिज में इसका सांद्रण बहुत कम पाया गया। इसलिए खनिज से रेडियम को पृथक् करना बहुत कठिन था। वर्ष 1910 ईस्वी में कई टन पिचब्लैंड खनिज के रासायनिक प्रक्रमण द्वारा क्यूरी दम्पती 100 mg रेडियम प्राप्त करने में सफल हो गए। शुद्ध रेडियम X-किरणों के समान विकिरण उत्पन्न करने में यूरेनियम की तुलना में दस लाख गुना अधिक प्रभावी था। X-किरणों के समान विकिरण उत्पन्न करने वाले ये खनिज रेडियोऐक्टिव पदार्थ कहलाए। यूरेनियम, पोलोनियम और रेडियम द्वारा उत्सर्जित आयनीकारी विकिरण के उत्सर्जन की इस परिघटना को रेडियोऐक्टिवता का नाम दिया गया।

रेडियोऐक्टिव पदार्थों से उत्सर्जित आयनीकारी किरणों के विश्लेषण से कई रोचक परिणाम प्राप्त हुए। ये किरणें वायु एवं अन्य गैसों को आयनीकृत करने में बहुत प्रभावी थीं। जब रेडियोऐक्टिव पदार्थों से निकलने वाले उत्सर्जनों को उच्च वैद्युत और चुम्बकीय क्षेत्रों से प्रवाहित किया तो असाधारण निष्कर्ष प्राप्त हुए। यह देखा गया कि सामान्यत: रेडियोऐक्टिव पदार्थों से तीन भिन्न प्रकार की किरणें उत्सर्जित हुईं। एक रेडियोऐक्टिव पदार्थ से उत्सर्जित विकिरणों पर पृष्ठ के अभिलंबत अक्ष पर उच्च चुम्बकीय क्षेत्र के प्रभाव को दर्शाया गया है। उत्सर्जनों के दो अवयव प्रबल चुम्बकीय क्षेत्र में मुड़ गए जबकि तीसरा अवयव अप्रभावित रहा।

एक अवयव के मुड़ने की दिशा धनात्मक आवेश की एक धारा के समान थी। इसको अल्फा किरण का नाम दिया गया। दूसरे अवयव के मुड़ने की दिशा वैद्युत क्षेत्र में कैथोड किरणों के समान थी तथा इसे बीटा किरण का नाम दिया गया। तीसरी विकिरण को वैद्युत व चुंबकीय क्षेत्र में अप्रभावित पाया गया। इन विकिरणों को गामा किरणें कहा गया। इसके अलावा किरणों के आवेश/द्रव्यमान के अनुपातों के निर्धारण ने दर्शाया कि इन किरणों में आयनित हीलियम परमाणु थे। इसी प्रकार बीटा किरणों को अत्यधिक ऊर्जावान इलेक्ट्रॉनों के रूप में पाया गया।

गामा किरणों को दृश्य प्रकाश तथा X-किरणों की जैसी वैद्युत–चुम्बकीय विकिरण के रूप में स्थापित किया गया। इन किरणों की ऊर्जा बहुत अधिक होती है। किसी पदार्थ की रासायनिक और भौतिक अवस्था को रेडियोऐक्टिविटी पर कोई प्रभाव नहीं पड़ता। शुरू–शुरू के प्रयोग में रेडियोऐक्टिव पदार्थ को विस्फोटकों के साथ मिलाया और विस्फोटित किया गया। रेडियोऐक्टिव गुणों में कोई परिवर्तन नहीं देखा गया।

परमाणु नाभिक

विभिन्न स्थितियों में परमाणुओं से उत्सर्जित इलेक्ट्रॉन की ऋण आवेशित कण के रूप में पहचान की स्थापना के फलस्वरूप यह निष्कर्ष निकला कि परमाणु का शेष भाग धनावेशित हैं। इलेक्ट्रॉन के e/m अनुपात के मान तथा H^+, Na^+ और अन्य आयनों के e/m अनुपात के मानों की तुलना से यह देखा गया कि नाभिक इलेक्ट्रॉन से 2000 गुना भारी होना चाहिए।

जे.जे. टॉमसन ने परमाणु का एक मॉडल दिया जिसमें इलेक्ट्रॉन परमाणु के पूरे आयतन में एक समान रूप से वितरित रहते हैं। यह माना गया कि परमाणु का द्रव्यमान समान रूप से वितरित रहता है।

यह स्थापित किया गया कि परमाणु का आकार लगभग 10^{-10} m या 1 A होता है। इस समय रदरफोर्ड ने परमाणु की संरचना व्यक्त करने तथा परमाणु में छोटे नाभिक की उपस्थिति की संस्थापना करने में (जहाँ पर व्यावहारिक रूप से परमाणु का सारा द्रव्यमान केंद्रित होता है) आधारभूत योगदान किया।

रदरफोर्ड और उनके सहयोगियों ने भारी धातुओं की पतली पन्नी से a- कणों के प्रकीर्णन की जाँच की। यह प्रतिस्थापित हो चुका था कि a-कण आयनित धनावेशित हीलियम परमाणु He^{2+} हैं। यह पाया गया कि भारी धातु की पतली पन्नी से निकलकर a-कण सामान्यत: अपने मार्ग से एक डिग्री के चाप से विक्षेपित हो जाते हैं। a-कणों का एक छोटा भाग बड़े कोणीय

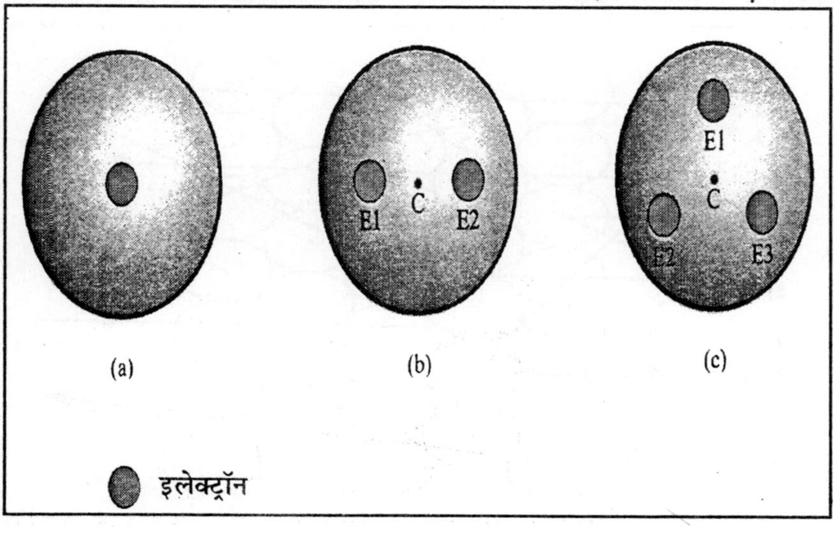

विक्षेपण से प्रकीर्णित होता है और बहुत कम प्रकीर्णित होकर वापस आ जाता है। यह सर्वविदित है कि a-कण अत्यधिक ऊर्जावान कण है। उनका बड़ें कोण का प्रकीर्णन यह प्रदर्शित करता है कि उनका पदार्थ के परमाणु के संपूर्ण द्रव्यमान से सीधा टकराव हुआ। रदरफोर्ड के शब्दों में –

''यह निष्कर्ष लगभग उतना ही अविश्वसनीय है जैसे जितना कि टिशु पेपर के एक टुकड़े पर 15 इंच के गोले (तोप का गोला) के दागने पर उसका वापस आकर हमसे टकरा जाना।''

इस परिणाम को समझने के लिए किए गए सरल परिकलन ने दर्शाया कि परमाणु का समस्त द्रव्यमान सूक्ष्म नाभिक में संकेंद्रित होना चाहिए। ये ऐतिहासिक परिणाम थे जिनसे परमाणु की संरचना को समझने में सहायता मिली। इससे स्पष्ट होता है कि परमाणु में एक भारी नाभिक है जिसका आकार परमाणु के आकार से 10^5 गुना छोटा होता है अथवा इसका आकार 10^{-5} A या 10^{-5} m होता है। इसे धनावेशित सोचा गया क्योंकि परमाणु के अन्य संघटक इलेक्ट्रॉन ऋणावेशित होते हैं। नाभिक तथा इलेक्ट्रॉन की आपेक्षिक स्थितियों को समझना अगली चुनौती थी।

हाइड्रोजन का नाभिक प्रोटॉन कहलाता है। यह धनावेशित होता है तथा इसके आवेश का आयाम इलेक्ट्रॉन के आवेश का आयाम के बराबर होता है। इसके अतिरिक्त इसका द्रव्यमान और आवेश/द्रव्यमान का अनुपात भी भलीभाँति स्थापित है।

रदरफोर्ड मॉडल

परमाणु मॉडल को विकसित करने के लिए रदरफोर्ड ने इलेक्ट्रॉन तथा नाभिक के गुणधर्मों तथा अभिलक्षणों के साथ ही परमाणुओं के उत्सर्जन स्पेक्ट्रम के प्रायोगिक परिणामों को भी संगठित किया। उन्होंने एक मॉडल प्रस्तुत किया जिसमें इलेक्ट्रॉनों को नाभिक के चारों ओर पूर्व नियोजित कक्षाओं में ऐसे घूमते हुए माना गया था जिस प्रकार कि हमारे सौरमण्डल में ग्रह,

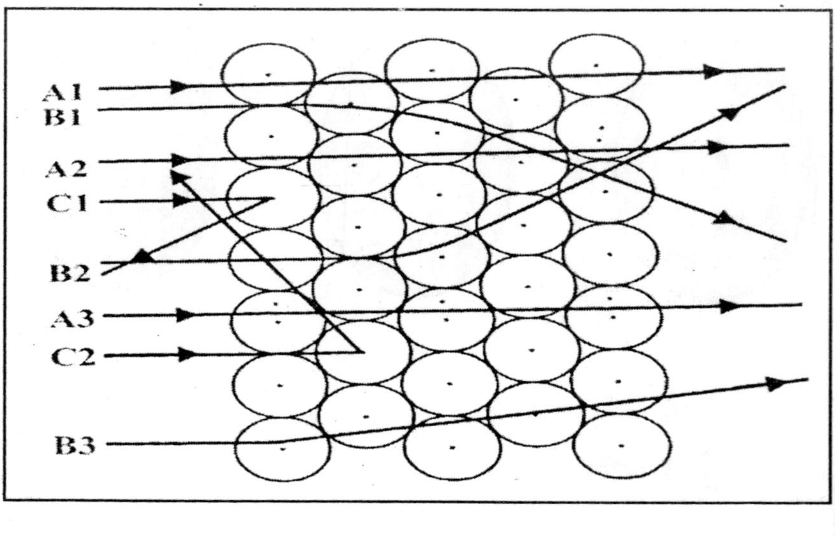

सूर्य के चारों ओर निश्चित कक्षाओं में घूमते हैं। फिर भी इलेक्ट्रॉन का कक्षाओं में घूमना स्थायी नहीं माना गया था। कोई भी आवेशित कण जब त्वरित होता है तो यह माना जाता है कि यह ऊर्जा को विकिरित करेगा। इलेक्ट्रॉन को वृत्तीय कक्षा में रहने के लिए, त्वरण की आवश्यकता होगी। इसलिए यह ऊर्जा विकिरित करेगा। ऊर्जा की कमी के कारण कक्षा के आकार का संकुचन होगा जिसके फलस्वरूप कुछ ही समय में नाभिक से टकरा जाएगा। अतः इस प्रकार के परमाणु से स्थायित्व की आशा नहीं की जा सकती है।

बोर मॉडल

नील्स बोर ने सन् 1912 में परमाणु का एक मॉडल प्रस्तावित किया, जो कि मूल रूप से नई संकल्पनाओं पर आधारित था। उन्होंने एक बड़ा प्रबल सुझाव दिया कि बड़े कणों की तुलना में परमाणविक स्तर पर कण भिन्न व्यवहार प्रदर्शित करेंगे। बोर ने प्रस्तावित किया कि परमाणविक स्तर के परिमापों पर, इलेक्ट्रॉन वैद्युत चुम्बकीय तरंगों के रूप में लगातार ऊर्जा विकिरण किए बिना स्थाई कक्षा में घूम सकता है। बोर मॉडल के अनुसार, इलेक्ट्रॉन उस कक्ष में घूर्णनांक करते हैं, जिनमें निश्चित ऊर्जा होती है। सामान्य परिस्थितियों में निकाय की ऊर्जा निम्नतम होती है। इसमें अधिक ऊर्जाओं वाले अन्य संभव कक्ष भी होते हैं, E2, E3 इत्यादि। यदि ऊर्जा प्रदान की जाए तो इलेक्ट्रॉन इन कक्षाओं में जा सकते हैं जिनके विविक्त ऊर्जा स्तर होते हैं। जब एक इलेक्ट्रॉन उच्च ऊर्जा स्तर से एक निम्न ऊर्जा स्तर की कक्षा में आता है तो ऊर्जा का अंतर वैद्युत चुम्बकीय विकिरण अथवा प्रकाश के रूप में विकिरित होता है। चूँकि प्रत्येक परमाणु के विशिष्ट ऊर्जा स्तर होते हैं, यह विशिष्ट तरंगदैर्ध्य अथवा ऊर्जा की विकिरण का उत्सर्जन कर सकता है। इस मॉडल से विभिन्न परमाणुओं के अभिलाक्षणिक स्पेक्ट्रा तथा अन्य गुणधर्मों की व्याख्या संभव हो सकी। जब एक ऊर्जा मुक्त इलेक्ट्रॉन, जैसा कैथोड किरणों में होता है, एक परमाणु से टकराता है तो उसके कारण परमाणविक इलेक्ट्रॉनों का उत्सर्जन हो सकता है।

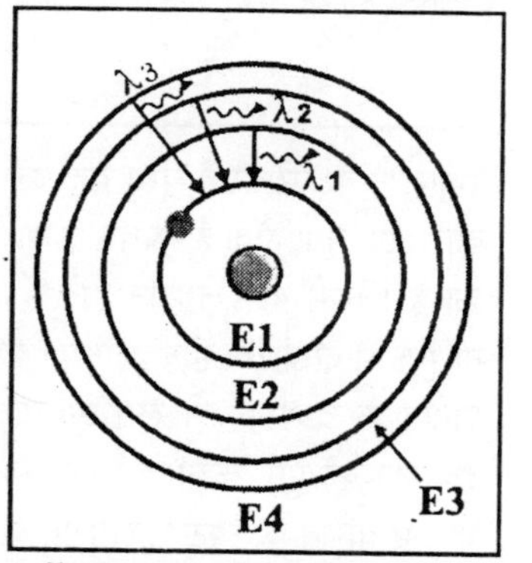

एक स्थाई कक्षा में इलेक्ट्रॉन की ऊर्जा संघट्क के कारण इतने स्तर तक बढ़ जाती है कि यह उनके और धनावेशित नाभिक के बीच आकर्षण बल से अधिक होती है और इलेक्ट्रॉन परमाणु से बाहर हो जाता है। इससे गैसों के आयनीकरण का और उत्सर्जन नलिका में कैथोड किरणों के बनने को भी समझा जा सका।

बोर मॉडल के अनुसार, विभिन्न कक्षाओं अथवा कोशों में भरने के लिए इलेक्ट्रॉनों की संख्या निश्चित होती है। कोश का होना दर्शाता है कि परमाणु एक त्रिविमीय इकाई है। प्रथम कोश में दो इलेक्ट्रॉन हो सकते हैं। दूसरे कोश में अट्ठारह इलेक्ट्रॉन हो सकते हैं, तीसरे कोश में भी आठ इलेक्ट्रॉन और इसी प्रकार आगे। हमें ज्ञात है कि हाइड्रोजन परमाणु सबसे हल्का परमाणु है। इसमें एक इलेक्ट्रॉन और इसके नाभिक में एक प्रोटॉन होता है जिसका आवेश

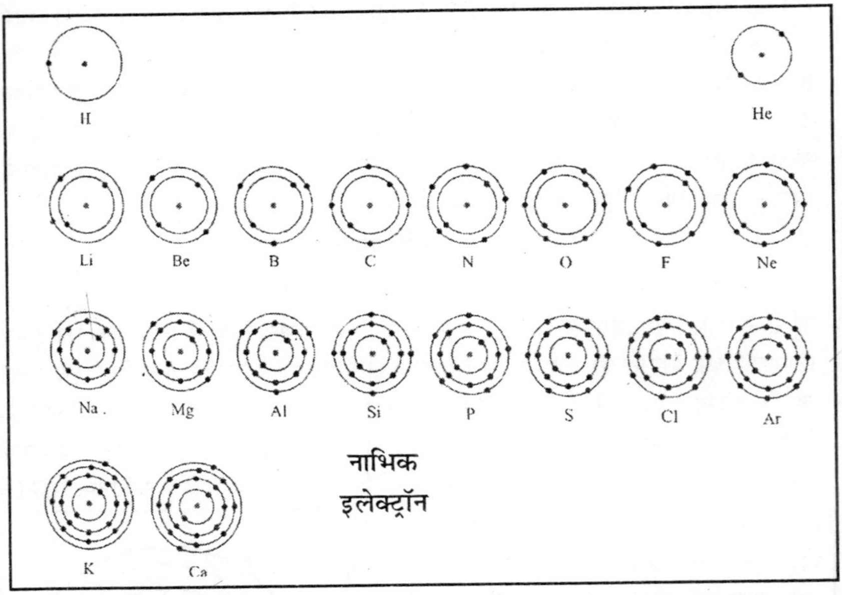

इलेक्ट्रॉन के बराबर है परंतु यह धनावेशित होता है। प्रोटॉन का द्रव्यमान इलेक्ट्रॉन के द्रव्यमान का 1800 गुना होता है। प्रथम कोश में एक इलेक्ट्रॉन घूर्णन करता है। अगला परमाणु हीलियम का है जिसमें दो इलेक्ट्रॉन होते हैं। आवेश को उदासीन बनाए रखने के लिए, हीलियम के नाभिक में दो प्रोटॉन होने चाहिए। यद्यपि ऐसा जाना जाता था कि हीलियम परमाणु का द्रव्यमान प्रोटॉन के द्रव्यमान से लगभग चार गुना अधिक होता है। इसलिए, शेष के आधे परमाणु द्रव्यमान की पुष्टि करने के लिए कुछ और कण या कणों को होना चाहिए। जैसा निम्नलिखित भाग में वर्णित है, न्यूट्रॉन, लगभग प्रोटॉन की भाँति भारी होता है परंतु इस पर कोई आवेश नहीं होता। अब हम जानते हैं कि नाभिक में प्राथमिक कण के रूप यें प्रोटॉन तथा न्यूट्रॉन होते हैं।

न्यूट्रॉन की खोज

रदरफोर्ड द्वारा नाभिक की खोज किए जाने से हमें परमाणु की संरचना समझने में बहुत सहायता मिली। रेडियोऐक्टिव परमाणुओं के नाभिक B किरणें उत्सर्जित करने वाले तथ्य ने सुझाया कि इलेक्ट्रॉन नाभिक में उपस्थित होते हैं। सन् 1920 ईस्वी में रदरफोर्ड ने प्रस्तावित किया कि नाभिक के अंदर इलेक्ट्रॉन और प्रोटॉन उच्च स्थिर वैद्युत आकर्षण के कारण इतने करीब होते हैं कि दोनों को मिलाकर एक कण रूप में सोचा जा सकता है। इस कण पर कुल आवेश शून्य होगा।

उन्होंने इस कण को न्यूट्रॉन का नाम दिया। इसका द्रव्यमान प्रोटॉन के द्रव्यमान के समान अपेक्षित था। न्यूट्रॉन को प्रयोगात्मक प्रेक्षण के लिए कई प्रयास किए गए। चूँकि ये आवेशित कण नहीं हैं इसलिए ये दूसरे पदार्थ के साथ प्रबलता से परस्पर अभिक्रिया नहीं करते और उनमें से आसानी से प्रवाहित हो सकते हैं। इस प्रकार न्यूट्रॉन का प्रेक्षण करना बहुत कठिन

कार्य था। यह केवल वर्ष 1932 में संभव हुआ जब चैडविक ने न्यूट्रॉन के अस्तित्व का निदर्शन किया जिससे आधुनिक विज्ञान के मुख्य समस्या का समाधान निकला।

परमाणु संख्या और परमाणु द्रव्यमान

किसी परमाणु के नाभिक का कुल धन आवेश परिभाषा में इलेक्ट्रॉन के कुल आवेश के बराबर होता है, परन्तु विपरीत प्रकृति में। यह इलेक्ट्रॉनिक आवेश इकाई रूप में प्रचलित है। इस प्रकार X-इलेक्ट्रॉन वाले परमाणु के नाभिक में X-इकाइयों का धनावेश संभावित होगा। परमाणु में इलेक्ट्रॉनों की संख्या उसी क्रम में बढ़ती हैं जैसे आवर्त सारणी में परमाणु द्रव्यमान बढ़ते हैं। उदाहरण के लिए नाइट्रोजन परमाणु जो कि आवर्त सारणी में सातवाँ तत्व है, सात इलेक्ट्रॉन है और उसके नाभिक में सात इकाई धन आवेश होता है।

नील्स बोर के शब्दों में- ''कुल प्रायोगिक साक्ष्य इस परिकल्पना को सिद्ध करते हैं कि उदासीन परमाणु में इलेक्ट्रॉनों की संख्या, उस संख्या के बराबर होती हैं जो तत्वों के द्रव्यमानों के बढ़ते क्रम में तत्व का स्थान दर्शाती हैं। उदाहरण के लिए इस दृष्टि से ऑक्सीजन का परमाणु जो सारणी का आठवाँ तत्व है, में आठ इलेक्ट्रॉन और आठ धन इकाई आवेशों वाला नाभिक हैं।'' चूँकि यह पाया गया कि आवर्त सारणी में परमाणुओं को उनके नाभिक के आवेश अनुसार व्यवस्थित करना एक वैज्ञानिक आधार है, इस पद्धति का सर्वत्र उपयोग किया गया। परमाणु के नाभिक में उपस्थित प्रोटॉनों की संख्या उसकी परमाणु संख्या कहलाती है। परमाणु संख्याओं को Z से प्रदर्शित करते हैं। उदाहरण के लिए, हाइड्रोजन के लिए Z=1, ऑक्सीजन के लिए Z=8 तथा सोडियम के लिए Z=11 इत्यादि। जैसे ऊपर बताया गया है, परमाणु का द्रव्यमान उसके नाभिक में उपस्थित प्रोटॉनों और न्यूट्रॉनों की संख्या द्वारा निर्धारित किया जाता है। परमाणु के नाभिक में उपस्थित कुल प्रोटॉनों और न्यूट्रॉनों की संख्या उसकी द्रव्यमान संख्या कहलाती है। परमाणु संख्या, द्रव्यमान संख्या और तत्व के प्रतीक को निम्न प्रकार से लिखा जाता है।

द्रव्यमान संख्या

तत्व का प्रतीक

परमाणु संख्या

उदाहरण के लिए, हाइड्रोजन परमाणु और नाइट्रोजन परमाणु को 1/1 H और 14/7 N के रूप में निरूपित करते हैं। यह पाया गया कि परमाणु द्रव्यमान, कई परमाणुओं के संदर्भ में, परमाणु संख्या के दुगुने नहीं होते हैं। उदाहरण के लिए ऑक्सीजन परमाणुओं के संदर्भ में, परमाणु द्रव्यमान प्रोटॉन का 16 गुना है जबकि उसकी परमाणु संख्या Z=8 हैं। कई उदाहरणों में ऐसा नहीं है। उदाहरणार्थ, क्रोमियम का Z=24 हैं। परंतु परमाणु द्रव्यमान लगभग 52 इकाई (>2 Z) हैं। Z के उच्च मानो में अंतर बहुत अधिक हो जाता है।

❑❑❑

2

परमाणु, अणु एवं न्यूट्रॉन

परमाणु बहुत ही सूक्ष्म होता है। उसे हम सूक्ष्मदर्शक यंत्र (माइक्रोस्कोप) से भी नहीं देख सकते हैं। हाइड्रोजन के परमाणु का व्यास एक सेंटीमीटर का करोड़वाँ भाग है। आज तक परमाणु को कोई देख नहीं पाया। लेकिन वह केवल कोरी कल्पना की चीज नहीं है, असली चीज है। उसकी संरचना भी बहुत जटिल है।

परमाणु के बीच में एक न्यूक्लियस (नाभिक) होता हैं, जिसमें धन आवेश होता है। इस न्यूक्लियस के चारों ओर इलेक्ट्रॉन काफी तेज रफ्तार काटते रहते हैं। इलेक्ट्रॉन ऋण आवेश वाला होता है। इसका आवेश प्रोटॉन के आवेश के बराबर ही होता है, परंतु उससे उलटा। इसका वजन (द्रव्यमान) 9.107×10^{8} ग्राम है।

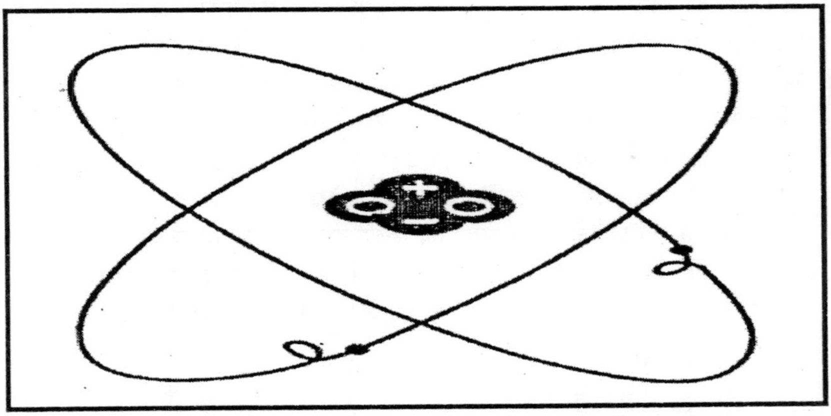

जो कि हाइड्रोजन के परमाणु के वजन के 1/1836वें भाग के बराबर होता हैं। न्यूक्लियस परमाणु से बहुत ही छोटा होता है। उसका व्यास परमाणु के व्यास के एक लाखवें हिस्से के बराबर होता है। परमाणु के वजन का 99.95 प्रतिशत हिस्सा न्यूक्लियस में होता है।

इतना छोटा होते हुए भी न्यूक्लियस बड़ा ही जटिल होता है। मुख्यत: वह दो प्रकार के कणों से बना होता है। वे कण हैं– प्रोटान और न्यूट्रॉन। हाइड्रोजन के परमाणु की संरचना और सब परमाणुओं से बहुत ही सरल हैं। उसके न्यूक्लियस को प्रोटॉन कहते हैं। न्यूक्लियस में रहने वाला दूसरा कण न्यूट्रान बिजली के आवेश से रहित होता है और उसका वजन (द्रव्यमान) प्रोटॉन के बराबर होता है। इन दोनों की तुलना में इलेक्ट्रॉन का भार बिल्कुल नगण्य होता है। इसलिए परमाणु का भार मुख्यत: प्रोटॉनों और न्यूटॉनों के भार का योग होता हैं।

किसी भी तत्व का स्वरूप समझाने की एक खास विधि है। उसके अनुसार हीलियम के परमाणु का निरूपण इस प्रकार किया जाता है– $_{2}$हीलियम^{4} = $_{2}He^{4}$ इसका तात्पर्य यह है कि

हीलियम में 2 प्रोटॉन हैं और प्रोटॉनों और न्यूट्रॉनों का योग 4 है। इस विधि से यूरेनियम का निरूपण इस ढंग से किया जाता है– $_{92}X^{235}$

इसका मतलब होगा कि यूरेनियम के परमाणु में 92 प्रोटॉन हैं तथा न्यूट्रॉनों व प्रोटॉनों का योग 235 है अर्थात् उसमें 143 (235–92 = 143) न्यूट्रॉन हैं। इलेक्ट्रॉनों की संख्या कितनी होगी?

परमाणु आवेशहीन होता हैं। परंतु प्रोटान में धन बिजली होती हैं और इलेक्ट्रॉन में ऋण बिजली। इसलिए जरूरी है कि उसमें इलेक्ट्रॉनों की संख्या प्रोटॉनों की संख्या के बराबर हो। तभी तो परमाणु आवेशहीन रह पायेगा। इस तरह यूरेनियम में इलेक्ट्रॉनों की संख्या हुई 92।

कई बार ऐसा भी देखा जाता है कि किसी तत्व के कुछ परमाणुओं के न्यूक्लियस में न्यूट्रॉनों की संख्या कुछ ज्यादा या कुछ कम होती हैं। ये परमाणु उस तत्व के आइसोटोप (समस्थानिक) कहलाते हैं।

कुछ न्यूक्लियस ऐसे भी होते हैं, जिनमें अपने आप टूटने (अपघटित होने) की प्रवृत्ति होती है, एक निश्चित रफ्तार से स्वयं ही अपघटित होकर नये तत्व में बदलते रहते हैं। जैसे–रेडियम से रेडान, रेडान से पोलोनियम और इस प्रकार एक तत्व से दूसरे में बदलने का सिलसिला तब तक चलता रहता है, जब तक अंत में वह सीसा (लेड) नहीं बन जाता।

इस तरह स्वयं टूटते जाने की क्रिया को रेडियोधर्मी अपघटन कहते हैं और जिसमें यह गुण हो उसे रेडियोधर्मी तत्व कहते हैं। इस प्रक्रिया में न्यूक्लियस या तो एल्फा कण या बीटा या गामा किरणें छोड़ता है।

इस परिवार में कुछ और भी सदस्य हैं, जैसे–पॉजिट्रान, न्यूटिनों, मीसान, हाइप्रोन, प्रतिप्रोटान, प्रतिन्यूट्रॉन इत्यादि। मगर उनके गुणधर्म और कार्य–कलाप अभी पूरी तरह जाने नहीं जा सके हैं।

परमाणु के गर्भ में और भी क्या रहस्य छिपे हैं, यह भी हमें मालूम नहीं है। परमाणु के अंदर का संसार बड़ा ही अनोखा है। न्यूक्लियस में स्थित सब सदस्य कई निश्चित नियमों का पालन करते हैं।

न्यूट्रॉनों और प्रोटॉनों के बीच कई बल काम करते हैं। इन बलों के कारण ये कण न्यूक्लियस में सयुक्त परिवार के सदस्यों की तरह साथ रहते हैं। न्यूक्लियस के अंदर के ये बल इतने शक्तिशाली होते हैं कि उनके कारण न्यूक्लियस स्थिर रहता है और उसके भौतिक अंश बिखर नहीं पाते।

कणों को आपस में बाँधे रखने वाले इन निराले बलों के बारे में विज्ञान को अभी बहुत ज्यादा मालूम नहीं हैं। लेकिन हम इतना तो जरूर कह सकते हैं कि परमाणु की दुनिया के बारे में जितनी भी जानकारी अब तक जुट सकी हैं, वह बड़ी ही रोचक, नियमबद्ध एवं सुव्यवस्थित हैं।

परमाणु और अणु

हम यदि लकड़ी, रोटी, फली, पनीर, चीनी व बाल जैसी साधारण चीजों को लें तो अच्छा रहेगा। जब इन चीजों को जलाया या भूना जाता है तो ये चारकोल या कार्बन छोड़ती हैं। परीक्षण करने से पता चला है कि यही कार्बन जब साफ करके शुद्ध किया जाता है तब यह देखा जाता है कि यह मूल कार्बन है। यह प्रश्न कि कार्बन लकड़ी या चीनी में शुरू से ही था, या यह जलने

से पैदा हुआ, बहुत पहले ही तय हो गया था। हम जानते हैं कि कार्बन इनमें आरम्भ से ही था। बाद में यह स्पष्ट हो जायेगा कि ऐसा क्यों है। यदि हम कार्बन को तेजाब या अमोनिया या अन्य क्षारों के साथ उबालें तो कार्बन का कुछ नहीं बिगड़ेगा। यह कार्बन ही रहेगा। कार्बन की शक्ल-सूरत तथा गुणों को बदलने के लिए कुछ भी नहीं किया जा सकता, यदि इसे गरम भी किया जाये तो यह गैस बनकर गायब हो जायेगा, गैस को इकट्ठा किया जा सकता है और इस गैस को पुनः कार्बन प्राप्त किया जा सकता है।

बिल्कुल इसी तरह जैसे कि कार्बन नाना प्रकार के जटिल तत्वों से प्राप्त किया जाता है। जस्ता, ताँबा, सोना, गंधक, उद्जन, हीलियम, लोहा व पारा जैसे मूल तत्वों को विश्व के अनगिनत तत्वों से प्राप्त किया जा सकता है। हरेक की अपनी विशेषताएँ हैं, हरेक अन्य मूल तत्वों से भिन्न हैं और हरेक अपना विशिष्ट अस्तित्व रखता है। कोई भी रासायनिक प्रक्रिया इनमें से एक भी तत्व को दूसरे तत्व में नहीं बदल सकती।

सन् 1940 तक इस प्रकार के 92 तत्व ज्ञात हुए थे। ये रासायनिक तत्व संक्षेप में केवल तत्व कहलाते हैं। परमाणु (एटम) बम के बनने से सात तत्व और ज्ञात हुए। ये तत्व मानव ने बनाये, इनका प्रकृति में अस्तित्व नहीं था।

विश्व में नाना प्रकार की जो चीजें मिलती हैं वे इन्हीं तत्वों से मिलकर बनी होती हैं। किसी में दो तत्व होते हैं किसी में तीन, किसी में चार और यहाँ तक कि किसी में पाँच। चीनी कार्बन, उद्जन व ओषजन की बनी होती हैं। संगमरमर-कैल्शियम, कार्बन और ओषजन से, रेत-सिलिकन व ओषजन से और इसी प्रकार 99 तत्वों से ही कोई न कोई चीज बनी होती हैं।

इन अनेक शुद्ध चीजों की रासायनिक परीक्षा की जाये तो हम इनको दो प्रकारों में बाँट सकते हैं। पहला प्रकार तो 99 मूल तत्वों का है जिनमें लोहा, अल्युमीनियम व कार्बन जैसे पदार्थ हैं। इनको किसी भी रासायनिक विधि से तोड़ा नहीं जा सकता।

दूसरी प्रकार शेष चीजों के समूह की हैं जिनको रासायनिक रूप से तोड़कर इन्हीं 99 तत्वों में से किन्हीं तत्वों में बदला जा सकता है। ये शुद्ध लेकिन विभाज्य पदार्थ तत्वों के संयोग से बनते हैं और इन्हें रासायनिक यौगिक कहते हैं।

इन यौगिकों की प्रकृति तथा निर्माण लोहा तथा गंधक के व्यवहार से अच्छी तरह प्रदर्शित की जा सकती है। ये दोनों तत्व हैं और ठोस हैं। यदि हम इन दोनों का महीन चूरा कर लें और खूब अच्छी तरह से मिला लें तो भी वे लोहा व गंधक रहेंगे।

सूक्ष्मदर्शक यंत्र (माइक्रोस्कोप) से इनके कणों को अलग-अलग देखा जा सकता है और इनके रंग भी अलग-अलग दिखाई देंगे। अब यदि इस मिश्रण को गरम किया जाय तो रसायन-शास्त्र का जादू होता है। एक नई चीज बन जाती है। पहले दोनों तत्वों का पृथक् रूप से कोई अस्तित्व नहीं रहता। एक नई चीज लोहा व गंधक के मिलने से बन जाती है। इसे आयरन सल्फाइड कहते हैं जो लोहा या गंधक से भिन्न दिखाई देता है। इसका व्यवहार भी भिन्न है और यह भिन्न रूप से ही घुलता है।

इन पदार्थों की अंतिम रचना क्या है? वे भी अति सूक्ष्म कणों के बने होने चाहिए, क्योंकि वे भी द्रवों में घुलकर समा सकते हैं। वस्तुतः इस व्यवहार को प्रदर्शित करने वाले हमारे प्रथम

उदाहरण चीनी व नमक थे। हमारा कहना यह है कि यौगिकों में कण उन परमाणुओं के होते हैं जिनसे यौगिक बनता है। इस प्रकार गंधक (सल्फर) का एक परमाणु तथा लोहे (आयरन) का एक परमाणु मिलकर एक नया पदार्थ बनाते हैं जो आयरन सल्फाइड का एक अणु (मोलीक्यूल) है। अणु यौगिक की सबसे छोटी इकाई है।

अब तक हमने अणुओं व परमाणुओं की जो चर्चा की वह सिद्धांत की बात लगेगी, क्योंकि किसी ने भी परमाणु या अणु को सबसे शक्तिशाली सूक्ष्मदर्शी यंत्र से भी नहीं देखा। इनको साधारण 'प्रकाश सूक्ष्मदर्शी यंत्र' से अब भी नहीं देखा जा सकता लेकिन विद्युदणु सूक्ष्मदर्शी यंत्र (इलेक्ट्रॉन माइक्रोस्कोप) से कम से कम प्रोटीन जैसे बड़े अणुओं की स्पष्ट झाँकी मिल सकती है। इस यंत्र में प्रकाश किरणों के स्थान पर विद्युदणुओं की बौछार होती है। प्रोटॉनों में हजारों परमाणु होते हैं। हाल में ही एक नई तथा बहुत साधारण विधि निकाली गई जिससे प्रथम बार अपेक्षाकृत साधारण अणु की शक्ल देखना संभव हो सका।

न्यूट्रॉन

हमारी इस कथा में केन्द्र के गठन की खोज में जो सबसे सक्रिय कण प्रयुक्त किया गया है वह है न्यूट्रॉन। प्रोटॉन, ड्यूट्रॉन व एल्फा कण, जिनके विभिन्न तत्वों पर प्रभाव बतला दिये गये हैं सभी धनाविष्ट कण हैं। प्रोटॉन साधारण उद्जन का केन्द्र है, ड्यूटॉन भारी उद्जन का केन्द्र है और एल्फा कण हीलियम का केन्द्र है। अपने धनावेश के कारण ये कण उन तत्वों के केन्द्र से दूर भागते हैं जिन पर इनका प्रहार होता है। दूसरे केन्द्र से उनके टकराने तथा उसमें प्रवेश करने के लिए यह आवश्यक है कि वे बड़ी तीव्र गति से चलें। वर्षों तक अधिक से अधिक गति की चिल्ल–पोंकार होती रही और इन कणों को प्रकाश की गति के बराबर गति से भेजने की युक्तियाँ भी खोजी गयीं।

न्यूट्रॅान का भार प्रोटॉन के बराबर होता है लेकिन उसका कोई आवेश नहीं होता। इसलिए वे उन परमाणुओं के धन केन्द्रों से दूर नहीं भागते जिन पर कि उनका प्रहार होता है और इसलिए वे उनके संपर्क में सरलता से आ सकते हैं। सन् 1932 में चाइविक द्वारा न्यूट्रॉन की खोज के बाद रोम में एनरिको फर्मी ने उनका प्रयोग केन्द्र के अन्दर शस्त्र के रूप में करना आरम्भ कर दिया। रोम में जैसे–जैसे उनकी तथा उनके साथियों के काम की प्रगति हुई वैसे–वैसे न्यूयॉर्क की कोलंबिया यूनिवर्सिटी में जॉर्ज बी. पैग्राम तथा जान आर. डनिंग ने उस काम को और आगे बढ़ाया।

इनसे जो परिणाम निकले वे पहले बताये गये दो प्रयोगों से भिन्न नहीं थे। अन्य परमाणुओं से नये परमाणु बने और अनेक तत्वों के रेडियोसक्रिय समस्थानिक बने। फिर भी इस खोज का सबसे महत्त्वपूर्ण काम न्यूट्रॉनों की गति से सम्बन्धित था, क्योंकि अन्य कणों का प्रयोग ऊँची गति पर किया गया।

इसलिए न्यूट्रॉनों के प्रथम प्रयोग में ही उनको तीव्र गति दी गयी। लेकिन शीघ्र ही यह बात स्पष्ट हो गई कि ऐसा करना न केवल अनावश्यक था अपितु गलत था। धीमे न्यूट्रॉन तेज न्यूट्रॉन से अधिक सक्रिय थे। वस्तुतः जो न्यूट्रॉन गति में इतने धीमे थे जितने कि किसी गैस में परमाणुओं की सामान्य धीमी गति होती है, उन्हें सबसे सक्रिय पाया गया।

इस प्रकार के धीमे न्यूट्रॉन केन्द्र में बड़ी सरलता से प्रवेश कर जाते हैं। तब फिर यदि केन्द्र के अन्दर न्यूट्रॉन का संयोग स्थायी है तो न्यूट्रॉन केन्द्र में रहता है और मूल तत्व का एक नया समस्थनिक बन जाता है। लेकिन यदि केन्द्र तथा न्यूट्रॉन मिला रहना स्थायी है तो यह व्यवस्था भंग होकर पॉजिट्रॉन या इलेक्ट्रॉन व गामा किरणें मुक्त करती हैं और किसी अन्य तत्व का स्थायी समस्थानिक बनाती हैं या फिर यह एक रेडियोसक्रिय तत्व हो सकता है जो अपनी ओर से पोजिट्रॉन या इलेक्ट्रॉन तथा गामा किरणें मुक्त करता है।

न्यूट्रॉन इस काम के लिए जितने धीमे होंगे उतना ही अच्छा रहेगा। न्यूट्रॉनों की गति धीमी करने की भी विधि है, वह है उन्हें पैराफीन या उद्जन या कार्बन वाले इसी प्रकार के पदार्थों में से गुजारने की। इन पदार्थों को 'मोडरेटर' कहते हैं। न्यूट्रॉनों की गति इसलिए धीमी हो जाती है, क्योंकि वे निरन्तर उद्जन परमाणुओं के प्रोटॉनों या अन्य 'मोडरेटरों' के हल्के तथा स्थायी केन्द्रों से टकराते रहते हैं और इस टक्कर के फलस्वरूप धीरे-धीरे अपनी शक्ति खो बैठते हैं।

इन धीमे न्यूट्रॉनों से कई काम लिये गये। लेकिन हमारी कहानी से जिन न्यूट्रॉनों का संबंध है वे भारी तत्वों के लिए हैं। क्या कोई इससे भी भारी तत्व बना सकता है? फर्मी ने यह दलील पेश की कि यदि यूरेनियम को चारों ओर से धीमी गति वाले न्यूट्रॉनों से घेरा जाय तो कुल न्यूट्रॉन यूरेनियम केन्द्र में प्रवेश कर सकते हैं और संभवत: वहाँ ठहर सकते हैं। आवेशों की थोड़ी पुनर्व्यवस्था से, जिसमें पोजिट्रॉन या इलेक्ट्रॉन या कोई छोटा अंश मुक्त हो सकता है, यूरेनिक से भी भारी तत्व बन सकता है। ये संभावित तत्व यूरेनियमोत्तर तत्व कहलाये।

फर्मी ने इस संबंध में जो प्रयोग किये वे बड़े उत्साहवर्धक थे। यूरेनियम से इलेक्ट्रॉन मुक्त हुए लेकिन संपूर्ण रूप से परिणाम स्पष्ट नहीं थे। इन प्रयोगों को अन्य वैज्ञानिकों ने भी किया, तो भी परिणाम एक पहेली बने रहे। वस्तुत: पाँच वर्ष में इन प्रयोगों के परिणाम समझ में आये।

विज्ञान के इतिहास में ऐसे विलम्ब होने की कोई असाधारण बात नहीं है। यह सन् 1934 की बात है और हो सकता है कि विश्व की जैसी परिस्थिति थी उसके कारण यह विलंब हुआ। पहले जर्मनी में, फिर आस्ट्रिया में और फिर इटली में बहुत वैज्ञानिकों के लिए रहना असंभव हो गया और उनको अन्य देशों में शरण लेनी पड़ी। रचनात्मक कार्यों के लिए यदि स्थान-परिवर्तन किया जाय तो कोई बुराई नहीं है। दिमागी शांति सबसे आवश्यक है। इसी कारण 1939 तक अमरीका, इंग्लैंड, फ्रांस व डेनमार्क अनेक अन्तर्राष्ट्रीय परमाणु वैज्ञानिकों के घर बन गये जहाँ इन वैज्ञानिकों के लिए शांतिपूर्ण वातावरण में काम करना संभव हो सका।

□□□

3

परमाणु संरचना

परमाणु की संरचना एवं इसके मूल कणों का विकास अभूतपूर्व सफलता है। सभी पदार्थ परमाणुओं से मिलकर बने हैं। ये परमाणु अति सूक्ष्म परमाणुओं के विषय में जानकारी की इच्छा विद्वानों और दार्शनिकों में अति प्रबल रही है। आज से सहस्त्रों वर्ष पूर्व भारत के महर्षि कणाद् ने परमाणु को अति सूक्ष्म और अविभाज्य कण माना था। यूनान के दार्शनिक अरस्तू तथा डॉल्टन आदि वैज्ञानिकों ने भी परमाणु को अति सूक्ष्म कण और अविभाज्य कण माना है।

कणाद् रचित 'वैशेशिक दर्शन' में परमाणु-सिद्धांत का सुन्दर उल्लेख है, जिसमें सम्पूर्ण सृष्टि की रचना परमाणुओं से बतलाई गयी है। जब परमाणु एक-दूसरे से पृथक् अवस्था में होते हैं तो प्रलयावस्था होती है और जब वे संयुक्त होकर भिन्न-भिन्न पदार्थों की रचना करते हैं तो सृष्टि का आविर्भाव होता है।

वैज्ञानिक अध्ययनों ने पदार्थ को शुद्ध पदार्थ और मिश्रण में वर्गीकृत किया है। इसके बाद तत्व और यौगिक के रूप में पदार्थ को देखा गया है। एक तत्व दूसरे तत्व से भिन्न क्यों होता है अथवा एक यौगिक दूसरे यौगिक से भिन्न क्यों होता है, तत्व या यौगिक परस्पर अभिक्रिया करके नये पदार्थ किस प्रकार बनाते हैं? पदार्थ की भिन्न-भिन्न प्रावस्थाएँ-ठोस, द्रव तथा गैस क्यों होती हैं जिनके गुण भिन्न-भिन्न होते हैं। हम अपने आस-पास विभिन्न प्रकार के परिवर्तन होते देखते हैं। इन परिवर्तनों को समझने के लिए पदार्थों की संरचना का ज्ञान तथा पदार्थ को बनाने वाली मूल इकाइयों की जानकारी प्राप्त करना आवश्यक है।

डॉल्टन का परमाणु सिद्धांत

जान डॉल्टन ने सन् 1808 में अपने प्रयोगों के आधार पर परमाणु सम्बन्धी सिद्धांत विश्व के समक्ष प्रस्तुत किया। डॉल्टन के परमाणु सिद्धांत के मुख्य बिन्दु निम्नलिखित हैं-

1. तत्व अनेक सूक्ष्मतम कणों से मिलकर बना होता है, जिसे परमाणु कहते हैं।

2. परमाणु अविभाज्य है अर्थात् परमाणु को किसी भी क्रिया से अन्य सूक्ष्मतर कणों में विभाजित नहीं किया जा सकता है।

3. एक ही तत्व के परमाणु आकार, द्रव्यमान तथा अन्य सभी गुणों में एक दूसरे से समान होते हैं, परन्तु भिन्न तत्वों के परमाणु परस्पर भिन्न होते हैं।

4. दो या दो से अधिक तत्वों के परमाणुओं के संयोग से यौगिकों का निर्माण होता है। किसी यौगिक में उसके अवयवी तत्वों के परमाणुओं की संख्या का अनुपात नियत होता है।

परमाणु और अणु

डॉल्टन के पश्चात् सन् 1811 में इटली के रसायनज्ञ एमेडियो आवागाद्रो ने परमाणु तथा अणु में अन्तर स्पष्ट करते हुए यह बतलाया कि किसी भी पदार्थ के अति सूक्ष्म कण दो प्रकार के होते हैं।

1. परमाणु, 2. अणु।

परमाणु पदार्थ को बनाने वाली मूल इकाई है।

दो या दो से अधिक परमाणुओं के निश्चित अनुपात में संयोजन से अणु बनते हैं। यदि किसी अणु में एक ही प्रकार के परमाणु होते है तो उसे समपरमाण्वीय अणु कहते हैं।

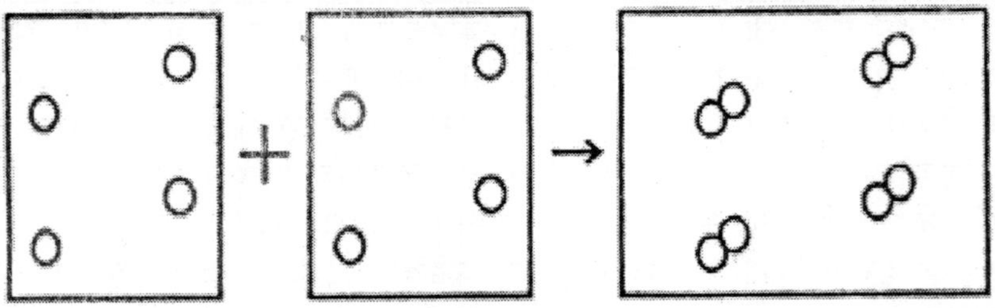

नाइट्रोजन के परमाणु नाइट्रोजन के परमाणु नाइट्रोजन के अणु
(एक ही तत्व के परमाणु) (समपरमाणवीय अणु का निर्माण)

जैसे N (नाइट्रोजन अणु), N_2 (ऑक्सीजन अणु), N (क्लोरीन अणु)। यदि किसी अणु में दो या दो से अधिक प्रकार के परमाणु सम्मिलित हों तो उसे विषम परमाणवीय अणु कहते हैं। H_2O(जल), CO_2 (कार्बन-डाइ-ऑक्साइड), H_2O_2 (हाइड्रोजन पराक्साइड) इत्यादि।

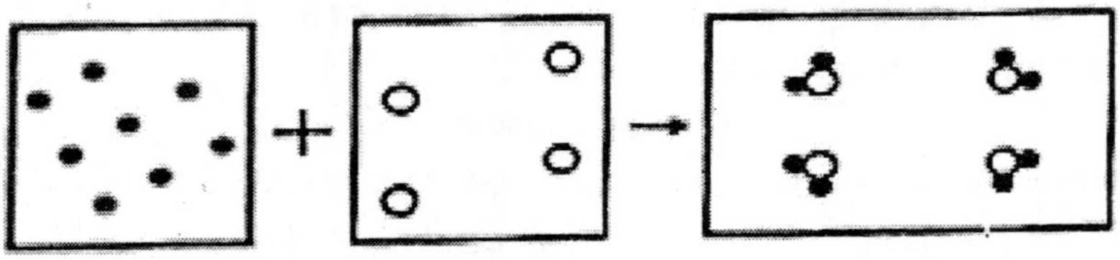

हाइड्रोजन के परमाणु हाइड्रोजन के परमाणु हाइड्रोजन के अणु
(विभिन्न प्रकार के तत्वों के परमाणु) (विभिन्न परमाणवीय अणु का निर्माण)

1. परमाणु - परमाणु किसी तत्व का वह सूक्ष्मतम कण है जो उसकी रासायनिक अभिक्रियाओं में भाग लेता है।

2. अणु - किसी तत्व अथवा यौगिक का वह सूक्ष्मतम कण है जिसका प्रकृति में स्वतंत्र अस्तित्व संभव होता है, अणु कहलाता है

परमाणु के मौलिक कण

बीसवीं सदी के आरंभ में सर जे.जे. थामसन, रदरफोर्ड आदि वैज्ञानिकों ने यह सिद्ध कर दिया कि परमाणु कुछ मूलभूत कणों, यथा-इलेक्ट्रॉन, प्रोटॉन और न्यूट्रॉन से मिलकर बना है। इन मूलभूत कणों की खोज के सम्बन्ध में किये गये कुछ महत्त्वपूर्ण प्रयोगों का यहाँ वर्णन किया जा रहा है।

इलेक्ट्रॉन की खोज

सन् 1859 में जे.जे. थॉमसन ने गैसों में कम दाब पर विद्युत प्रवाहित की। लगभग 60 सेमी. लंबी कांच की विसर्जन नलिका में लगभग 10^{-3} मि.मी. पारे के दाब पर किसी गैस को लिया गया एवं नली के दोनों सिरों पर दो इलेक्ट्रॉड लगाये गये। दोनों इलेक्ट्रॉडों के बीच 10,000 वोल्ट तक का उच्च विभवान्तर प्रयुक्त करने पर पाया गया कि काँच की नली में कैथोड से कुछ किरणें निकल कर सामने वाली दीवार पर पड़ती है जिससे हरे रंग के प्रकाश की चमक उत्पन्न होती है। इन किरणों को जे.जे. थामसन ने कैथोड किरण नाम दिया।

जे.जे. थामसन ने कैथोड किरणों के कणों पर उपस्थित ऋण आवेश एवं उनकी मात्रा का अनुपात ज्ञात किया। यह अनुपात विसर्जन नलिका के इलेक्ट्रॉडों के पदार्थ या नली में उपस्थित गैस की प्रकृति पर निर्भर नहीं करता, परन्तु प्रत्येक दशा में नियत रहता है।

इससे यह निष्कर्ष निकलता है कि सभी पदार्थों से प्राप्त कैथोड किरणें एक ही प्रकार की होती हैं एवं उनमें उपस्थित ऋण आवेशित कण भी एक ही प्रकार के होते हैं। इन कणों का नाम स्टोनी ने इलेक्ट्रॉन दिया था। इसकी खोज का मुख्य श्रेय जे.जे. थामसन को जाता है। इलेक्ट्रॉन सभी परमाणुओं में पाया जाता है। अतः यह परमाणु का मौलिक कण है। इलेक्ट्रॉन पर इकाई ऋणावेश तथा इसका द्रव्यमान 9.1N 10^{-28} ग्राम होता है।

प्रोटॉन की खोज

गोल्डस्टीन ने सन् 1886 में ज्ञात किया कि यदि विसर्जन नलिका के मध्य छिद्रित कैथोड का प्रयोग किया जाये एवं कम दाब पर गैसों में विद्युत प्रवाहित की जाये तो एक प्रकार की किरणें उत्पन्न होती हैं जो ऐनोड से कैथोड की ओर गतिशील होती है एवं कैथोड के छिद्रों से निकलकर विसर्जन नली क दीवारों पर टकराकर चमक उत्पन्न करती है। इन किरणों को एनोड किरणें, धन किरणें, कैनाल किरणें या गोल्डस्टीन किरणें कहा गया है।

अरनेस्ट रदरफोर्ड द्वारा हाइड्रोजन से प्राप्त किरणों के धनावेशित कणों का नाम प्रोटॉन दिया गया। सभी गैसों से प्राप्त धनावेशित कणों में प्रोटॉन उपस्थित होते हैं। अतः प्रोटॉन भी परमाणु मूल या मौलिक कण होते हैं। प्रोटॉन के लिये N का मान 9.58 N 10^4 कूलाम प्रतिग्राम होता है। प्रोटॉन पर इकाई धनावेश (9.58 N 10^4) तथा इसका द्रव्यमान 1.6726 N 10^{-24} ग्राम होता है। प्रोटॉन का द्रव्यमान हाइड्रोजन के एक परमाणु के द्रव्यमान के लगभग बराबर होता है।

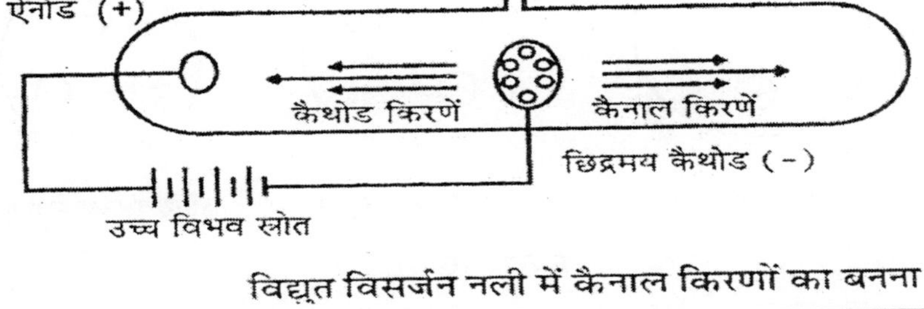

विद्यूत विसर्जन नली में कैनाल किरणों का बनना

न्यूटॉन की खोज

न्यूट्रॉन की खोज परमाणु क्रमांक की खोज के बाद हुई। उदासीन परमाणुओं में इलेक्ट्रॉन व प्रोटॉन की संख्या परमाणु क्रमांक के समान होती है। इस आधार पर किसी तत्व के एक परमाणु में उपस्थित प्रोटॉनों व इलेक्ट्रॉनों का कुल द्रव्यमान ज्ञात किया जा सकता है। सभी तत्वों के परमाणुओं के वास्तविक द्रव्यमान ज्ञात करने पर पाया गया कि तत्वों के परमाणुओं के वास्तविक द्रव्यमान उनमें उपस्थित प्रोटॉनों एवं इलेक्ट्रॉनों के कुल द्रव्यमान से लगभग दुगने होते हैं। इस आधार पर रदरफोर्ड ने सुझाव दिया कि तत्वों के परमाणुओं में इलेक्ट्रॉनों तथा प्रोटॉनों की भाँति एक तीसरे प्रकार के कण भी विद्यमान हैं जिनका भार हाइड्रोजन के एक परमाणु के भार के लगभग बराबर होता है तथा जो विद्युत उदासीन होता है। रदरफोर्ड के इस सुझाव की पुष्टि सर्वप्रथम 1932 में इंग्लिश वैज्ञानिक चैडविक ने की। चैडविक ने जब कुछ हल्के तत्वों जैसे बोरॉन, बेरिलियम आदि पर एल्फा कणों की बमबारी की तो उससे न्यूट्रॉन प्राप्त हुए।

अतः न्यूट्रॉन की खोज का मुख्य श्रेय जैम्स चैडविक को जाता है। न्यूट्रॉन का द्रव्यमान $=9.58 \text{ N } 10^{4}$ ग्राम होता है।

थॉमसन का परमाणु मॉडल

इलेक्ट्रॉन तथा प्रोटॉन की खोज के बाद इनकी परमाणु में व्यवस्था ज्ञात की गई। इसका प्रयास जे.जे. थॉमसन द्वारा किया गया, जिसे थॉमसन का परमाणु मॉडल कहते हैं। इन्होंने दर्शाया कि धनावेश पूरे परमाणु गोले में फैला हुआ है। जिसकी त्रिज्या 10^{-8} सेमी. है। इसमें इलेक्ट्रॉन बीच-बीच में उपस्थित रहकर इसे विद्युत उदासीन बनाते हैं।

अपने प्रतिरूप की व्याख्या में थॉमसन ने बताया कि जिस प्रकार पुडिंग (एक प्रकार की मिठाई) में प्लम (एक प्रकार का फल) पाये जाते हैं, उसी प्रकार परमाणु में इलेक्ट्रॉन उपस्थित रहते हैं। इसी कारण थॉमसन के परमाणु मॉडल को प्लम-पुडिंग मॉडल भी कहा जाता है। इस मॉडल को रदरफोर्ड ने अपने कण प्रकीर्णन के प्रयोग द्वारा अमान्य किया।

स्वर्ण पत्र प्रयोग

अरनेस्ट रदरफोर्ड ने सन् 1911 में परमाणु के नाभिक की खोज की। रदरफोर्ड के निर्देशन में कार्य कर रहे वैज्ञानिकों गीगर और मार्सडेन ने $9.58 \text{ N } 10^{4}$ सेमी. पतली सोने की पतली

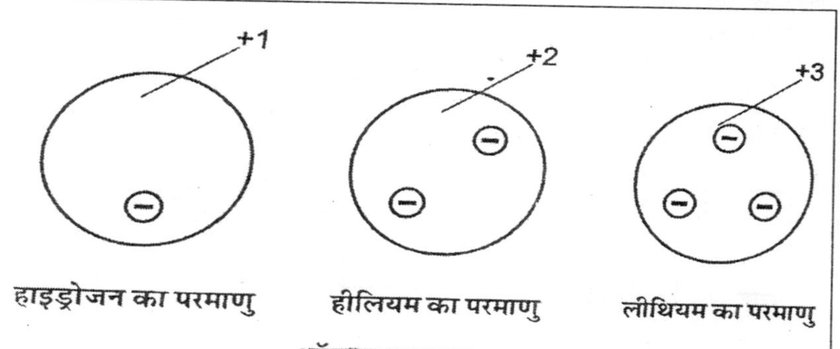

थॉमसन परमाणु

झिल्ली पर कणों की बमबारी के प्रयोग किये।

इन प्रयोगों में यूरेनियम से प्राप्त कण एक किरण पुंज के रूप में केवल एक दिशा में चलते हैं। लैंड का टुकड़ा अन्य दिशाओं में होने वाले विकिरणों को अवशोषित कर लेता है। कण सीधी रेखा में गमन करते हुए स्वर्ण पत्र से टकराते हैं। स्वर्ण पत्र के चारों ओर एक प्रतिदीप्तिशील पर्दा रखा जाता है। स्वर्ण पत्र द्वारा कणों का प्रकीर्णन (बिखराव) हो जाता है। इस प्रकीर्णन के कारण स्वर्ण पत्र से निकलने के बाद कण प्रतिदीप्ति उत्पन्न करते हैं। इस प्रकार धातु की पत्र से निकलते समय विचलित होने वाले कणों की संख्या का अनुमान लगाया गया है।

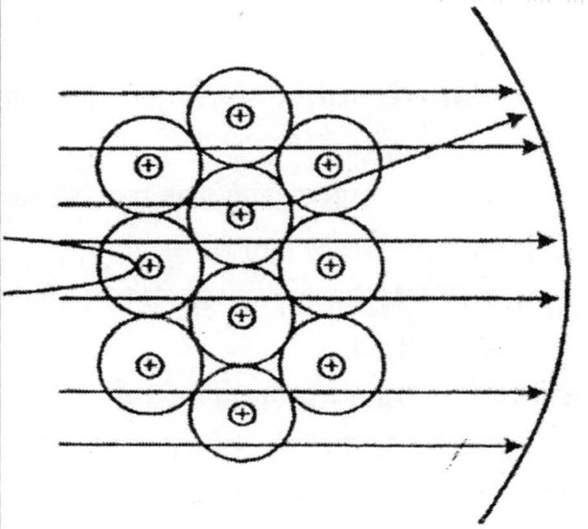

धातु परमाणु के नाभिकों द्वारा अभिगमन

1. अधिकांश कण बिना विचलित हुए स्वर्ण पत्र से सीधे निकाल गये।

2. कुछ कण स्वर्ण पत्र में से निकालते समय अपने मार्ग से विचलित हो गए।

3. लगभग 20,000 कणों में से एक कण 180 डिग्री कोण पर (या उससे अधिक कोण पर) विचलित हुआ।

यह प्रेक्षण रदरफोर्ड के लिये अत्यंत आश्चर्यजनक घटना थी जिसे उन्होंने निम्न शब्दों में व्यक्त किया। ''ये उतनी ही आश्चर्यजनक घटना है जितनी कि 15 इंच व्यास वाली तोप से निकला गोला किसी पतले कागज से टकराकर लौट आया हो और चलाने वाले को घायल कर दिया।''

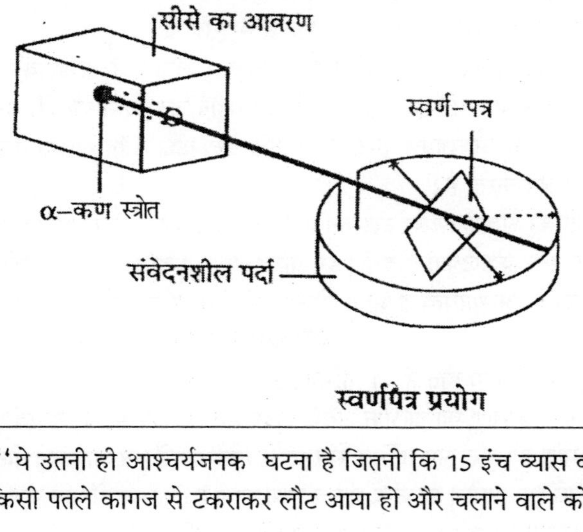

स्वर्णपत्र प्रयोग

निष्कर्ष – इस प्रयोग से रदरफोर्ड ने निम्न निष्कर्ष निकाले तथा परमाणु मॉडल प्रस्तुत किया–

1. परमाणु का अधिकांश भाग खोखला होता है।

2. परमाणु के मध्य में अत्यंत सूक्ष्म धनावेशित ठोस भाग स्थित है, जिसे उसने नाभिक कहा।

3. नाभिक में उपस्थित धनावेशित कणों की संख्या के समान ही इलेक्ट्रॉनों की संख्या होती है। अत: परमाणु उदासीन होता है।

4. इलेक्ट्रॉन परमाणु के नाभिक के चारों ओर वृत्ताकार मार्ग में तीव्र गति से चक्कर लगाते हुए गतिमान रहते हैं।

रदरफोर्ड के परमाणु मॉडल की कमियाँ

1. जब इलेक्ट्रॉन (ऋण आवेशित कण) धनावेशित नाभिक के चारों ओर निरन्तर चक्कर लगायेगा तो उसकी ऊर्जा का ह्रास होगा तथा नाभिक द्वारा आकर्षण के कारण इलेक्ट्रॉन नाभिक में समा जायेगा। इस समस्या का समाधान रदरफोर्ड नहीं कर सका।

2. यदि इलेक्ट्रॉन निरन्तर ऊर्जा का उत्सर्जन करेगा तो प्राप्त स्पेक्ट्रम सतत होना चाहिये लेकिन ऐसा नहीं होता है। परमाणु रेखीय स्पेक्ट्रम देते हैं।

इन कमियों को दूर करते हुए नील्स बोर ने परमाणु का मॉडल प्रदान किया।

नील्स बोर की परिकल्पनाएँ

बोर ने रदरफोर्ड मॉडल में संशोधन करने हेतु निम्न परिकल्पनाएँ प्रस्तुत की–

1. इलेक्ट्रॉन नाभिक के चारों ओर निश्चित ऊर्जा के वृत्ताकार स्थायी कक्षों में चक्कर लगाते हैं, जिन्हें ऊर्जा स्तर या कोश कहा जाता है।

2. इलेक्ट्रॉन केवल उन्हीं वृत्ताकार कक्षों में चक्कर लगाते हैं जिनमें इनका कोणीय संवेग $h/2n$ का पूर्ण गुणांक होता है। जहाँ h = प्लांक स्थिरांक है।

3. जब कोई इलेक्ट्रॉन एक ही कक्ष में चक्कर लगाता है तो इलेक्ट्रॉन द्वारा ऊर्जा का अवशोषण या उत्सर्जन नहीं होता है। लेकिन इलेक्ट्रॉन जब निम्न कक्ष से उच्च कक्ष में प्रवेश करता है तो ऊर्जा का अवशोषण करता है। जबकि उच्च कक्ष से निम्न कक्ष में प्रवेश करते समय ऊर्जा का उत्सर्जन करता है।

4. ऊर्जा का अवशोषण या उत्सर्जन क्वांटा या बंडल के रूप में होता है अर्थात् परमाणु के विभिन्न ऊर्जा स्तर क्वांटिकृत होते हैं। इन परिकल्पनाओं द्वारा बोर ने रदरफोर्ड द्वारा दिये गये परमाणु मॉडल के अस्थायित्व व सतत स्पेक्ट्रम संबंधित त्रुटियों को दूर किया।

परमाणु संरचना

परमाणु के दो भाग होते हैं –1 नाभिक, 2 बाह्य भाग।

नाभिक – परमाणु का नाभिक अत्यंत सूक्ष्म होता है जिसमें न्यूट्रॉन एवं प्रोटॉन स्थित होते हैं। अत: परमाणु का कुल भार नाभिक में रहता है। नाभिक में धन आवेशित प्रोटॉनों के पाये जाने के कारण इनमें धन आवेश का उच्च घनत्व पाया जाता है। नाभिक में पाये जाने वाले प्रोटॉनों एवं न्यूट्रॉनों को सम्मिलित रूप से न्यूक्लिऑन्स कहते हैं। न्यूक्लिऑन्स की संख्या तत्व की द्रव्यमान

संख्या (ए) कहलाती हैं। A^1 द्रव्यमान संख्या = P^1 नाभिक में प्रोटॉनों की संख्या+N न्यूट्रॉनों की संख्या

परमाणु क्रमांक Z किसी तत्व के परमाणु के नाभिक में उपस्थित प्रोटॉनों की संख्या उस तत्व का परमाणु क्रमांक कहलाता है। उदासीन परमाणु में परमाणु क्रमांक=इलेक्ट्रॉनों की संख्या =प्रोटॉनों की संख्या। न्यूट्रॉनों की संख्या=द्रव्यमान संख्या–परमाणु क्रमांक N - A-Z

बाह्य भाग – परमाणु के बाह्य भाग में निश्चित कक्षों में इलेक्ट्रॉनों नाभिक के चारों ओर चक्कर लगाते हैं। इन कक्षों को ऊर्जा स्तर कहा जाता हैं। प्रथम कक्ष को K, द्वितीय कक्ष को L, तृतीय कक्ष को M, चतुर्थ कक्ष को N, आदि से प्रदर्शित किया जाता है। प्रत्येक कक्ष में इलेक्ट्रॉनों की अधिकतम संख्या 2 n^2 होती हैं। (n - 1) - 1,2,3........

कक्षक – परमाणु संरचना के ज्ञान के विकास के साथ–साथ परमाणु कोशों को उपकोशों में तथा उपकोशों को कक्षकों में विभाजित किया गया है।

परमाणु के नाभिक के चारों ओर वह त्रिविमीय क्षेत्र जहाँ गतिमान इलेक्ट्रॉनों के पाये जाने की संभावना अधिकतम होती है, कक्षक कहलाता है। एक कक्षक में अधिकतम दो इलेक्ट्रॉन रह सकते हैं। उपकोश चार प्रकार के होते हैं–

1. s उपकोश – s उपकोश में एक कक्षक होता है, जिसकी आकृति गोलाकार होती है। तथा इनमें अधिकतम इलेक्ट्रॉनों की संख्या दो होती हैं।

2. p उपकोश – p उपकोश में तीन कक्षक होते हैं तथा इनकी आकृति डम्बलाकार होती हैं। ये तीनों कक्षक त्रिविम स्थान में परस्पर समकोणीय अक्ष (x, y और z)पर अभिविन्यासित होते हैं, इन्हें p_x, p_yऔर p_z कक्षक कहते हैं। p उपकोश में अधिकतम इलेक्ट्रॉनों की संख्या छः होती हैं।

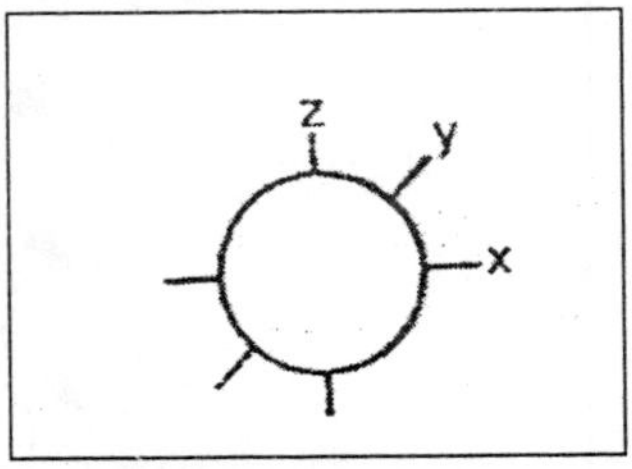

3. d उपकोश – इसमें पाँच कक्षक होते हैं। इनकी आकृति दोहरी डम्बलाकार होती है। जिन्हें क्रमशः d_{xy}, d_{xz}, d_{yz}, d_{x2}, d_{z2}, द्वारा प्रदर्शित किया जाता है। d उपकोश में अधिकतम इलेक्ट्रॉनों की संख्या 10 होती है।

4. f उपकोश – इनकी आकृतियाँ जटिल होती हैं तथा इनमें सात कक्षक होते हैं। इनमें अधिकतम इलेक्ट्रॉनों की संख्या 14 होती है।

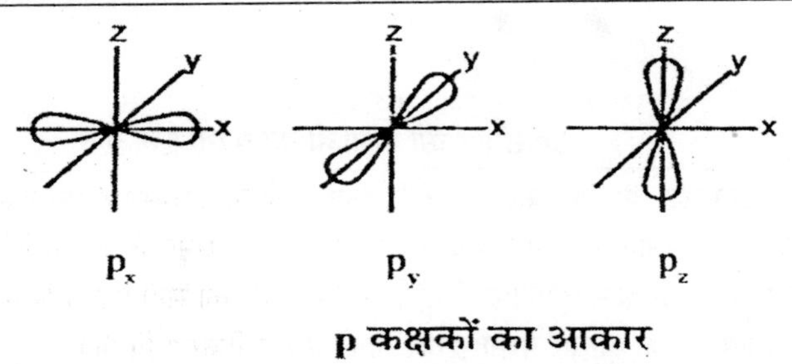

p कक्षकों का आकार

परमाणु के कक्ष जिन्हें कोष भी कहते हैं। उपकोशों में विभाजित होते है। तथा ये उपकोश पुनः कक्षकों में विभाजित होते हैं। विभिन्न कोशों में उपकोश तथा कक्षकों की संख्या निम्न प्रकार होती हैं।

कक्ष या कोश	1	2	3	4
उपकोश	s	s तथा p	s,p तथा d	s,p,d तथा f
कक्षक	1	1+3=4	1+3+5=9	1+3+5+7=16

कक्षकों में इलेक्ट्रॉन भरने का क्रम एवं इलेक्ट्रॉनीय विन्यास

परमाणुओं के उपकोशों में इलेक्ट्रॉन ऊर्जा के बढ़ते हुए क्रम में प्रवेश पाते हैं। परमाणुओं के उपकोशों की ऊर्जाओं का बढ़ता हुआ क्रम निम्नलिखित है-

$1s<2s<2p<3s<3p<4s<3d,4p<5s<4d<5p<6s<4f<5d<6p<7s<5f<6d<7p$

उपकोशों से पहले प्रयुक्त अंक कक्षों की संख्या (n) को प्रदर्शित करते हैं।

परमाणुओं के उपकोशों की ऊर्जाओं के बढ़ते हुए क्रम को याद रखने के लिये निम्न चित्र अत्यंत आवश्यक है।

मैण्डेलिक का आधुनिक आवर्त नियम

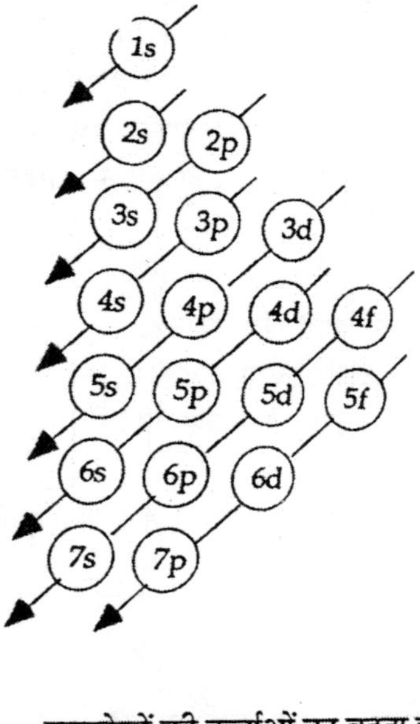

उपकोशों की ऊर्जाओं का बढ़ता हुआ क्रम

तत्वों का क्रमबद्ध अध्ययन करने के लिये उनके गुणों के आधार पर उन्हें व्यवस्थित करना आवश्यक है। इससे समान गुणों वाले तत्वों का अध्ययन एक समूह के रूप में किया जा सकता है। 1869 में रूसी वैज्ञानिक मैण्डीलिक ने तत्वों के वर्गीकरण का सही प्रयास किया। मैण्डीलिक ने तत्वों के वर्गीकरण का आधार परमाणु भार मानते हुए वर्गीकरण किया।

प्रथम 30 तत्वों के इलेक्ट्रॉनीय विन्यास

परमाणु क्रमांक	तत्व का प्रतीक	तत्व का नाम	इलेक्ट्रॉनीय विन्यास
1	H	हाइड्रोजन	$1s^1$
2	He	हीलियम	$1s^2$
3	Li	लीथियम	$1s^2, 2s^1$
4	Be	बेरीलियम	$1s^2, 2s^2$
5	B	बोरॉन	$1s^2, 2s^2, 2p^1$
6	C	कार्बन	$1s^2, 2s^2, 2p^2$
7	N	नाइट्रोजन	$1s^2, 2s^2, 2p^3$
8	O	आक्सीजन	$1s^2, 2s^2, 2p^4$
9	F	फ्लुओरीन	$1s^2, 2s^2, 2p^5$
10	Ne	निऑन	$1s^2, 2s^2, 2p^6$
11	Na	सोडियम	$1s^2, 2s^2, 2p^6, 3s^1$
12	Mg	मैग्नीशियम	$1s^2, 2s^2, 2p^6, 3s^2$
13	Al	एलुमिनियम	$1s^2, 2s^2, 2p^6, 3s^2, 3p^1$
14	Si	सिलिकन	$1s^2, 2s^2, 2p^6, 3s^2, 3p^2$
15	P	फॉसफोरस	$1s^2, 2s^2, 2p^6, 3s^2, 3p^3$
16	S	सल्फर	$1s^2, 2s^2, 2p^6, 3s^2, 3p^4$
17	Cl	क्लोरीन	$1s^2, 2s^2, 2p^6, 3s^2, 3p^5$
18	Ar	आर्गन	$1s^2, 2s^2, 2p^6, 3s^2, 3p^6$
19	K	पोटैशियम	$1s^2, 2s^2, 2p^6, 3s^2, 3p^6, 3d^0, 4s^1$
20	Ca	कैल्शियम	$1s^2, 2s^2, 2p^6, 3s^2, 3p^6, 3d^0, 4s^2$
21	Sc	स्कैंडियम	$1s^2, 2s^2, 2p^6, 3s^2, 3p^6, 3d^1, 4s^2$
22	Ti	टाइटेनियम	$1s^2, 2s^2, 2p^6, 3s^2, 3p^6, 3d^2, 4s^2$

23	V	वैनेडियम	$1s^2, 2s^2, 2p^6, 3s^2, 3p^6, 3d^3, 4s^2$
24	Cr	क्रोमियम	$1s^2, 2s^2, 2p^6, 3s^2, 3p^6, 3d^5, 4s^1$
			अर्द्धपूरित d व s कक्षक स्थायी
25	Mn	मैंगनीज	$1s^2, 2s^2, 2p^6, 3s^2, 3p^6, 3d^5, 4s^2$
26	Fe	आयरन	$1s^2, 2s^2, 2p^6, 3s^2, 3p^6, 3d^6, 4s^2$
27	Co	कोबाल्ट	$1s^2, 2s^2, 2p^6, 3s^2, 3p^6, 3d^7, 4s^2$
28	Ni	निकल	$1s^2, 2s^2, 2p^6, 3s^2, 3p^6, 3d^8, 4s^2$
29	Cu	कॉपर	$1s^2, 2s^2, 2p^6, 3s^2, 3p^6, 3d^{10}, 4s^1$
			पूर्ण पूरित d अर्द्धपूरित s कक्षक स्थायी
30	Zn	जिंक	$1s^2, 2s^2, 2p^6, 3s^2, 3p^6, 3d^{10}, 4s^2$

मैण्डेलिक का आर्वतन नियम – जिसके अनुसार 'तत्वों के भौतिक एवं रासायनिक गुण उन तत्वों के परमाणु भारों के आवर्तीफलन होते हैं, इसे मैण्डीलिक का आवर्त नियम कहते हैं।' मैण्डीलिक नियम के आधार पर बनी आवर्त सारणी में दोष होने के कारण सुधार की आवश्यकता हुई। अत: मोजले द्वारा आधुनिक आवर्त नियम दिया गया।

आधुनिक आवर्त नियम – 'तत्वों के भौतिक एवं रासायनिक गुण उनके परस्पर क्रमांक के आवर्तीफलन होते हैं।' परमाणु क्रमांक में वृद्धि के साथ तत्वों को आवर्त सारण में व्यवस्थित करने पर वर्ग में आने वाले तत्वों के बाह्य कोश के इलेक्ट्रॉनीय विन्यास समान होते हैं। इसी कारण इनके रासानिक गुण भी समान होते हैं। उक्त नियमानुसार मोजले ने तत्वों को उनके परमाणु क्रमांकों के वृद्धि क्रम में रखकर सारणी में व्यवस्थित किया।

सारणी की क्षैतिज अति लघु पंक्तियाँ आवर्त कहलाती हैं। दीर्घ आवर्त सारण में सात आवर्त है। इसमें प्रथम आवर्त अति लघु आवर्त है जिसमें दो तत्व हाइड्रोजन व हीलियम सम्मिलित किये गये हैं। दूसरा व तीसरा लघु आवर्त कहलाता है। जिसमें 8-8 तत्व रखे गये हैं। चौथा व पांचवाँ दीर्घ आवर्त हैं जिनमें 18-18 तत्व रखे गये हैं छटा आवर्त अति दीर्घ आवर्त हैं जिसमें

आवर्त	आवर्त का स्वरूप	तत्वों की कुल संख्या	परमाणु क्रमांक
1.	अति लघु आवर्त	2	1 से 2
2.	लघु आवर्त	8	3 से 10
3.	लघु आवर्त	8	11 से 18
4.	दीर्घ आवर्त	18	19 से 36
5.	दीर्घ आवर्त	18	37 से 54
6.	अति दीर्घ आवर्त	32	55 से 86
7.	अपूर्ण आवर्त		87 से 109

32 तत्व रखे गये हैं। सातवाँ आवर्त अपूर्ण आवर्त है। छोटे व सातवें आवर्त के 14–14 तत्वों को जिन्हें अन्त:संक्रमण तत्व कहते हैं अलग स्थान दिया गया है। वर्ग : आवर्त सारणी में 18 ऊर्ध्वाधर स्तम्भ वर्ग कहलाती है। इलेक्ट्रॉनिक विन्यास के आधार पर भी तत्वों का वर्गीकरण किया जा सकता है, जो निम्न प्रकार हैं–

1. N ब्लॉक (खण्ड) तत्व – प्रथम दो वर्गो के तत्वों को N ब्लॉक खण्ड तत्व कहते हैं, क्योंकि इन तत्वों का अन्तिम इलेक्ट्रॉन बाह्यकोश के N उपकोश में होता है। बाह्य कोश का इलेक्ट्रॉनिक विन्यास N या N होता है।

2. N ब्लॉक (खण्ड) तत्व – अन्तिम छ: वर्ग (13 से 18) के तत्व N ब्लॉक (खण्ड) तत्व कहलाते हैं। तत्वों के बाह्य कोश का इलेक्ट्रॉनिक विन्यास N या N होता है, क्योंकि इनका अन्तिम इलेक्ट्रॉन बाह्य कोश के N उपकोश में प्रवेश करता है। 18वाँ वर्ग (N या N) वाले सभी तत्व उत्कृष्ट गैसों का समूह है। इनके बाह्य कक्षक पूर्ण भरे होने के कारण ये स्थायी तथा अक्रियाशील होते हैं।

3. N ब्लॉक (खण्ड) तत्व – 3 से 12 तक के इस वर्ग N ब्लॉक में सम्मिलित हैं। तत्वों का बाह्य कोश को इलेक्ट्रॉनिक विन्यास N होता है। अन्तिम इलेक्ट्रॉन (N) कोश के N कोश में प्रवेश करते हैं।

4. N ब्लॉक (खण्ड) तत्व – परमाणु क्रमांक 58 से 71 के 14 तत्वों को लेन्थेनाइड श्रेणी तथा 90 से 103 परमाणु क्रमांक वाले 14 तत्वों को एक्टिनॉइड श्रेणी कहते हैं। इन्हें आवर्त सारणी में नीचे अलग से रखा गया है। इन तत्वों का अंतिम इलेक्ट्रॉन (N) कोश के N उपकोश में प्रवेश करता है।

आवर्त सारणी में गुणों की आवर्तिता

जब आवर्त सारणी में तत्वों को बढ़ते परमाणु क्रमांकों के क्रम में व्यवस्थित किया जाता है तो समान गुणों वाले तत्व निश्चित अन्तराल के बाद पुनरावर्तित होते हैं। इस प्रकार के गुण को आवर्तित कहते हैं। आवर्तिता का मुख्य कारण बाह्यतम कोश के इलेक्ट्रॉन विन्यास की पुनरावृत्ति है।

परमाणु आकार

परमाणवीय आकार नाभिक व बाह्यतम कोश के इलेक्ट्रॉनों के मध्य की दूरी से निर्धारित होता हैं। परमाणु त्रिज्या निम्नलिखित कारकों से प्रभावित होती है।

(क) नाभिकिय आवेश , (ख) कोशों की संख्या।

एक ही आवर्त में बायीं से दायीं ओर जाने पर परमाणु क्रमांक (नाभिकीय आवेश) में क्रमश: वृद्धि होती है। परन्तु बाह्य कोश (N) अपरिवर्तित रहने से संयोजकता कोश के इलेक्ट्रॉनों (ऋणावेश) पर नाभिकीय आवेश (धनावेश) का आकर्षण बढ़ता है जिससे परमाणु का आकार क्रमश: कम हो जाता है। एक वर्ग में ऊपर से नीचे की ओर जाने पर परमाणु का आकार बढ़ता है, क्योंकि एक ही वर्ग में ऊपर से नीचे क्रमश: कोशों की संख्या में वृद्धि होती जाती है। साथ ही नाभिकीय आवेश भी बढ़ता है। लेकिन कोशों की संख्या का कारक नाभिकीय आवेश की तुलना में अधिक प्रभावी होता है। जिससे परमाणवीय आकार बढ़ जाता है।

आयतन विभव

किसी उदासीन गैसीय परमाणु के बाह्यतम कोश से इलेक्ट्रॉन पृथक करने हेतु आवश्यक ऊर्जा प्रथम आयतन ऊर्जा (विभव) कहलाती हैं।

$M_{(g)}$	+ ऊर्जा	——	$M_{(g)}$	+	e
गैसीय परमाणु			गैसीय धनायन		इलेक्ट्रॉन

एक ही आवर्त में बायीं से दायीं तरफ जाने पर परमाणु क्रमांक तथा नाभिकीय आवेश में वृद्धि होती जाती है अतः बाह्यतम कोश से इलेक्ट्रॉन पृथक् करने हेतु ऊर्जा के मान में भी वृद्धि होती जाती है। अतः एक ही आवर्त में बायीं से दायीं ओर आयनन विभव के मान में वृद्धि होती जाती है। अर्द्धपूरित कक्षकों व पूर्ण–कक्षकों का स्थायित्व अधिक होने के कारण उनके आयनन विभवों के मान अपवाद स्वरूप उच्च होते हैं। अतः 18वें वर्ग के तत्वों के आयनन विभव अपने आवर्त में अधिकतम होते हैं। एक ही वर्ग में ऊपर से नीचे जाने पर परमाणु आधार में वृद्धि होती जाती है। अतः बाह्यतम कोश में स्थित इलेक्ट्रॉनों की नाभिक से दूरी बढ़ती जाती है। अतः बाह्यतम कोश में स्थित इलेक्ट्रॉनों पर नाभिकीय आकर्षण बल कम होने के कारण इलेक्ट्रॉन सरलता से पृथक् हो जाते हैं एवं कम ऊर्जा व्यय होती है।

अतः एक ही वर्ग में ऊपर से नीचे जाने पर आयनन विभवों के मान में कमी हाती जाती है। कुछ तत्वों के आयनन विभव (किलो कैलोरी प्रति मोल में) निम्न प्रकार हैं–

H							He
Li	Be	B	C	N	O	F	Ne
124	215	191	260	336	314	402	497
Na	Mg	Al	Si	P	S	Cl	Ar
119	176	138	188	254	239	300	363

विद्युत ऋणता

अणु में किसी परमाणु द्वारा बन्धित इलेक्ट्रॉनों को आकर्षित करने की क्षमता को विद्युत ऋणता कहते हैं। किसी आवर्त में बायें से दायें जाने पर तत्वों की विद्युत ऋणता के मानों में नियमित वृद्धि होती है जबकि एक ही वर्ग में ऊपर से नीचे की ओर पर विद्युत ऋणता के मान में कमी होती जाती है। पॉलिंग ने फ्लुओरीन की विद्युत ऋणता का मान 4 दिया, जो आवर्त सारणी में सर्वाधिक हैं। इसी आधार पर अन्य तत्वों की विद्युत ऋणता के मानों की भी गणना की गई।

H						
2.1						
Li	Be	B	C	N	O	F
1.0	1.5	2.0	2.5	3.0	3.5	4.0
Na	Mg	Al	Si	P	S	Cl
0.9	1.2	1.5	1.8	2.1	2.5	3.0
K	Ca	Ga	Ge	As	Se	Br
0.8	1.0	1.6	1.8	2.0	2.4	2.8

इलेक्ट्रॉन बन्धुता

उदासीन गैसीय परमाणु के बाह्यतम कोश में एक इलेक्ट्रॉन जोड़ने पर मुक्त हुई ऊर्जा इलेक्ट्रॉन बन्धुता कहलाती है।

एक ही आवर्त में बायें से दायें जाने पर इलेक्ट्रॉन बन्धुता के मान में वृद्धि होती है। जबकि एक ही वर्ग में ऊपर से नीचे जाने पर इलेक्ट्रॉन बन्धुता के मान में कमी होती है।

$A_{(g)}$ + e ---- A + (ऊर्जा)

गैसीय उदासीन परमाणु गैसीय ऋणायन इलेक्ट्रॉन बन्धुता

कुछ तत्वों की इलेक्ट्रॉन बन्धुता (किलो जूल प्रतिमोल में) निम्न प्रकार है–

H						
72						
Li	Be	B	C	N	O	F
57	–66	15	122	–31	120	320
Na	Mg	Al	Si	P	S	Cl
21	–67	26	135	60	200	348–7

अर्द्धपूरित एवं पूर्ण पूरित कक्षकों का स्थायित्व अधिक होने के कारण अपवादस्वरूप इलेक्ट्रॉन बन्धुता के मान कम होते हैं। उत्कृष्ट गैसों के इलेक्ट्रॉन बन्धुता के मान शून्य अथवा ऋणात्मक होते हैं।

परमाणु समस्थानिक

गैसलर नली एक ऐसी नली है जिससे अधिकांश हवा बाहर निकाल दी गयी है और जिसमें से एक विद्युतधारा दो धातु के द्वारों से होकर गुजरती है। इनमें से एक द्वारा ऋणात्मक है और इसमें से ऋणाणुओं की एक निरन्तर धारा नली में होती हुई दूसरे द्वार तक जाती है जो धनात्मक है। ऋणात्मक द्वार ऋणोद है और धनात्मक धनोद है। जैसे ही गैस में से विद्युतधारा गुजरती है वैसे ही वह गैस के परमाणुओं में से ऋणाणु पृथक् करके ऋणोद से धनोद की ओर ले जाती है। इन ऋणाणुओं के निकलने के बाद परमाणु का जो अंश बचा रहता है वे धनाविष्ट आयन होते हैं जो विपरीत दिशा में यानी धनोद से ऋणोद की ओर जाने चाहिए। पहली बार खोज किये जाने पर धनाविष्ट आयनों की इन धाराओं को धनाविष्ट किरणें कहा गया और इन्हीं के अध्ययन से हमारा समस्थानिकों का ज्ञान बढ़ा। इन धनाविष्ट किरणों की खोज करने के लिए जे.जे. थामसन ने एक ऐसी नली बनायी जो पिछली नलियों से भिन्न थी। यदि धनाविष्ट किरणें दायें से बायें को आती हैं थामसन ने एक मोटे ऋणोद का प्रयोग किया और इसके केन्द्र में एक लम्बा छेद कर दिया। इस आशा से कि ऋणोद की ओर जाती हुई धनाविष्ट किरणें छेद में से गुजरकर सीधी किरणों के रूप में निकल जायेंगी। इस कारण से थामसन ने ऋणोद की बायीं ओर की नली और लम्बी कर ली और अंतिम छोर पर एक फोटो–प्लेट रखने का स्थान बना लिया। उसने यह दावा किया कि धनाविष्ट किरणों का पुंज फोटो–प्लेट पर टकरायेगा और पुंज के व्यास के बराबर उस पर एक काला निशान बना देगा और हुआ भी ऐसा ही। यदि ये किरणें वस्तुतः उस गैस के परमाणु हैं जिससे कुछ ऋणाणु पृथक् हो गये हैं अर्थात् यदि वे आयन हैं, तो लगभग वायुशून्य नली में उन

पर गैस के परमाणुओं का भार होना चाहिए। थामसन को मालूम था कि इस प्रकार के भारों को कैसे मापा जाये, क्योंकि उन्होंने ही अनेक वर्ष पूर्व ऋणाणु का भार मालूम किया था। उन्होंने यहाँ भी उसी सिद्धांत का प्रयोग किया। नली के छोर पर रखे गये एक चुम्बक से धनाविष्ट कणों को अपने सीधे मार्ग से हट जाना चाहिए। किरणें फोटोप्लेट के बीचोंबीच न पड़कर नीचे या ऊपर पड़ेगी। इसके अतिरिक्त आवेशयुक्त कणों का पुंज कणों के भार के अनुसार अधिक या कम विचलित होना चाहिए। जे.जे. थाम्सन ने जिस गैस का प्रयोग किया वह अत्यधिक शुद्ध नियॉन थी और जब इसकी धनाविष्ट किरणें एक चुम्बक से विचलित हुई और नली के दूसरे छोर पर

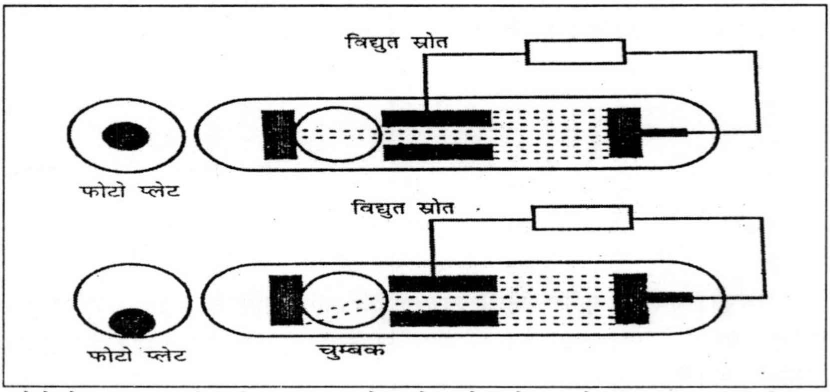

फोटोप्लेट पर उनका चित्र लिया गया तब केन्द्र से इसने इतने फासले पर एक घना गहरा निशान बनाया जो 20 के भार के अनुरूप था। नियॉन का परमाणु भार 20 से कुछ ही अधिक है और इस प्रयोग से इसकी पुष्टि हो जाती है।

नियॉन के इस गहरे निशान के अतिरिक्त केन्द्र से और दूर ऐसे स्थान पर एक और हल्का निशान था जो 4 के परमाणु भार के अनुरूप था। यह हल्का निशान स्पष्टतः हीलियम का था। हम जानते ही हैं कि हीलियम और नियॉन दोनों ही निष्क्रिय गैसें हैं। अब तक जो हुआ ठीक ही हुआ। फिर भी फोटोप्लेट के ध्यानपूर्वक अध्ययन किये जाने पर नीयॉन के पास एक स्थान पर एक निशान की बहुत स्पष्ट छाया दिखाई पड़ी जो 22 के परमाणु भार के अनुरूप थी। जे.जे. थामसन ने अपनी नियॉन गैस को इकाई वार शुद्ध किया, लेकिन जब भी किसी नली में नियॉन के लिए 20 पर निशान दिखाई दिया तभी इसमें 22 पर धुँधली छाया दिखाई दी। इससे यह परिणाम निकल सकता है कि नियॉन की दो किस्में हैं जिनको रासायनिक प्रक्रियाओं से एक-दूसरे से पृथक् नहीं किया जा सकता। एक किस्म 20 के परमाणु भार वाली और दूसरी 22 के परमाणु भार वाली। यदि दो किस्म की नियॉन थीं तो इस तथ्य का कि अत्यधिक शुद्ध नियॉन गैस का भी परमाणु भार 20.18 होता है, कारण यह है कि यह दो नियॉन समस्थानिकों का मिश्रण है जिसमें नियॉन 22 मिश्रण के छोटे से अंश के रूप में विद्यमान हैं। उक्त परिणाम कैम्ब्रिज विश्वविद्यालय की कैवेंडिश प्रयोगशाला में 1913 में निकाले गये जहाँ जे.जे. थामसन डायरेक्टर थे। उनसे छोटी उम्र के एक वैज्ञानिक एस्टन ने सोचा कि इन परिणामों की सत्यता जानने के लिए कोई तरीका निकाला जाय। एस्टन ने दावा किया कि यदि कोई दोनों नियॉनों को रासायनिक

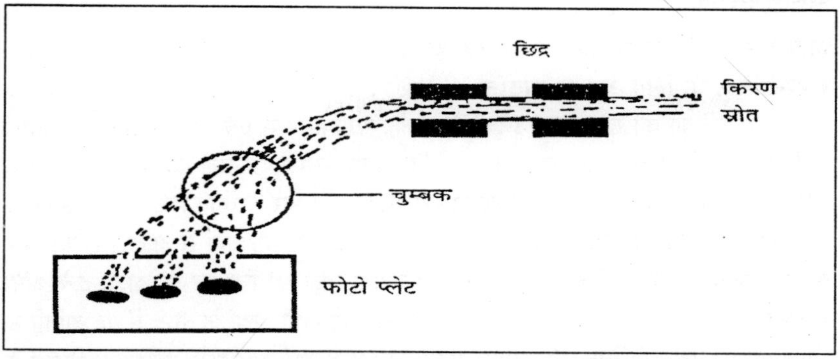

विधि से पृथक् नहीं कर सकता तो उनको भौतिकी विधि से पृथक् किया जा सकता है जिसमें ऋणाणुओं की संख्या को अतिरिक्त केन्द्र के भार पर आधारित किसी गुण का प्रयोग किया जा सकता है। उदाहरणार्थ, मानिए हम नियॉन का द्रवीकरण करते हैं और फिर धीरे-धीर इसका वाष्प बनने देते हैं। नियॉन–22 के परमाणु नियॉन–20 के परमाणुओं से 10 प्रतिशत भारी है। भारी समस्थानिकों के परमाणुओं के लिए यह कठिन काम होगा कि वे द्रव नियॉन में से निकलकर हवा में आयें और गैसीय नियॉन हो जायें। हल्की नियॉन भारी नियॉन से पहले उड़ जायेगी और इसलिए अवशिष्ट नियॉन में पहले की अपेक्षा भारी नीयॉन का अंश अधिक होना चाहिए। एस्टन ने उक्त तरीके से अपने विचार की पुष्टि करनी चाही लेकिन कोई भी अंतर जानने में वह असफल रहा।1919 में इस क्षेत्र में पुनः प्रयोग किये गये लेकिन उनमें समस्थानिकों को पृथक् करने की विधि त्यागकर जे.जे. थामसन के पदचिह्नों का अनुसरण किया गया। एस्टन ने गैसलर नली का ऋण द्वार जे.जे. थामसन की अपेक्षा और बढ़ा दिया। ऋणोद में, जिससे कि धन आयन गुजरे थे, उसने एक छिद्र के अतिरिक्त बायेंअ ओर को धातु की एक और पट्टी रखी जिसमें एक ओर छेद था। इस प्रकार धन आयनों की जो धारा प्रथम छिद्र से जाती है और जो दूसरे छिद्र तक पहुँचते-पहुँचते थोड़ी विचलित हो जाती है, दूसरे छिद्र से गुजरकर नुकीली हो जाती है, क्योंकि यह छिद्र केवल उन आयनों को गुजरने देता है जो प्रथम व द्वितीय छिद्र के बीच सीधी रेखा में गये। इस विधि से आयनों की बड़ी सूक्ष्म धारा बन जाती है जो नली के छोर पर रखी फोटो-प्लेट पर टकराने से एक छोटा-सा निशान बनाती है। आयनों की इन धाराओं के पास बाहर जब एक बड़ा चुम्बक रखा जाता है तब धारा अपने मूल पथ से मुड़ जाती है। यह मोड़ आयन के भार से जाना जा सकता है। इस प्रकार हमें फोटो-प्लेट में अनेक निशान प्राप्त हो जाते हैं और इन निशानों की दूरी धारा बनाने वाले आयनों के भारों पर निर्भर होती है इसलिए समस्थानिकों को पृथक् करने की यही विधि अपनायी जाती है। एस्टन ने देखा कि उसने जितने भी तत्वों का अध्ययन किया सबसे समस्थानिक थे। उसका काम बाद में अमरीका के के.टी. बेनब्रिज ने अपने हाथ में ले लिया और उन दोनों ने तत्वों की समस्त कड़ियों का निरीक्षण किया। यह देखा गया कि हर तत्व के एक से लेकर आठ समस्थानिक होते हैं, प्रथम 92 तत्वों के कुल मिलाकर 250 समस्थानिक होते हैं। यहाँ पर एक अजीब नियमितता दिखाई देती है। जिन तत्वों की परमाणु संख्या सम होती है उनके आठ समस्थानिक तक हो सकते है। और जिनकी परमाणु संख्या विषम

होती है उनके तीन से अधिक समस्थानिक होते ही नहीं।

समस्थानिक के लिए आधार न्यूट्रॉन

समस्थानिकों की खोज तथा उनकी रचना के स्पष्टीकरण से एक समस्या प्रकाश में आयी जिस पर हमने अब तक पूरा-पूरा ध्यान नहीं दिया। यह समस्या प्रोटॉनों के अतिरिक्त केन्द्र के भार के संबंध में हैं। लीथियम की परमाणु संख्या 3, परमाणु भार 7 तथा इसके केन्द्र में 3 प्रोटॉन और बाहर 3 इलेक्ट्रॉन होते हैं। केन्द्र में यह 4 का अतिरिक्त भार कहाँ से आता है? कई वर्षों तक इस अतिरिक्त भार को चार प्रोटॉनों का भार बताया जाता रहा जिनका आवेश केन्द्र के अंदर इलेक्ट्रॉनों द्वारा शिथिल कर दिया गया है। उद्जन से आगे सभी तत्वों के केन्द्र में यह अतिरिक्त भार रहता है। यह अतिरिक्त भार परमाणु संख्या और शुद्ध आवेश के लिए उत्तरदायी प्रोटॉनों के भार से अधिक होता है। यूरेनियम के परमाणु में 92 प्रोटॉन धन आवेश लिए होते हैं और 146 और इकाई भार होता है जिनको समझा गया था कि ये प्रोटान हैं और निकास आवेश केन्द्र के अंदर प्रत्येक इलेक्ट्रॉन द्वारा शिथिल कर दिया गया है। इस विषय पर बहुत सजीव बहस चलती रही कि इलेक्ट्रॉन केन्द्र के अंदर कैसे हो सकता है और धनावेश तथा ऋणावेश एक-दूसरे को समाप्त क्यों नहीं करते। यह बात बड़ी विचित्र प्रतीत हुई और इससे कोई भी संतुष्ट नहीं था। फिर भी ऐसी विचित्र बातों को सुलझाने का यही तरीका था कि उनके बारे में तरह-तरह के प्रश्न किये जायें, प्रयोग किये जायें और उन पर सोच-विचार किया जाय। इसलिए अनेक भौतिकशास्त्रियों ने अपना ध्यान परमाणु के केन्द्र पर स्थिर किया और इस पर रेडियम से एल्फा कणों तथा प्रोटॉनों से प्रहार करके इसकी रचना पर आगे खोज आरम्भ की।1930 में बोथे और बेकर ने हल्की धातु बेरीलियम पर एल्फा कणों की बौछार की। बोथे और बेकर ने सोचा कि ये किरणें गामा किरणें हो सकती हैं जैसी कि रेडियम ने निकली थीं। बाद में उनकी यह धारण गलत बताई गयी।

जोलियो और उनकी पत्नी क्यूरी ने, जो कि पियरे व मेरी क्यूरी की सुपुत्री थीं, इसी तरह के प्रयोग 1932 में बेरीलियम को लेकर किये और उन्होंने देखा कि बेरीलियम द्वारा उत्पन्न कुछ विकिरण सीसे की चादर को भेदने में समर्थ है जबकि सामान्यत: यह गामा किरणों को सोख कर लेता है। इसके अतिरिक्त उन्होंने देखा कि यदि पैराफीन की चद्दर या कोई भी उद्जनयुक्त यौगिक वाली किरणों के कारण अत्यधिक शक्ति के प्रोटॉन निकले। यह घटना समझनी बड़ी कठिन थी और इसलिए इसकी खोज करने के लिए अन्य वैज्ञानिक प्रेरित हुए। इसी वर्ष जेम्स चाडविक ने बेरीलियम के साथ उक्त प्रयोगों को किया और वास्तव में उसने उन्हीं शक्तिशाली किरणों को देखा जिन्हें बोथे, बेकर और जूलियट क्यूरी ने देखा था। चाडविक ने यह देखा कि ये किरणें चुम्बक से विचलित नहीं होती, जिसका अर्थ था कि वे शिथिल थीं और इस दृष्टि से गामा किरणों की तरह थी। चाडविक ने यह भी मालूम किया कि ये किरणें प्रकाश की गति के दसवें भाग की गति से जाती हैं जो गामा किरणों के लिए बहुत कम है। गामा किरणें प्रकाश की गति से जाती हैं, क्योंकि वे प्रकाश की ही एक शक्ल हैं।

चाडविक को यह सिद्ध करने में अधिक समय नहीं लगा कि इस आवेशहीन कण का भार 1 है जो प्रोटॉन के बराबर हैं। उसको चाडविक ने 'न्यूट्रॉन' का नाम दिया। इसकी खोज के लिए चाडविक को 1935 में नोबल पुरस्कार मिला। ☐☐☐

4

परमाणु और परमाणु द्रव्य का सिद्धांत

पदार्थ की विभाज्यता की धारणा के बारे में विश्व के अनेक देशों (भारत सहित) में बहुत पहले विचार किया गया था। भारतीय दार्शनिक महर्षि कनाड ने प्रतिपादित किया था कि यदि हम द्रव्य को विभाजित करते जाएँ तो हमें छोटे और छोटे कण प्राप्त होंगे, और एक सीमा ऐसी आएगी जब हमें सूक्ष्मतम कण मिलेगा जिसका आगे और विभाजन करना असंभव होगा। उन्होंने इन कणों को परमाणु कहा।

यह कार्य भारत में लगभग 500 ईसा पूर्व में हुआ था। 500 से 400 वर्ष ईसा पूर्व के आसपास, ग्रीक दार्शनिक लियापस और डेमोक्रिटस की भी ऐसी ही धारणा थी। उन्होंने प्रतिपादित किया कि यदि हम पदार्थ को विभाजित करते जाएँगे तो एक ऐसी अवस्था आएगी जब प्राप्त कणों को पुनः विभाजित नहीं किया जा सकता।

ये सभी दार्शनिक विचारों पर आधारित थे। कुछ अधिक प्रयोगात्मक कार्य नहीं हुए थे, जब तक कि लवोइजिए ने सन् 1789 ईस्वी में ये नियम दिए–द्रव्यमान के सरंक्षण का नियम और स्थिर अनुपात का नियम। आंग्ल रसायनज्ञ और मूल रूप से अध्यापक, जॉन डाल्टन (वर्ष 1766–1844 ईस्वी) ने पदार्थ की प्रकृति के बारे में आधारभूत यह सिद्धांत दिया–सभी पदार्थ चाहें तत्व, यौगिक या मिश्रण हों सूक्ष्म कणों से बने होते हैं जिन्हें परमाणु कहते हैं। डाल्टन द्वारा प्रतिपादित सिद्धांत की विवेचना निम्न प्रकार कर सकते हैं–

1. तत्व अति सूक्ष्म अविभाज्य कणों से मिलकर बनता है, जिन्हें परमाणु कहते हैं।

2. दिए गए तत्व के सभी परमाणु द्रव्यमान और गुणधर्म दोनों में समान होते हैं। विभिन्न तत्वों के परमाणुओं के विभिन्न द्रव्यमान और गुणधर्म होते हैं।

3. किसी तत्व के परमाणुओं का सृजन, विनाश या दूसरे तत्व के परमाणुओं में रूपांतरण नहीं हो सकता है।

4. जब विभिन्न तत्वों के परमाणु आपस में छोटी पूर्ण संख्या अनुपात में संयोग करते हैं तो यौगिक बनाते हैं।

5. दिए गए यौगिक में परमाणुओं की आपेक्षिक संख्या और प्रकार निश्चित रहते हैं।

परमाणु, किसी तत्व का सूक्ष्मतम कण है जो सभी रासायनिक और भौतिक परिवर्तनों में अपनी रासायनिक पहचान बनाए रखता है।

एक तत्व के परमाणु दूसरे तत्व के परमाणुओं से अलग होते हैं। आज हम जानते हैं कि वास्तव में परमाणु अविभाज्य नहीं है वह स्वयं कणों से मिलकर बना है । (प्रोटॉन, न्यूट्रॉन, इलेक्ट्रॉन, इत्यादि) फिर भी डाल्टन का सिद्धांत उस समय के नियमों को समझा पाया और कुछ

नियमों की भविष्यवाणी भी की जिनकी तब तक खोज नहीं हुई थी। इसमें गुणात्मक अनुपात के नियम की भी भविष्यवाणी है।

आधुनिक प्रौद्योगिकी ने परमाणुओं के फोटोग्राफ लेना संभव बनाया। स्केनिंग टनैलिंग सूक्ष्मदर्शी बहुत परिष्कृत उपकरण हैं। ये तत्वों की सतहों के प्रतिबिंब उत्पन्न कर सकते हैं। जिससे अलग-अलग परमाणु दिखते हैं।

आणविक सिद्धान्त

अणु एक निश्चित परमाणुओं का समूह है जो आपस में रासायनिक रूप से आबंधित होते हैं अर्थात् आकर्षण बलों द्वारा दृढ़ता से जुड़े होते हैं। इस प्रकार, अणु किसी तत्व या यौगिक का वह सूक्ष्मतम कण है जिसका सामान्य अवस्था में अकेला या स्वतंत्र अस्तित्व होता है और वह इस पदार्थ (तत्व या यौगिक) के सभी गुणों को दर्शाता है।

एक अणु एक, दो या अधिक परमाणुओं से मिलकर बना हो सकता है। इसके अनुसार ये एकपरमाणविक, द्विविपरमाणविक, त्रिपरमाणविक, चतुर्परमाणविक इत्यादि हो सकते हैं। उदाहरण के लिए, Ar या He (एकपरमाणविक), H_2,N_2, HCI (द्विपरमाणविक), H_2O, CO_2 (त्रिपरमाणविक), NH_3, P_4 (चतुर्थपरमाणविक), इत्यादि। साधारणतया जिस अणु में चार से अधिक परमाणु होते हैं, वह बहुपरमाणविक कहलाता है।

जैसे S_8,C_2H_5OH (एथिल ऐल्कोहॉल)। एक पदार्थ का अणु सूत्र हमें बताता है कि प्रत्येक प्रकार के कितने परमाणु उसके एक अणु में विद्यमान हैं। उदाहरण के लिए, हाइड्रोजन परॉक्साइड में दो हाइड्रोजन के परमाणु और दो ऑक्सीजन के परमाणु होते हैं और इसका अणु सूत्र H_2O_2 है। अणु में साधारणत: परमाणुओं का आपस में बेतरतीब ढेर नहीं होता है। बल्कि परमाणु निश्चित तरीके से रासायनिक रूप से आबंधित होते हैं। संरचना सूत्र एक रासायनिक सूत्र है जो दर्शाता है कि अणु में परमाणु एक दूसरे से किस प्रकार आबंधित हैं। उदाहरण के लिए, जल को H - O - H में प्रदर्शित करते हैं।

अणु में परमाणु केवल निश्चित त्रिविमीय व्यवस्था को भी दर्शाते हैं। तत्वों और यौगिकों के कई गुणधर्म, पदार्थ में विद्यमान परमाणुओं और अणुओं की व्यवस्था पर आधारित होते हैं। इस कारण से इन परमाणुओं और अणुओं को प्रदर्शित करने के लिए विभिन्न प्रकार के मॉडल उपयोग में लाते हैं। अणुओं की आकृति और आकार को स्पष्ट रूप से देखने के लिए हम प्राय: आणविक मॉडल की रचना करते हैं। कुछ तत्व आणविक पदार्थ होते हैं और अणु सूत्र द्वारा निरूपित किए जाते हैं। क्लोरीन एक आणविक पदार्थ है और इसका सूत्र CI_2 है। सल्फर का एक अणु आठ परमाणुओं से बना होता हैं, इसका अणु सूत्र S_8 है। हीलियम और निऑन अकेले परमाणुओं से बने होते हैं, उनके सूत्र क्रमश: He और He हैं। दूसरे तत्व, जैसे कि कार्बन (ग्रेफाइट और डायमंड के रूप में) का सरल अणु सूत्र नहीं होता है बल्कि बहुत बड़े और असीमित संख्या में आपस में आबंधित परमाणुओं से बना होता है। इन तत्वों को उनके परमाणु संकेत से निरूपित करते हैं। हाल में खोज की गई कार्बन की अवस्था, बक मिंसटरफुलरिन का अणु सूत्र C_{60} है।

परमाणु और अणु द्रव्यमान

डाल्टन के परमाणु सिद्धांत की प्रस्तावित विलक्षण संकल्पना परमाणु द्रव्यमान थी। प्रत्येक परमाणु का विशिष्ट परमाणु द्रव्यमान होता है।

इस सिद्धांत ने स्थिर अनुपात के नियम की व्याख्या इतनी अच्छी प्रकार की कि वैज्ञानिक एक परमाणु के द्रव्यमान को मापने के लिए प्रोत्साहित हो गए। आकार में बहुत छोटे एक अकेले परमाणु का द्रव्यमान मापना वास्तव में एक बहुत कठिन कार्य था। फिर भी, वैज्ञानिकों को कुछ आपेक्षिक परमाणु द्रव्यमानों को माप पाने की आशा थी।

'परमाणु भार' के ऐतिहासिक महत्त्व को देखकर परमाणु द्रव्यमान और परमाणु भार पदों को फेरबदल कर उपयोग में लाया जाता है। वास्तव में इसका मापन रासायनिक संयोजन तथा विभिन्न यौगिकों के बनने के आधार पर किया गया। माना कि 3.0 g कार्बन तथा 4.0 g ऑक्सीजन के संयोजन से कार्बन व ऑक्सीजन का एक यौगिक बनता है। दूसरे शब्दों में, इस यौगिक (CO) के बनने में कार्बन की अपेक्षा ऑक्सीजन ने 4/3 गुना द्रव्यमान का योगदान दिया है। यदि पदार्थ कार्बन व ऑक्सीजन के एक–एक परमाणु से मिलकर बने अणुओं से बना है तब ऑक्सीजन के एक परमाणु का भार कार्बन परमाणु की तुलना में 4/3 गुना अधिक होना चाहिए।

यदि हम परमाणु द्रव्यमान इकाई कार्बन के एक परमाणु के द्रव्यमान के बराबर मान लें, तब हम कार्बन का परमाणु द्रव्यमान 1.0 amu और ऑक्सीजन का परमाणु द्रव्यमान 1.33 amu निर्धारित करें। फिर भी इन संख्याओं का पूर्ण संख्या या लगभग पूर्ण संख्या के रूप में होना अधिक सुविधाजनक है।

समय गुजरने के साथ वैज्ञानिकों ने विभिन्न परमाणु द्रव्यमान इकाइयों के बारे में विचार किया। विभिन्न परमाणु द्रव्यमान इकाइयों की खोज करते हुए वैज्ञानिकों ने विशेष रूप से आरंभ में प्राकृतिक रूप से पाई जाने वाली ऑक्सीजन के एक परमाणु के द्रव्यमान का 1/16वाँ भाग लिया। इसे दो कारणों से सोच–विचार कर संबद्ध किया गया था।

(क) ऑक्सीजन अधिक संख्या में तत्वों से क्रिया करती है और यौगिक बनाती है, और

(ख) यह परमाणु द्रव्यमान इकाई तत्वों के द्रव्यमान को पूर्ण संख्या रूप में देती है। फिर भी, ऑक्सीजन के सभी परमाणुओं का बिल्कुल एक समान द्रव्यमान नहीं होता है (बाद में प्राकृतिक रूप में पाई जाने वाली ऑक्सीजन में कुछ विभिन्न द्रव्यमानों के परमाणुओं का मिश्रण पाया गया।)

विभिन्न परमाणुओं के आपेक्षित अनुपात (जो समस्थानिक कहलाते हैं) समय के साथ बदल सकते थे या विभिन्न स्थानों पर अलग–अलग हो सकते थे, संपूर्ण परमाणु द्रव्यमान सारणी भी बदलनी पड़ सकती थी। क्योंकि amu का आकार इस मिश्रण पर आधारित था।

इस समस्या को दूर करने के लिए आजकल परमाणु द्रव्यमान इकाई को, कार्बन के विशिष्ट समस्थानिक (C-12) के एक परमाणु के द्रव्यमान के 1/12 भाग के रूप में परिभाषित

करते हैं क्योंकि परमाणु इतने सूक्ष्म होते हैं कि परमाणु द्रव्यमान इकाई (u) का वास्तविक द्रव्यमान बहुत कम होता है। उदाहरण के लिए कार्बन के समस्थानिक (C-12) के एक परमाणु का द्रव्यमान 1.992×10^{-23} g है। आप इसे दशमलव रूप में लिखकर यह जरूर महसूस कर सकते हैं कि परमाणुओं के द्रव्यमान वास्तव में कितने कम है।

अणु द्रव्यमान

इस भाग में हमने परमाणु द्रव्यमान की संकल्पना पर अभिचर्चा की। हम आसानी से इस विचार को अणु द्रव्यमान पर लागू कर सकते हैं। किसी पदार्थ का अणु द्रव्यमान, उस पदार्थ के एक अणु में विद्यमान सभी परमाणुओं के परमाणु द्रव्यमानों का कुल योग होता है। इसलिए उस पदार्थ के एक अणु के औसत द्रव्यमान को परमाणु द्रव्यमान इकाई में व्यक्त करते हैं। उदाहरण के लिए, जल (H_2O) का अणु द्रव्यमान (18.0 u) दो हाइड्रोजन परमाणुओं और एक ऑक्सीजन परमाणु को जोड़कर – 2×1.0 u + 16.0 u = 18 g प्राप्त होता है।

इसी तरह अमोनिया (NH_3) का अणु द्रव्यमान 17.0 u है। (एक नाइट्रोजन परमाणु से 1×14.0 u और तीन हाइड्रोजन परमाणुओं से 3×1.0 u)। जब हमें अणु सूत्र ज्ञान हो तब हम ठीक यही करते हैं। अणु पदार्थों के अणु द्रव्यमानों को निर्धारित करने की विधि का अध्ययन उच्च कक्षाओं में करेंगे।

किसी पदार्थ का द्रव्यमान उस यौगिक के सूत्र इकाई में विद्यमान सभी परमाणुओं के परमाणु द्रव्यमानों का कुल योग है, चाहे वह अणु है या नहीं। सोडियम क्लोराइड (NaCI) का सूत्र द्रव्यमान 58.5 u (23.0 u Na से + 35.5 u CI) इसलिए असल में (NaCI) के अणु द्रव्यमान की अभिव्यक्ति का कोई अर्थ नही है। दूसरी तरफ पदार्थ का द्रव्यमान और सूत्र द्रव्यमान होते हैं। मैथेन का सूत्र (CH_4) है। मैथेन का आणविक द्रव्यमान और सूत्र द्रव्यमान समान है।

मोल संकल्पना

हम जानते हैं कि रासायनिक अभिक्रिया में एक पदार्थ के परमाणुओं या अणुओं की निश्चित संख्या दूसरे पदार्थ के परमाणुओं या अणुओं की निश्चित संख्या के साथ अभिक्रिया करती है जिससे एक यौगिक बनता है। उदाहरण के लिए निम्नलिखित अभिक्रिया में

$$Zn + I_2 \qquad\qquad ZnI_2$$

जिंक का एक परमाणु आयोडीन के एक अणु या दो परमाणुओं (जो कि द्विविपरमाणविक अणु है) के साथ अभिक्रिया करता है। मान लो हम सही मात्रा में जिंक की सही मात्रा को आयोडीन के साथ अभिक्रिया कराना चाहते हैं और जिंक या आयोडीन के आधिक्य से बचाना नहीं चाहते हैं तब अभिक्रिया में जिंक तथा आयोडीन के परमाणुओं की संख्या 1: 2 के अनुपात में उपस्थित होनी चाहिए।

इतने छोटे परमाणुओं और अणुओं को नियंत्रित करना संभव नहीं है जिन्हें हम नग्न आँखों से नहीं देख सकते। इसका अर्थ है कि परमाणुओं और अणुओं को नियंत्रित करना तभी

संभव है जब उनका समूह या ढेर इतना बड़ा हो कि हमारी नग्न आँखों से देखा जा सके। इसलिए वैज्ञानिकों ने 'मोल' को परमाणुओं और अणुओं को गणक इकाई के रूप में चुना। जिस प्रकार हम केले और अण्डों की गणना के लिए दर्जन का उपयोग करते हैं। एक थोक विक्रेता को वस्तुओं को दर्जन (12) या ग्रुस (144) के बजाय अलग-अलग गणना करने में असुविधा होती है।

परमाणुओं और अणुओं या दूसरे अल्प-परमाणविक कणों को समझने के लिए वैज्ञानिकों ने कणों की संख्या को उनके द्रव्यमानों से संबंधित किया। यह माना गया कि मोल पदार्थ की वह मात्रा है जिसमें C -12 के 0.012 kg में परमाणुओं की संख्या के बराबर के कण (परमाणु, अणु अथवा आयन) होते हैं। सरल भाषा में मोल, C-12 के ठीक 0.012 kg अथवा 12 g में उपस्थित परमाणुओं की संख्या है।

यद्यपि मोल को कार्बन परमाणुओं के संदर्भ में परिभाषित किया है परंतु यह इकाई किसी भी रासायनिक स्पीशीज के लिए प्रयुक्त है, जिस प्रकार दर्जन का अर्थ 12 या एक ग्रुस का अर्थ किसी भी वस्तु का 144 है।

प्रयोगात्मक रूप से यह पाया कि कार्बन C-12 के ठीक 12 ग्राम में परमाणुओं की संख्या 602 200 000 000 000 000 000 000 या 6.022×10^{23} हैं। यह 6.022×10^{23}, संख्या आवोगाद्रो स्थिरांक कहलाती है। जिसे (N_A) के संकेत से निर्दिष्ट करते हैं।

हम जानते हैं कि

C का परमाणु द्रव्यमान	=	12 u
H_2O का अणु द्रव्यमान	=	18 u
He का परमाणु द्रव्यमान	=	4 u
O_2 का अणु द्रव्यमान	=	32 u

उपरोक्त से हमने जाना कि कार्बन का एक परमाणु हीलियम के परमाणु से तीन गुना भारी है। इसलिए कार्बन के एक हजार परमाणु हीलियम के एक हजार परमाणुओं से तीन गुना भारी है।

यदि कार्बन के एक नमूने में हीलियम के नमूने से तीन गुना द्रव्यमान है तो उनमें परमाणुओं की संख्या समान होनी चाहिए। इसलिए हम कह सकते हैं कि कार्बन के 12 ग्राम और हीलियम के 4 ग्राम में परमाणुओं की संख्या समान होनी चाहिए और यह संख्या संख्यात्मक रूप से N_A के बराबर होती है।

इसी प्रकार हम यह कह सकते हैं कि जल का एक अणु हीलियम के एक परमाणु से 4.5 गुना भारी है। 18 ग्राम जल में जल के N_A अणु हैं जबकि 4 ग्राम हीलियम में हीलियम के N_A परमाणु हैं। इसी तरह 32 ग्राम ऑक्सीजन में भी ऑक्सीजन के N_A अणु होंगे। अर्थात् हम यह कह सकते हैं कि हिलियम के 6.022×10^{23} परमाणुओं का भार 4 ग्राम, ऑक्सीजन के 6.022×10^{23} परमाणुओं का भार 32 ग्राम, और जल के 6.022×10^{23} अणुओं का भार 18 ग्राम होगा।

उपरोक्त परिचर्चा से हम यह निष्कर्ष निकालते हैं कि पदार्थ का द्रव्यमान जिसमें N_A परमाणु या अणु है और जिसको ग्राम में व्यक्त किया गया है, संख्यात्मक रूप से क्रमशः परमाणु द्रव्यमान और अणु द्रव्यमान के बराबर होता है। यह द्रव्यमान पदार्थ का मोलर द्रव्यमान कहलाता है, क्योंकि यह पदार्थ के एक मोल परमाणुओं या अणुओं का प्रति द्रव्यमान है। मोलर द्रव्यमान का प्रतीक M है। इसकी इकाई ग्राम प्रति मोल ($g\ mol^{-1}$) है।

$M(H_2O) = 18\ mol^{-1}$

$M(O_2) = 32\ mol^{-1}$

$M(NH_3) = 17\ mol^{-1}$

जल (H_2O) के एक मोल में 6.022×10^{23} अणु जिनका द्रव्यमान 18 ग्राम होता है। जल का एक मोल हाइड्रोजन के दो मोल परमाणुओं और ऑक्सीजन के एक मोल परमाणु को उत्पन्न करता है। इसी प्रकार हाइड्रोजन के एक मोल परमाणु का द्रव्यमान 1g होगा। इनमें प्रत्येक में 6.022×10^{23} परमाणु होते हैं और ग्राम में अभिव्यक्त परमाणु द्रव्यमान के बराबर भार होता है।

दृश्य पराबैंगनी स्पैक्ट्रोस्कोपी

जब कोई यौगिक प्रकाश की निश्चित मात्रा का अवशोषण करता है तो विशिष्ट अवशोषण स्पेक्ट्रम का निर्माण होता है। रंगीन यौगिक एक या अधिक अवशोषण मैक्सिमम (Absorption maximum) दृश्य क्षेत्र में प्रदर्शित करते हैं। दृश्य एवं पराबैंगनी क्षेत्र में अवशोषण स्पेक्ट्रा का पाया जाना अणु में इलेक्ट्रॉन की ऊर्जा के संक्रमण (Transition) के कारण होता हैं। सामान्यतया C = C के π –बंध इलेक्ट्रॉन एवं O_2 तथा N के एकल युग्म इलेक्ट्रॉन (Lone Pair of Electron) इसमें भाग लेते हैं।

किसी अणु का एक छोटा–सा अंश स्वतंत्र रूप से अवशोषण स्पैक्ट्रम को दर्शाता है। जैसे कार्बोक्सिल समूह में उपस्थित द्विबंध के कारण इलेक्ट्रॉन के संक्रमण की ऊर्जा कम हो जाती है। परिणामतः तरंगदैर्ध्य (Wavelength) बढ़ जाती है जिसे क्रोमोफोर अवशोषित करते हैं। यह परिघटना **बैथोक्रोमिक प्रभाव** (Bathochromic effect) कहलाती है। यदि λ का मान कम होता है तो इसे **हिप्सोक्रोमिक प्रभाव** (Hypsochromic effect) कहते हैं। इसी प्रकार अवशोषण अधिक होने पर हाइपरक्रोमिक प्रभाव एवं अवशोषण कम होने पर हाइपोक्रोमिक प्रभाव अभिव्यक्त होता है।

सिद्धान्त

स्पैक्ट्रोस्कोपी मुख्यतया लैंबर्ट व बीयर के सिद्धांत पर आधारित है। इसके अनुसार जब एक मोनाक्रोमेटिक प्रकाश पुंज किसी समांगी माध्यम (Homogenous medium) पर पड़ता है तो प्रकाश की कुछ मात्रा परावर्तित हो जाती है। कुछ मात्रा माध्यम में अवशोषित हो जाती है व शेष प्रकाश संचरित हो जाता है। यदि आपतित प्रकाश की तीव्रता को I_0 द्वारा, अवशोषित प्रकाश को I_a द्वारा एवं संचरित प्रकाश को I_t द्वारा, परावर्तित प्रकाश को I_r द्वारा निरूपित करें तो

$$I_0 = I_a + I_t + I_r$$

संरचना

दृश्य तथा पराबैंगनी स्पेक्ट्रोफोटोमीटर में निम्न रचनायें पाई जाती हैं।

(1) प्रकाश स्रोत – दृश्य स्पैक्ट्रोफोटोमीटर में प्रकाश स्रोत के लिये टंगस्टन लैंप को व पराबैंगनी स्पैक्ट्रोफोटोमीटर में हाइड्रोजन व ड्यूटीरियम लैंप का उपयोग किया जाता है।

(2) मोनोक्रोमेटर – मोनोक्रोमेटर एक आप्टीकल तंत्र होता है जिसमें एक समान स्पैक्ट्रोमेटर वाली विकिरणों के समानांतर पुंज का निर्माण होता है। मोनोक्रोमेटिक पुंज का निर्माण एक प्रिज्म से प्रत्यावर्तन (Reaction) या ग्रेटिंग से विवर्तन (Diffraction) द्वारा होता है। दृश्य स्पैक्ट्रोफोटोमीटर में प्रिज्म काँच की बनी होती है। जबकि UV स्पैक्ट्रोफोटोमीटर में, प्रिज्म क्वार्ट्ज या सिलिका की बनी होती है। विवर्तन ग्रेटिंग मोनोक्रोमेटर में एक पारदर्शी आधार पर सीधी रेखाओं की श्रृंखला पाई जाती है। श्वेत प्रकाश के विवर्तन से अतिव्यापित स्पेक्ट्रा की एक श्रृंखला पाई जाती है। एक मोनोक्रोमेटर में प्रिज्म, प्रकाश के स्पेक्ट्रम के छोटे से अंश का चयन कर लेती है जिसके विवर्तन से मोनोक्रोमेटिक प्रकाश की प्राप्ति होती है।

(3) क्यूवेट – क्यूवेट पारदर्शी परखनली के समान रचना है जिसमें अध्ययन किये जाने वाले पदार्थ को किसी उपयुक्त विलायक में घोलकर अवशोषणता (Abrosbancy) की जाँच की जाती है। दृश्य स्पैक्ट्रोफोटोमीटर में काँच की ट्यूब एवं UV स्पेक्ट्रोफोटोमीटर में क्वार्ट्ज की

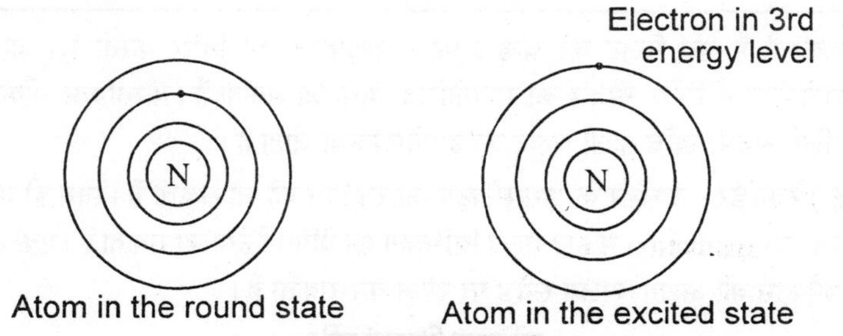

मोनोक्रोमेटर की रचना

ट्यूब का उपयोग किया जाता है। क्यूवेट को संदर्भ क्यूवेट (Reference cuvette) व परीक्षण क्यूवेट (Test cuvette) के रूप में उपयोग में लिया जाता है। परीक्षण क्यूवेट को स्पेक्ट्रोफोटोमीटर को जीरो (zero) पर समायोजित (set) करने हेतु उपयोग में लिया जाता है। अवशोषण क्यूवेट को हमेशा प्रकाश के पथ में रखा जाता है। क्यूवेट की दृश्य पथ लंबाई 1cm होती है एवं इसके लिए 2.5-3.0 cm^3 सैंपल की आवश्यकता होती है।

(4) प्रकाश सैल – फोटो सैल में प्रकाश विकिरण का रूपांतरण विद्युत ऊर्जा में होता है जिसका बाद में प्रवर्द्धन होता है, प्रेक्षण होता है व रेकॉर्ड किया जाता है। जब निर्वात माध्यम में फोटोन किसी धात्विक सतह पर आपतित होते हैं तो विकिरण की तीव्रता के अनुपात में इलेक्ट्रॉन

उत्सर्जित होते हैं। ये उत्सर्जित इलेक्ट्रॉन एनोड द्वारा आकर्षित होते हैं व विद्युत का प्रवाह होता है। परिणामत: तंत्र में प्रतिरोधक (Resistor) के दोनों ओर विभवांतर (Potential difference) उत्पन्न होता है।

अवशोषित प्रकाश का मापन इसके विद्युतिकी रूप से प्रवर्द्धन के बाद में होता है। फोटो सैल की फोटोन के प्रति इकाई संवेदिता (Unit Sensitivity) को भी रेकॉर्ड किया जाता है। सामान्यतया फोटो सैल 400 nm (λ) वाले प्रकाश के प्रति संवेदी होते हैं।

(5) स्लिट - स्लिट की चौड़ाई फोटोसेल पर पहुँचने वाली विकिरण की मात्रा का

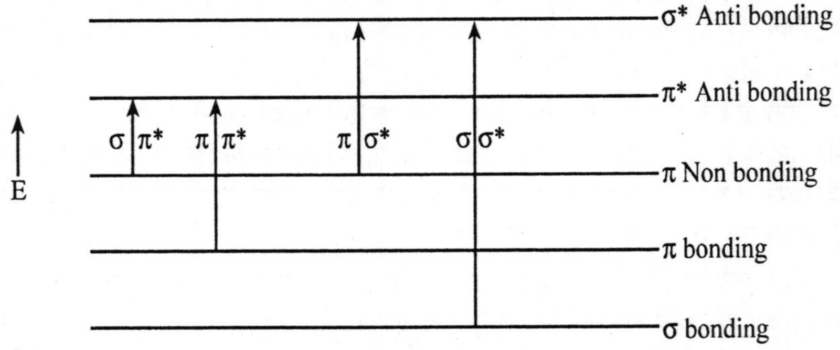

प्रकाश विकिरण का रूपान्तरण

निर्धारण करती है एवं स्लिट की चौड़ाई पर अवशोषणता भी निर्भर करती है। अधिकांश स्पैक्ट्रोफोटोमीटर में स्लिट चौड़ाई को समायोजित किया जा सकता है। वास्तविक आँकड़ों की प्राप्ति के लिये संकरी खाँच वाली स्लिट का उपयोग किया जाता है।

(6) रेकॉर्डर - रेकॉर्डर के द्वारा स्पेक्ट्रम की स्केनिंग की जा सकती है। साथ ही एक पूर्व निर्धारित π^2 पर extinction में होने वाली विभिन्नता को प्रेषित किया जा सकता है। एक उपयुंक्त रेकॉर्डर स्पैक्ट्रम को अलग-अलग स्पीड पर स्कैन कर सकता है।

सक्रिया क्रियाविधि

स्पेक्ट्रोफोटोमीटर में टंग्स्टन लैंप से निकला प्रकाश पुंज कंडेंसर लैंस के द्वारा स्लिट पर फोकस किया जाता है। स्लिट से प्रकाश ग्रैट्रिंग पर आपतित होता है व प्रकाश पुंज के फैलने से स्पेक्ट्रम की प्राप्ति होती है। ग्रैटिंग को अपनी अक्ष पर घूर्णित करके विभिन्न λ वाली तरंगो को Scan किया जाता है। साथ ही λ डिस्क को घूर्णित किया जाता है। ग्रैटिंग माउटिंग के साथ युग्मित होती है।

क्रोमेटिक प्रकाश, ब्लैंक से गुजरने के पश्चात् Exit Slit द्वारा विलगित कर लिया जाता है। अंत में संचरित प्रकाश फोटो डायोड पर गिरता है। फोटो डायोड से निकलने वाला सिग्नल प्रवर्द्धित (Amplified) हो जाता है व रेकॉर्डर में इसका विश्लेषण कर लिया जाता है।

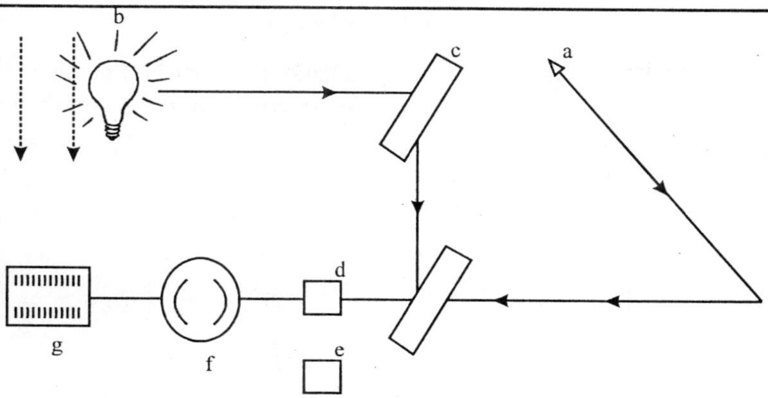

a = Focussing mirro b = lamp c = plane mirror
d = cuvette sample d = reference cuvette f = photo cell
g = Read out

साधारण स्पेक्ट्रोमीटर

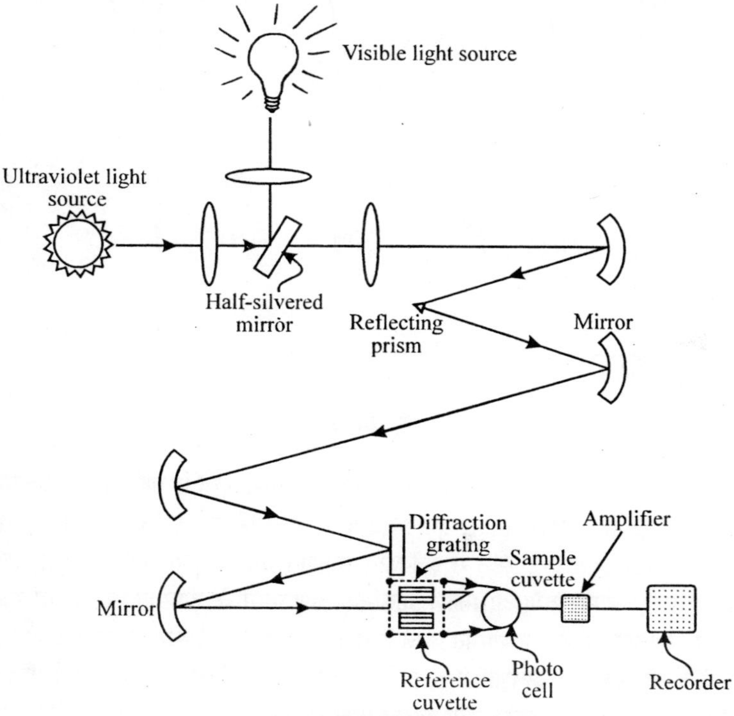

पराबैंगनी स्पैक्ट्रोमीटर

प्रतिदीप्त स्पैक्ट्रोस्कोपी

सिद्धांत – इस स्पैक्ट्रोस्कोपी में उत्तेजन (Excitation) तथा उत्सर्जन (Emission) स्पैक्ट्रा दोनों को रेकॉर्ड किया जा सकता है। जब एक अणु विकिरण को अवशोषित करता है तो इससे अधिक λ वाली विकिरणें उत्सर्जित होती हैं। यह घटना प्रतिदीप्ति (Fluorescence) कहलाती

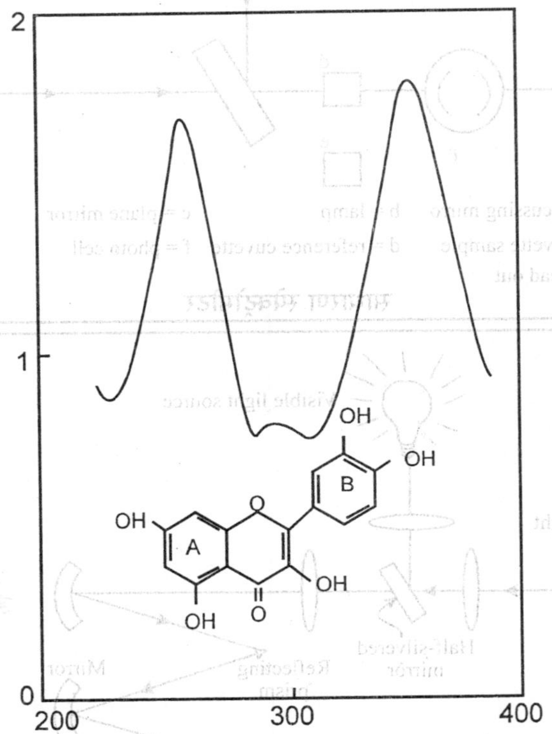

है। इस प्रकार एक यौगिक UV क्षेत्र में विकिरण का अवशोषण करने के पश्चात् दृश्य प्रकाश को उत्सर्जित करता है। प्रतिदीप्त वह परिघटाना है जिसमें इलेक्ट्रॉन उत्तेजित अवस्था (Excited State) से ग्राउण्ड स्टेट में इलेक्ट्रॉन चक्रण (Spin) में परिवर्तन बिना प्रकाश का उत्सर्जन होता है। सामान्यतया अधिकांश कार्बनिक अणु कमरे के तापमान पर ग्राउण्ड स्टेट में होते हैं। ये अणु प्रकाश को अवशोषित करते हैं तो इलेक्ट्रॉन ग्राउण्ड स्टेट से उच्च ऊर्जा स्तर में चले जाते हैं तो ऊर्जा का अवशोषण होता है। परिणामतः उत्तेजित अणु की ऊर्जा तीव्रता से अवशोषित होती है एवं निम्नतर उत्तेजित अवस्था (Lowest Excited State) की न्यूनतम कंपन्न ऊर्जा (Minimal Vibrational Energy) तक आ जाती है। यद्यपि अधिकांश अणु UV

तथा दृश्य क्षेत्र में अवशोषण करते हैं लेकिन कुछ ही कार्बनिक अणु प्रतिदीप्त को उत्पन्न करते हैं क्योंकि इन अणुओं से ग्राउण्ड स्टेट में आने के पश्चात् उत्सर्जित ऊर्जा 10^{-8} second से भी कम समय (Singlet Singlet Transition) वाली होती है। इससे एक प्रतिदीप्त शिखर (Fluorescent peak) उत्पन्न होता है अर्थात् Fluonescence is the immediate emission of light from a molecule after it has absorbed radiation in less than 10^{-8} sec. जबकि प्रस्फुरदीप्त (Phosphorescence) में अवशोषित उर्जा का विलंब से उत्सर्जन होता है जो (Triplet Singlet Transition) को निरूपित करता है प्रतिदीप्त तथा प्रस्फुरदीप्त दोनों परिघटनाओं में उत्सर्जित प्रकाश, अवशोषित प्रकाश की तुलना में अधिक λ वाला होता है। प्रतिदीप्त में उत्सर्जित प्रकाश अध्ययन किये जाने वाले अणु के अनुसार जाति विशिष्ट होता है।

संरचना – प्रतिदीप्त स्पैक्ट्रोस्कोपी में निम्न संरचनायें होती हैं -

(1) मर्करी लैंप (Mercury Lamp) (2) मोनोक्रोमेटर (Monochromater)

(3) क्यूवेट (Cuvette) (4) प्रकाश सेल (Photo cell)

(5) प्रवर्द्धक (Amplifier)

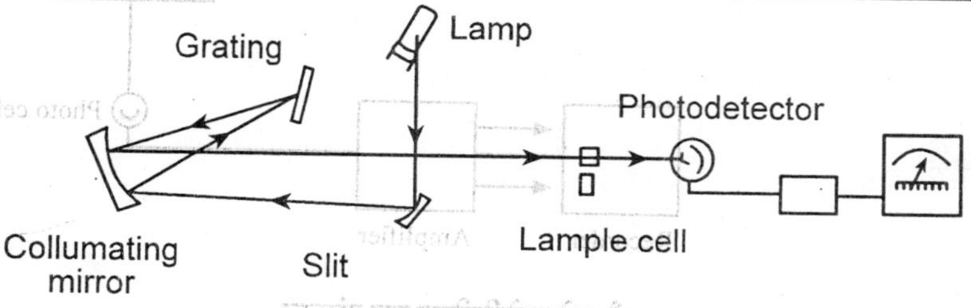

स्पेक्ट्रोमीटर

3200 Å से अधिक की तरंगों पर काँच वाली क्यूवेट का उपयोग किया जाता है एवं 3200 Å से कम तरंगों के लिये सिलिका की क्यूवेट का उपयोग किया जाता है। साथ ही उपयुक्त प्रतिदीप्त के निर्धारण के लिये ताप नियंत्रण इकाई (Temperature Control Unit) होनी चाहिए। जब प्रतिदीप्त की तीव्रता में कमी आने पर प्रतिदर्श का तापमान 30 °C से 25 °C हो जाता है। जब प्रकाशीय विकिरणें मोनोक्रोमेटर से गुजरती है तो प्रकाश का dispersion हो जाता है। यह

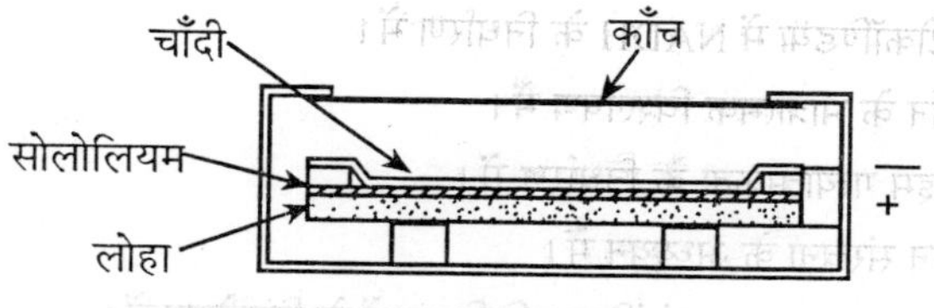

प्रकाशिक सैल-सौर सैल

मोनोक्रोमेटिक प्रकाश जब, प्रतिदर्श में से गुजरता है तो प्रतिदर्श के अणु उत्तेजित हो जाते हैं। इन उत्तेजित अणुओं से प्रतिदीप्त या प्रस्फुरदीप्त उत्सर्जित होती है जो द्वितीय मोनोक्रोमेटर में प्रवेश करते हैं। मोनोक्रोमेटर के द्वारा अधिकतम प्रतिदीप्त के अनुसार तरंगदैर्ध्य का चयन होता है जो अंत में डिटेक्टर पर स्ट्राइक करती है व अंत में इसे रेकॉर्डर में रेकॉर्ड कर लिया जाता है। स्पेक्ट्रो क्लोरीमेट्री अवशोषण तकनीकी की तुलना में हजार गुणा संवेदी होती है।

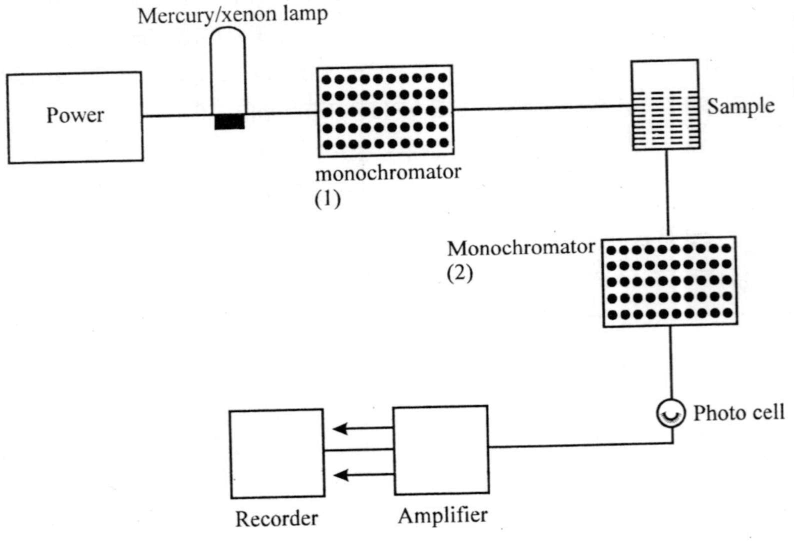

स्पैक्ट्रोफ्लोरीमीटर का संगठन

इस यंत्र में 100 पिकोग्राम तक की मात्रा को प्रक्षेपित किया जा सकता है। इसकी अत्यधिक संवेदिता, फोटोसेल सर्किट में उत्पन्न करंट के प्रवर्द्धन (Amplification) के कारण होती है। दो मोनोक्रोमेटर की उपस्थिति के कारण इसकी स्पेक्ट्रम चयनात्मकता प्रेरित होती है।

उपयोग

(1) मात्रात्मक एवं गुणात्मक विश्लेषण में इनका व्यापक उपयोग होता है।

(2) आहार में Vit-B के विश्लेषण में।

(3) माइटोकॉण्डिया में NADH के निर्धारण में।

(4) हॉर्मोन के मात्रात्मक विश्लेषण में।

(5) एंजाइम गत्यात्मकता के निर्धारण में।

(6) प्रोटीन संरचना के अध्ययन में।

(7) NAD^+ व $NADP^+$ संबंधित अभिक्रियाओं के विश्लेषण में।

(8) कोशिका झिल्ली की संरचना के अध्ययन में अनका उपयोग किया जाता है।

परमाणविक अवशोषण स्पैक्ट्रोस्कोपी

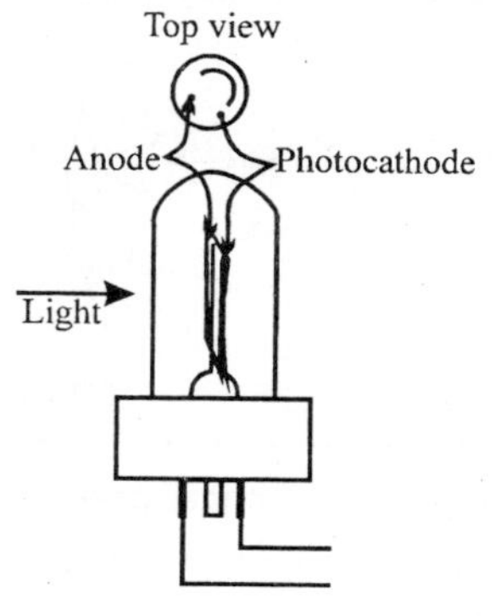

निर्वात प्रकाशिक नली

सिद्धान्त - परमाणविक अवशोषण स्पेक्ट्रोस्कोपी ज्वाला (Flame) में परमाणु के ज्वलनशील होने पर विशिष्ट λ वाले प्रकाश के परमाणु द्वारा अवशोषण पर आधारित है अर्थात् यह स्वतंत्र परमाणु द्वारा प्रकाश के अवशोषण पर आधारित है। जब अणु ज्वाला (Flame) के संपर्क में आते हैं तो वाष्पीकरण के कारण इनके परमाणु वियोजित हो जाते हैं तथा ग्राउण्ड स्टेट में विशिष्ट λ वाली प्रकाश तरंगों का अवशोषण होता है। अवशोषण रेखाएँ अणु में उपस्थित परमाणु के अनुरूप विशिष्टीकृत होती है। इस स्पैक्ट्रोफोटोमीटर द्वारा ज्वाला में परमाणु द्वारा अवशोषित मोनोक्रोमेटिक पुंज की मात्रा का निर्धारण किया जाता है। प्रकाश पथ में उपस्थित परमाणु की संख्या के द्वारा अवशोषण ऊर्जा का भी निर्धारण होता है। इस स्पेक्ट्रम में अवशोषित विकिरण की मात्रा उत्तेजित परमाणुओं की संख्या के समानुपाती होती है जो तापक्रम तथा ज्वाला पर भी निर्भर करती हैं।

संरचना — इस स्पैक्ट्रोस्कोप में पाई जाने वाली मुख्य रचनाएँ निम्न हैं।

(1) विकिरण स्रोत — विकिरण स्रोत के लिये केथोड डिस्चार्ज लैंप या दोहरे मोनोक्रोमेटर वाले श्वेत प्रकाश पुंज का उपयोग किया जाता है। केथोड लैंप में टंगस्टन का एनोड व बेलनाकर कैथोड नलिका होती है जो निष्क्रिय गैस वाली नलिका में अवरुद्ध (Sealed) होती हैं।

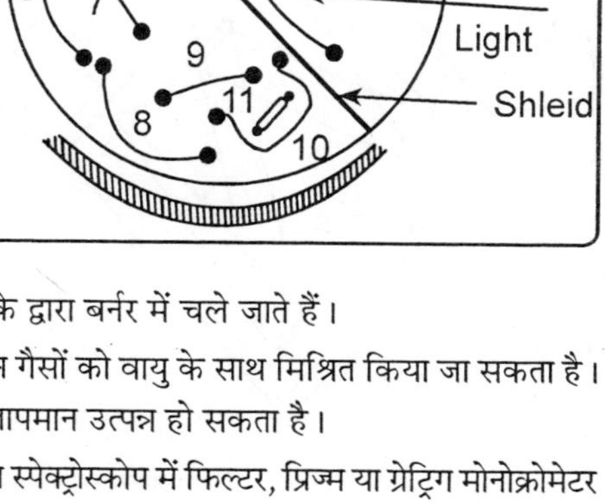

(2) नेब्यूलाइजर — इनको एटोमाइजर (Atomiser) भी कहते हैं। ये स्प्रे के समान रचनाएँ है जिसमें वायु को टेस्ट विलियन में डुबी हुई कोशिका नली के ऊपर से गुजारा जाता है। इंजेक्शन सिस्टम के द्वारा वायु का प्रवाह होता है तथा परमाणु, Air Stream के द्वारा बर्नर में चले जाते हैं।

ज्वाला को उत्पन्न करने के लिये विभिन्न गैसों को वायु के साथ मिश्रित किया जा सकता है। इस मिश्रण से 1500°C से 2500° C तक तापमान उत्पन्न हो सकता है।

(3) मोनोक्रोमेटर एवं डिटेक्टर — इस स्पेक्ट्रोस्कोप में फिल्टर, प्रिज्म या ग्रेट्रिंग मोनोक्रोमेटर

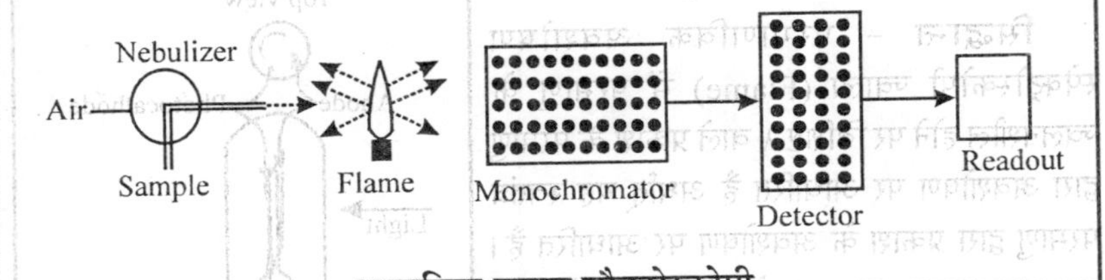

आणविक चूषण स्पैक्ट्रोस्कोपी

का सामान्यतया उपयोग किया जाता है। इसमें सिंगल या डबल बीम ऑप्टिक्स का उपयोग किया जाता है। डिटेक्टर, प्रकाश सेल (Photocell) के रुप में होते हैं।

उपयोग

(1) रक्त, मुत्र, लार, CSF एवं देह तरल के रासायनिक संघटन के अध्ययन में।

(2) Na, K, Ca, Mg के स्तर के परीक्षण के अध्ययन में

(3) जैविक तरल में Cu, Pb, Hg की मात्रा के निर्धारण में

(4) पादप में उपस्थित विभिन्न तत्त्वों के निर्धारण में।

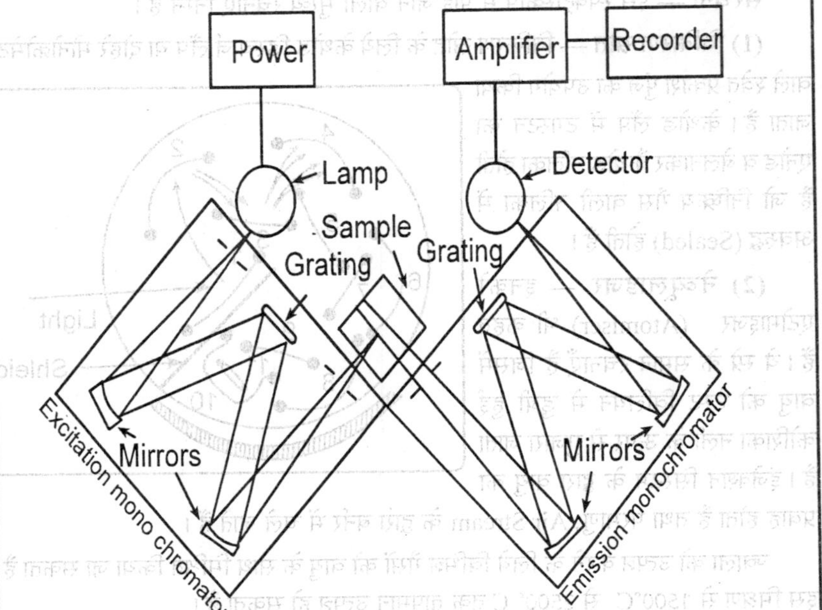

अवरक्त स्पैक्ट्रोस्कोपी

बीयर लैम्बर्ट का नियम

यह दोनों नियम अणुओं के द्वारा प्रकाश के अवशोषण से सम्बन्धित है। बीयर का नियम एक निश्चित सान्द्रता तक अवशोषण से सम्बन्धित है जबकि लैम्बर्ट का नियम पूर्ण अवशोषण से संबंधित है। वर्तमान में इन दोनों को सामूहिक रूप से बीयर लैंबर्ट के नियम से जाना जाता है। लैंबर्ट के अनुसार Extinction की मात्रा अवशोषी पदार्थ की सान्द्रता व सतह की मोटाई के समानुपाती होती है। अवशोषी माध्यम से गुजरने वाली विकीरण की मात्रा ट्रासमीटेन्स (transimittance = T) कहलाती है।

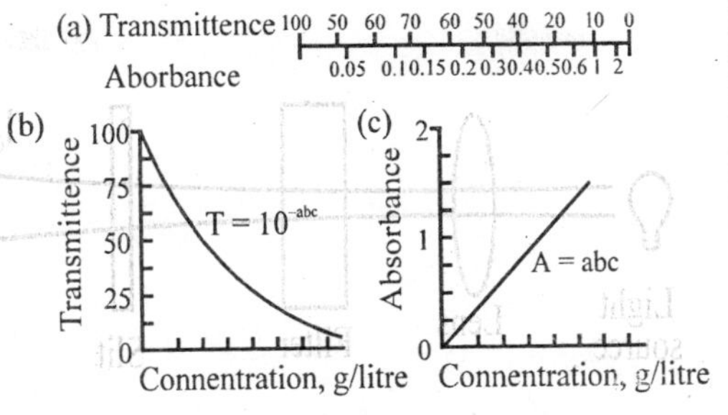

बेयर के नियम का तुलनात्मक प्रदर्शन

$$T = \frac{I}{I_0}$$

यहाँ पर I_0 = Intensity of the Incident Radiation

I = Intensity of the Transmitted Radiation

वर्तमान में ऑप्टिकल डेन्सिटी (Optical density) के स्थान पर Absorbancy शब्द का प्रयोग किया जाता है तथा इस समीकरण में I_0 प्रकाश की तीव्रता को निरूपित करता है जबकि I ट्रांसमीटेन्स को निरूपित करता है अर्थात् यह

$log\frac{I}{I_0} = A$ को निरूपित करता है।

यहाँ पर A- Absorbance को दर्शाता है चूँकि जीव विज्ञान तथा रसायन विज्ञान में विभिन्न प्रकार के विलयनों का प्रयोग किया जाता है अत: इस समीकरण को बीयर ने रूपान्तरित किया था। बीयर ने पाया कि जब प्रकाश किसी विलयन से गुजरता है तो विलयन का रासायनिक प्रतिरोध परिवर्तित नहीं होता है। इसमें से गुजरने वाले प्रकाश की तीव्रता विलयन में उपस्थित अणुओं की सान्द्रता पर निर्भर करती है।

यहाँ पर $E = \varepsilon cd$

ε = Molar Extinction Coefficient

c = Molar Concentration of the Absorbing Solution

d = Light path in the Absorbing Matarial in cm

माध्यम में अणुओं के एक समान तथा असममित वितरण के कारण एवं अन्य पर्यावरणीय मानकों के कारण बीयर लैम्बर्ट नियम में अनेक प्रकार के विचलन तथा रूपान्तरण किये गये हैं।

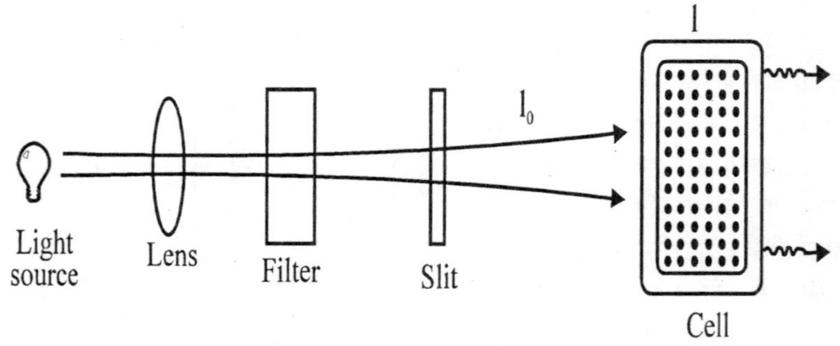

प्रकाशिक अवर्धन-बीयर लैम्बर्ट नियम

कोलोरीमेट्री

कोलोरीमेट्री, बीयर लैंबर्ट के सिद्धान्त पर आधारित है। इस यंत्र में फिल्टर, प्रकाश स्रोत, लैंस, स्लिट, प्रकाश संवेदी युक्ति, परवर्द्धक तथा मीटर उपस्थित होता है।

सिद्धान्त — जब मोनोक्रोमेटिक प्रकाश पुंज किसी समांगी माध्यम पर आपतित होता है तो प्रकाश की कुछ मात्रा परावर्तित हो जाती है। जबकि कुछ मात्रा माध्यम के द्वारा अवशोषित हो जाती है व शेष मात्रा संचरित हो जाती है। यदि आपतित प्रकाश की तीव्रता को I_0, अवशोषित प्रकाश को I_a, संचरित प्रकाश को I_t, के द्वारा एवं परावर्तित प्रकाश को I के द्वारा निरुपित किया जाये तो

$$I_0 = I_a + I_t + I_r$$

कोलोरीमेट्री किसी माध्यम में पदार्थ की सांद्रता के निर्धारण से संबंधित होती है। इसमें सामान्यतया: श्वेत प्रकाश को प्रकाश स्रोत के रूप में उपयोग में लिया जाता है तथा निर्धारण प्रकाश विद्युतीय (Photoelectric) सैल के द्वारा किया जाता है। श्वेत प्रकाश, वर्णक काँच वाले फिल्टर के द्वारा गुजरता है। इस कारण कोलोरीमीटर को फिल्टर फोटो मीटर के नाम से भी जाना जाता है।

लैंबर्ट के नियम के अनुसार जब मोनोक्रोमेटिक प्रकाश किसी पारदर्शी माध्यम से गुजरता है तो उत्सर्जी प्रकाश की तीव्रता कम हो जाती है। यह तीव्रता अवशोषी माध्यम की मोटाई बढ़ने के साथ-साथ कम होती जाती है। बीयर के नियमानुसार मोनोक्रोमेटिक प्रकाश की तीव्रता अवशोषी माध्यम की सांद्रता बढने के साथ-साथ कम होती जाती है।

अनेक पदार्थ जिनमें विलुप्ती नियंताक (Extinction Coefficient) नहीं होता है, वे दृश्य क्षेत्र में अन्य अभिकर्मकों के साथ क्रिया करके वर्णक युक्त उत्पाद उत्पन्न करते हैं। इन पदार्थों के विश्लेषण का यह मुख्य आधार है। किसी पदार्थ से मानक परिस्थितियों में पदार्थ की उपयुक्त मात्रा से उत्पन्न विशिष्ट रंग या क्रोमोफोर जिसे ब्लैंक के रूप में उपयोग में लिया गया है। इस ब्लेंक

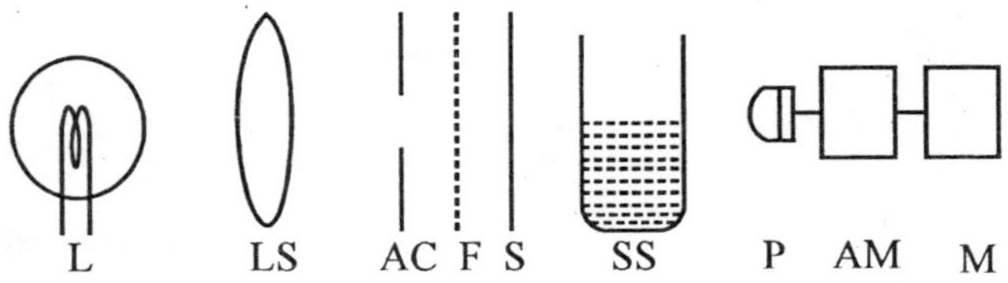

L = Light source
LS = Lens system
AC = Aperture control
F = Filter
S = Shutter
SS = Sample solution
P = Photosensitive device
AM = Amplifier
M = Meter

कोलोरीमेट्री

में सभी प्रकार के अभिकर्मक उपस्थित होते हैं, सिवाय निर्धारण किये जाने वाले प्रतिदर्ष (Sample) के। ब्लैंक के लिये Extinction Reading को 0 पर सैट किया जाता है। तत्पश्चात् Test Sample के विरुद्ध मापित मान को ग्राफ के द्वारा प्लोट किया जाता है। इस ग्राफ को कैलिब्रेशन चक्र के नाम से जाना जाता है। विभिन्न जैविक अणुओं का निर्धारण करने में कोलोरीमेट्री का उपयोग किया जाता है।

उपयोग

1. कोलोरीमेट्री का उपयोग जैविक प्रतिदर्शों में जैविक अणुओं की सांद्रता एवं मात्रा के निर्धारण में किया जाता है।
2. इसका उपयोग क्लिनिकल, औषधीय, मदिरा उद्योग एवं जल विश्लेषण हेतु किया जाता है।
3. इसका उपयोग विश्लेषणात्मक रासायनिकी एवं कृषि रासायनिकी में भी किया जाता है।

अवरक्त स्पेक्ट्रोस्कोपी

विद्युत चुंबकीय विकिरणों का अवरक्त क्षेत्र दृश्य एवं माइक्रोवेव स्पेक्ट्रम के मध्य होता है। इसको अवरक्त क्षेत्र (1-2.5 μm) के निकट क्षेत्र (2.5-25 μm) एवं चरम अवरक्त जो क्षेत्र (2.5-400 μm) में रिजोल्व (Resolve) किया जा सकता है। अवरक्त स्पैक्ट्रोफोटोमीटर, मध्य अवरक्त क्षेत्र (2.5-25μm) को मोनीटर करता है। इसके यौगिकों की विस्तृत संरचना का पता लगया जा सकता है। इसके द्वारा अणु की घूर्णन एवं कम्पन्न आवृत्ति (Vibrational Frequencies) का अध्ययन किया जा सकता है। इसके अलावा हाइड्रोजन बंधन, विन्यास परिवर्तन एवं जलयोजन (Hydration) का भी अध्ययन किया जा सकता है।

सिद्धान्त — किसी अणु में उपस्थित परमाणुओं में निरन्तर कम्पन्न चलता रहता है एवं एक अणु के कारण अलग–अलग कम्पन्न के कारण, अलग–अलग आवृत्तियां उत्पन्न होती हैं।

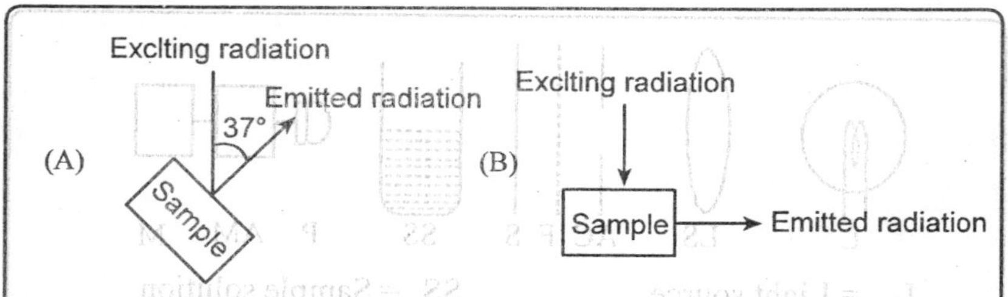

किरणों (A) 37° कोण पर घुमाव व (B) 90° कोण पर घुमाव

अणु में कम्पन्न के कारण, द्विध्रुव आघूर्ण (Dipole moment) में परिवर्तन होता है अर्थात् अवरक्त क्षेत्र में आवेश विस्थापन होता है। अवरक्त क्षेत्र में 8-15.5 μm का क्षेत्र फिंगर फ्रिंट क्षेत्र (Finger Print Region) कहलाता है।

इस क्षेत्र का उपयोग एक अणु में उपस्थित अणुओं का अवरक्त विकिरणों से अंत:क्रिया (Interaction) के कारण अलग-अलग अनुनादी आवृत्तियों पर आपतित प्रकाश के अलग-अलग क्षेत्रों का अवशोषण होता है।

इस समूह के कंपन्न अणु के अन्य क्षेत्रों द्वारा भी महसूस किये जाते हैं। अणु के विभिन्न क्षेत्रों के कंपन्न के कारण हॉर्मोनिक कंपन्न (Harmonic Vibration) उत्पन्न होते हैं। ये हॉर्मोनिक वाइब्रेशन, स्पैक्ट्रा के अन्य क्षेत्रों द्वारा अवशोषित हो जाते हैं। इन कंपन्नों के मूलभूत व हॉर्मोनिक

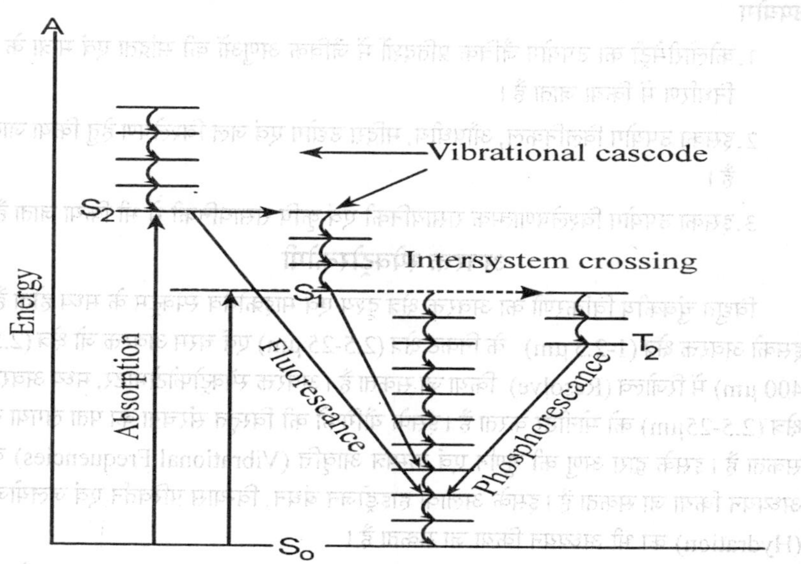

fluouresence व phosphoresence में ऊर्जा संश्लेषण का प्रदर्शन

गुणन के कारण अत्यधिक जटिल, अवशोषण स्पैक्ट्रम का निर्माण होता है जो अणु की संरचना एवं क्रियात्मक समूह के अनुरूप जाति विशिष्ट होता है।

संरचना — अवरक्त स्पेक्ट्रोस्कोप की मुख्य संरचना UV तथा दृश्य स्पैक्ट्रोस्कोप के समान होती है। विश्लेषणात्मक अध्ययन हेतु अवरक्त स्पैक्ट्रोफोटोमीटर, दोहरे पुंज (Double beam) वाले यंत्र होते हैं। इसकी संरचना के मुख्य घटक निम्न हैं।

प्रकाश स्रोत —प्रकाश स्रोत के लिये टंगस्टन लैंप का उपयोग किया जाता है। कई बार अत्यधिक दाब युक्त मर्करी लैंप का भी उपयोग किया जाता है। इसमें 2μλ तक की तरंगों को उत्पन्न किया जा सकता है।

मोनोक्रोमेटर —सामान्य ग्लास, अवरक्त विकिरणों के लिये **पारभासी** (Opaque) होता है। अत: इनके स्थान पर KBr या NaCI वाली प्रिज्म मोनोक्रॉमेटर का उपयोग किया जाता है। वर्तमान में काम में आने वाले मोनोक्रॉमेटर, ग्रेटिंग मोनोक्रोमेटर होते हैं। मध्य अवरक्त क्षेत्र के लिए NaCl या CSI प्रिज्म का उपयोग किया जाता है। अवरक्त क्षेत्र के निकट के लिये क्वार्टज प्रिज्म का उपयोग किया जाता है। फिल्टर के कारण अवांछित विकिरणों को रोका जा सकता है।

सैंपल कंटेनर—अवरक्त क्षेत्र में सैंपल को विकिर्णित करने के लिये सिल्वर हैलाइड वाले विशिष्ट कोशों (Cell) का उपयोग किया जाता है। क्वार्ट्ज व काँच के कंटेनर का भी उपयोग किया जा सकता है।

तरल माध्यम में उपस्थित प्रतिदर्श उपयुक्त नहीं होते हैं क्योंकि जल के कारण अवशोषण बैण्ड का निर्माण होता है। अत: तरल पैराफिन में प्रतिदर्श को फेट पर पेस्ट बना ली जाती है।

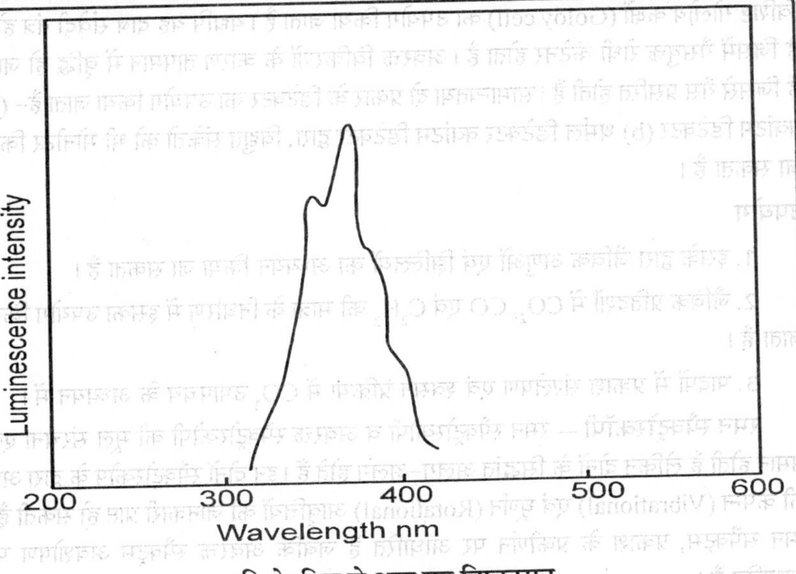

फिनेनथ्रिन से अणु का निष्कासन

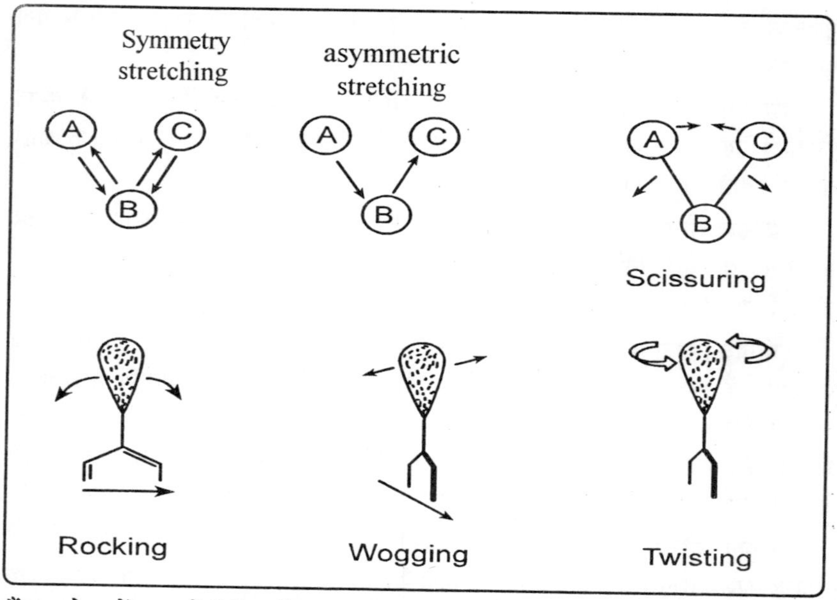

सैंपल को चारों तरफ से विकिरणों द्वारा सुरक्षित किया जाना चाहिये, क्योंकि तापमान में वृद्धि की संभावना रहती है।

डिटेक्टर — ये उष्मा प्रतिरोधी, पारदर्शी खिड़की युक्त रचनायें होती हैं। इसके अतिरिक्त विशिष्ट गोलोय कक्षों (Goloy cell) का उपयोग किया जाता है। यद्यपि यह दाब संवेदी तंत्र होता है जिसमें गैसयुक्त रोधी कंटेनर होता है। अवरक्त विकिरणों के कारण तापमान में वृद्धि हो जाती है जिससे गैस प्रसरित होती है। सामान्यतया दो प्रकार के डिटेक्टर का उपयोग किया जाता है- (a) क्वांटम डिटेक्टर (b) थर्मल डिटेक्टर क्वांटम डिटेक्टर द्वारा, विद्युत संकेतो को भी मोनीटर किया जा सकता है।

उपयोग

1. इसके द्वारा जैविक अणुओं एवं झिल्लियों का अध्ययन किया जा सकता है।

2. जैविक प्रतिदर्शों में CO_2, CO एवं C_2H_2 की मात्रा के निर्धारण में इसका उपयोग किया जाता है।

3. पादपों में प्रकाश संश्लेषण एवं श्वसन प्रक्रिया में CO_2 उपापचय के अध्ययन में।

रमन स्पैक्ट्रोस्कॉपी —रमन स्पैक्ट्रोस्कोपी व अवरक्त स्पैक्ट्रोस्कोपी की मूल संरचना एक समान होती है लेकिन दोनों के सिद्धांत अलग-अलग होते हैं। इन दोनों स्पैक्ट्रोस्कोप के द्वारा अणु की कंपन्न (Vibrational) एवं घूर्णन (Rotational) आवृत्तियों की जानकारी प्राप्त हो सकती है। रमन सपैक्ट्रम, प्रकाश के प्रकीर्णन पर आधारित है जबकि अवरक्त स्पैक्ट्रम अवशोषण पर आधारित है।

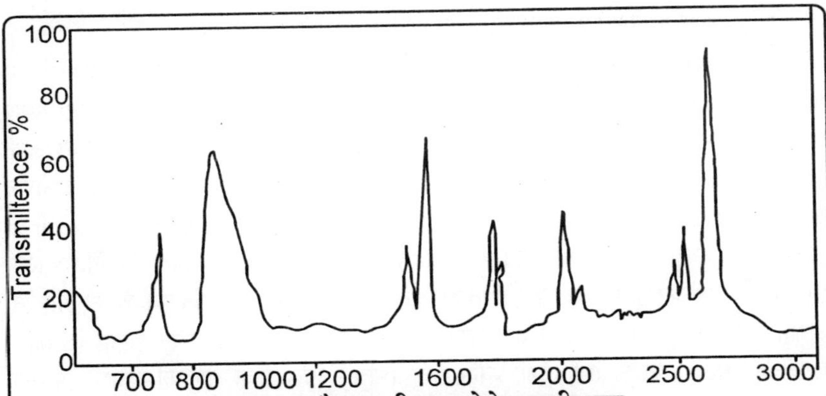

अवरक्त स्पैक्ट्रम पी-साइनोबेन्जलडीहाइड

सिद्धान्त — रमन स्पैक्ट्रम, किसी अणु द्वारा प्रकाश के प्रकीर्णन के कारण उत्पन्न कंपन्न आवृत्ति व घूर्णन आवृत्ति पर आधारित है। जब मोनोक्रोमेटिक प्रकाश किसी सैंपल से गुजरता है तो विद्युत चुंबकीय विकिरणों का प्रकीर्णन (Scattering) हो जाता है। प्रकाश के प्रकीर्णन में केवल विद्युत तरंगें शामिल होती हैं। विद्युत चुंबकीय विकिरणों का प्रकीर्णन दो विधियों द्वारा होता है-

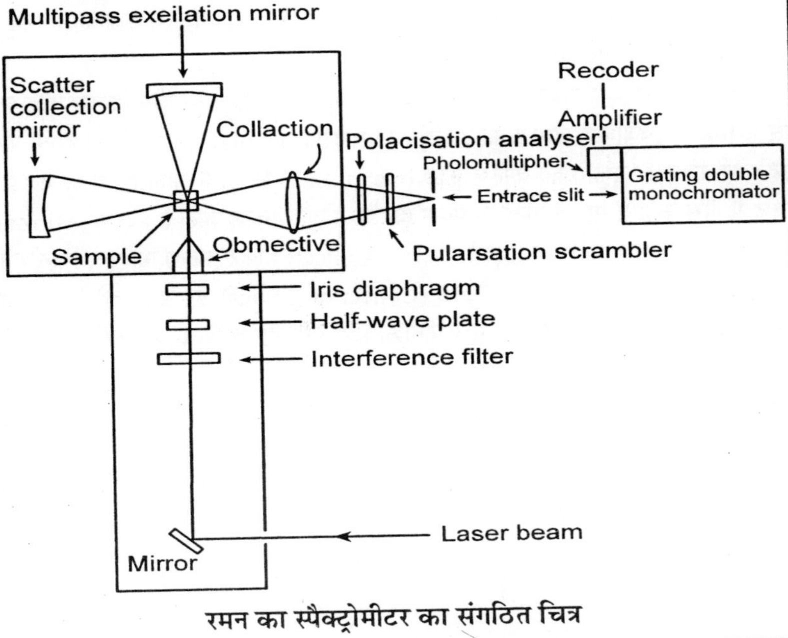

रमन का स्पैक्ट्रोमीटर का संगठित चित्र

1. प्रत्यास्थ प्रकीर्णन 2. अप्रत्यास्थ प्रकीर्णन.

प्रत्यास्थ प्रकीर्णन में प्रकीर्णन विकिरणों की λ परिवर्तित नहीं होती है। इस प्रकीर्णन में फोटोन तथा अणु के मध्य किसी प्रकार की उर्जा का विनिमय नहीं होता है। जबकि अप्रत्यास्थ प्रकीर्णन में प्रकीर्णन विकिरणों की परिवर्तित हो जाती है, क्योंकि यहाँ पर फोटोन से कुछ ऊर्जा अणु में स्थानांतरित हो जाती है। विभिन्न अणुओं से प्रकाशीय किरणों का यह अप्रत्यास्थ प्रकीर्णन रमन प्रभाव (Raman Effect) कहलाता है। इसके अलावा अणु के इलेक्ट्रॉन अभ्र (Electron cloud) की आकृति में भी परिवर्तन हो जाता है। रमन प्रभाव में अणु द्वारा आपतित फोटोन ($h\nu_0$) की ऊर्जा का कुछ भाग अवशोषित हो जाता है। परिणामतः प्रकीर्णन प्रकाश की आवृत्ति, अवशोषित प्रकाश की तुलना में कम होती है। यह परिघटना स्टोक-रमन प्रभाव (Stoke-Raman Effect) कहलाती है। इसी प्रकार रमन प्रभाव में कुछ ऊर्जा अणु की उत्तेजित अवस्था में आपतित फोटोन को स्थानांतरित हो जाती है जिससे प्रकीर्णन प्रकाश की ऊर्जा बढ़ जाती है जिससे एंटी स्टोक रेखायें (Anti Stock Line) उत्पन्न होती है। आपतित आवृत्ति (Incident Frequency) तथा स्टोक लाइन/एंटी स्टोक लाइन में अन्तर अणु की कंपन्न आवृत्ति के बराबर होता है।

संरचना —रमन स्पैक्ट्रोफोटोमीटर में निम्न रचनायें पाई जाती हैं–

1. मोनोक्रोमेटिक विकिरण स्रोत (Monochromatic Radiation Source) मोनोक्रोमेटिक विकिरण स्रोत के लिये लेसर का उपयोग किया जाता है। 2. सैंपल कंटेनर (Sample Container) इसमें प्रतिदर्श को रखा जाता है। इस कंटेनर में फिल्टर, आइरिस डायाफ्राम पाया जाता है। 3. डिटेक्टर (Detector) 4. रेकॉर्डर।

क्रियाविधि —मोनोक्रोमेटिक प्रकाश स्रोत से निकलने वाली लेसर बीम फिल्टर व डायाफ्राम से गुजरकर ओबजेक्टिव द्वारा संकेन्द्रित होकर प्रतिदर्श (Sample) पर गिरती है। इसके पश्चात प्रतिदर्श की तरल प्रकृति को कार्ट्ज कोश (Quarts cell) में लिया जाता है। प्रकीर्णित प्रकाश बाद में लैंस के द्वारा मोनोक्रोमेटर के प्रवेश द्वार पर फोकस किया जाता है। दर्पण (Mirror) की उपस्थिति के कारण प्रकीर्णीत प्रकाश, संग्रहीत (Collect) होकर प्रकाश को पुनः विपरीत दिशा में परावर्तित करके संग्राहक ऑप्टिक्स (Collection Optics) पर डाल देते हैं। अत्यधिक उज्जवलता के लिये डबल ग्रेट्रिंग वाले मोनोक्रोमेटर का उपयोग किया जा सकता है। डिटेक्टर अंत में प्रवर्द्धक के साथ जुड़ा रहता है।

□□□

5

परमाणवीय ऊर्जा

अब हम तीन मूलभूत कणों को जान गये हैं जिनसे सब पदार्थ बने मालूम होते हैं। ये तीन कण हैं- इलेक्ट्रॉन, प्रोटॉन और न्यूट्रॉन। हम यह भी जानते हैं कि ये कण केन्द्र के अन्दर और बाहर किस तरह बँटे रहते हैं जिससे ये आवर्त तालिका में तत्वों का महत्त्वपूर्ण क्रम बनाते हैं। परमाणु का यह चित्र पूर्ण मालूम होता है। लेकिन इससे कुछ नये प्रश्न भी उठते हैं। रेडियम को ही लीजिए इसकी परमाणु संख्या 88 है और इसका परमाणु भार 226 है। इसलिए हम एक तंग गुच्छे में 88 प्रोटॉन और 138 न्यूट्रॉन लेकर तथा इनको 88 इलेक्ट्रॉनों से उनके उचित कक्षों में लगाकर रेडियम का एक परमाणु बना सकते हैं।

यह संगठन आवर्त तालिका की आवश्यकताएँ तथा अनेक रासायनिक व भौतिक गुणों की पूर्ति करता है। लेकिन यह संगठन इतना अस्थायी क्यों है कि इसके एक ही दाने से स्वयंमेव एल्फा कण, बीटा कण, गामा किरणें और गर्मी निकलती है। ये कण और गर्मी कहाँ से आती है? यह शक्ति कहाँ से आती है?

अब न्यूट्रॉन का ही साधारण उदाहरण लीजिए। प्रोटॉन और न्यूट्रॉन दोनों का ही भार 1 है। क्या वे सम्बन्धित हैं? न्यूट्रॉन एक प्रोटॉन है जिसने अंदर ही एक इलेक्ट्रॉन लेकर स्थायी रूप से अपने को शिथिल बना लिया है? या फिर इसका उलटा लीजिए। संभवतः मूल कण वस्तुतः न्यूट्रॉन है और प्रोटॉन केवल न्यूट्रॉन है जिसने एक इकाई धन विद्युत ले ली है।

इससे एक नयी बात पैदा हुई और वह है धन विद्युत की एक इकाई। 1932 से पहले धन विद्युत का इकाई आवेश सदैव प्रोटॉन के भार 1 से सम्बद्ध रहता था। फिर भी इस बात की सम्भावनाएँ थीं कि एक धन आवेश इस विशाल समूह से पृथक् रूप से रहता हो और धन विद्युत की इकाई रहती है जिसका भार इलेक्ट्रॉन के बराबर हैं लेकिन आवेश उलटा है। वस्तुतः पी.ए.डी. डिराक ने 1931 में भविष्यवाणी की कि इस प्रकार के धन कण का अवश्य अस्तित्व होना चाहिए और 1932 में सी.डी. एंडरसन ने वस्तुतः इसकी खोज कर ली। इस कण को 'पोजिट्रॉन' कहते हैं।

इसका भार इलेक्ट्रॉन के बराबर होता है और धन आवेशयुक्त होता है। यह कण कोई साधारण कण नहीं है और यह केवल कुछ ही क्षणों के लिए रहता है, क्योंकि यह बनते ही शिथिल हो जाता है। केन्द्र के अंदर धन आवेशों का क्या होता है? वे किस तरह इतने पास आ जाते हैं और स्थायी रहते हैं? हम जानते हैं कि समान आवेश एक-दूसरे से दूर भागते हैं और असमान आवेश एक-दूसरे से आकृष्ट होते हैं।

इस सिद्धांत को कागज के छोटे-छोटे टुकड़े लेकर उन्हें विद्युतयुक्त अम्बर के संपर्क में लाकर विद्युतयुक्त करके दिखाया जा सकता है। यही बात चुम्बकों के लिए भी सही है, समान ध्रुवों का निराकरण होता है तो असमान ध्रुव एक-दूसरे की ओर आकृष्ट होते हैं।

परमाणु-इलेक्ट्रॉन, प्रोटॉन तथा न्यूट्रॉन से निर्मित

हम जानते हैं कि परमाणु प्रोटॉन, न्यूट्रॉन और इलेक्ट्रॉन के बने होते हैं, इसलिए यह आशा की जानी चाहिए कि हर शुद्ध समस्थानिक का परमाणु भार उद्‌जन का पूर्ण-संख्या गुणक होगा। यह बात हीलियम, कार्बन और नाइट्रोजन जैसे कुछेक हल्के तत्वों के लिए दूसरे दशमलव स्थान तक तो सही है, लेकिन जैसे-जैसे समस्थानिकों के भार अधिक बारीकी से निकाले जाने लगे, वैसे-वैसे यह बात उनके लिए सही नहीं बैठी और हल्के तत्वों के लिए तीसरे और चौथे दशमलव स्थान तक भी सही नहीं थे।

हीलियम का परमाणु भार 4.0028 और कार्बन का 12.0036 था। कोई यह भी नहीं कह सकता कि भार नष्ट हो जाता है। कोई चीज भी नष्ट हो सकती है। यहाँ तक कि हर भौतिक व रासायनिक प्रतिक्रियाओं में भार और शक्ति दोनों का संतुलन रहता है तो फिर इस भार का क्या हुआ? यहाँ दिलचस्प बात यह है कि आइंस्टीन ने सापेक्षवाद सिद्धांत के संबंध में इस विषय पर 1905 में ही विचार किया था। उस समय उन्होंने कहा था कि शक्ति व भार एक ही मूल सामग्री के दो भिन्न पहलू हैं और उनको एक-दूसरे में बदला जा सकता है। इन दोनों में संबंध दिखाने के लिए उन्होंने एक सरल समीकरण लिखा जिसका अर्थ है कि शक्ति श भार भ के बराबर होती है (श=भ)।

शक्ति अर्ग, कैलोरी या किलोवाट-घंटा की इकाइयों में नापी जाती है। भार ग्राम या पौंड में नापा जाता है। भार व शक्ति को बराबर बनाने के लिए भार की इकाई को शक्ति की इकाई में बदलना चाहिए। यह बात उस समय लागू होती है जब एक इकाई भार दूसरे में बदला जाता है। किलोग्राम को पौंड में बदलने के लिए हम एक स्थिर अंक 2.2 से गुणा करते हैं। इस प्रकार 1 किलोग्राम 2.2 पौंड के बराबर होता है।

इंचों को सेंटीमीटरों में बदलने के लिए हम 2.5 से गुणा करते हैं। इस प्रकार 1 इंच 2.5 सेंटीमीटर के बराबर होता है। आइंस्टीन ने यह सिद्ध किया कि ग्रामों में तोले गये भार को अर्ग में मापी गयी शक्ति में बदलने के लिए परिवर्तन स्थिरांक सेंटीमीटर प्रति सेकंड में नापी गयी प्रकाश गति के वर्ग के बराबर होता है। प्रकाश के वेग को हम प्र लिखें जो कि 30.000,000,000 सेंटीमीटर प्रति सेकंड (1,86,000 मीट प्रति सेकंड) होता है तो परिवर्तन स्थिरांक प्र होगा और आइंस्टीन का समीकरण यों लिखा जायेगा श=भ प्र^2 जो कि इतिहास प्रसिद्ध समीकरण है। 1905 में आइंस्टीन ने इस समीकरण को प्रयोग से परखना चाहा।

उन्होंने कहा कि यह रेडियोसक्रियता में निकली विशाल शक्ति पर भी लागू हो सकेगा जिसकी हाल में खोज हुई है। आइंस्टीन के सिद्धांत का परीक्षण जे.डी. कॉकक्राफ्ट तथा ई.टी.एस. वाल्टन ने रेडियम से निकलने वाले एल्फा कणों के साथ किया। लेकिन आइंस्टीन ने इस बात की कल्पना भी न की थी कि उनका ही सिद्धांत 40 वर्ष बाद हिरोशिमा, नागासाकी और बिकनी में इतने विराट स्तर पर प्रदर्शित किया जाएगा।

यदि हम आइंस्टीन के सिद्धांत के अनुसार 0.030 इकाई भार को शक्ति में परिवर्तित करें तो इसका परिणाम आश्चर्यजनक होता है। 2 प्रोटॉनों व 2 न्यूट्रॉनों से हिलियम के निर्माण में 0.030 इकाई भार नष्ट होने का अर्थ है 400 के भाग में 3 भाग भार को नष्ट होना या 1 प्रतिशत का 3/4। एक ग्राम (एक औंस का 1/28) में यह 0.0075 ग्राम की हानि है। इसको प्र. से गुणा

करने पर हमें 65 करोड़ अरब अर्ग शक्ति मिलती है। यदि इसको साधारण इकाइयों में बदलें तो यह लगभग 2,00,000 लैम्पों को एक दिन में दस घंटे तक जलाने के लिए विद्युत के रूप में प्रयोग की जा सकती है। यह सब शक्ति केवल जरा से भार में कमी से प्राप्त होती है। जो प्रोटॉन व न्यूट्रॉन के आधा-आधा ग्राम के संयुक्त होने से 1 ग्राम हीलियम के बनने पर निर्भर हैं।

परमाणु बम

न्यूक्लीय बमों की शृंखला में सबसे पहले परमाणु बम ने अपना प्रभाव जमाया। इसका ईंधन मुख्यत: प्लूटोनियम-239, यूरेनियम-235 या यूरेलियम-233 होता है। यूरेनियम परमाणु विखंडन तीव्रगामी न्यूट्रॉनों या धीमे न्यूट्रॉनों, किसी से भी किया जा सकता है। एक यूरेनियम न्यूक्लियस के विखंडन से तकरीबन 2000 लाख इलेक्ट्रॉन वोल्ट ऊर्जा निकलती है। यह ऊर्जा केवल एक विखंडन से निकलती है। इसलिए लगातार ऊर्जा प्राप्त करने के लिए जरूरी है कि यह शृंखलाबद्ध प्रक्रिया हों।

यूरेनियम प्रत्येक विखंडन में एक, दो या तीन न्यूट्रॉन छोड़ता है। ये न्यूट्रॉन दूसरे यूरेनियम परमाणुओं का विखंडन कर और अधिक न्यूट्रान उत्पन्न करते हैं। पर क्या सिर्फ इस क्रिया से ही शृंखलाबद्ध प्रक्रिया हो सकती है? कोई जरूरी नहीं। हो सकता है न्यॅट्रॉन प्रक्रिया से अलग हो इधर-उधर भाग जायें और दूसरे यह भी संभव है कि न्यूट्रॉन यूरेनियम परमाणुओं द्वारा ही छिपा लिये जायें और विखंडन न हो। ईंधन में रहने वाली अशुद्धियों के परमाणु भी अक्सर न्यूट्रॉन पकड़ लेते हैं। कभी-कभी न्यूट्रॉन छिपाने के चक्कर में यूरेनियम परमाणु विखंडित भी हो जाता है। इन चारों संभावनाओं में एक स्पर्धा की स्थिति उत्पन्न हो जाती है, जिसमें पहले की तीनों संभावनाएँ मिलकर चौथी संभावना को दबा देने की कोशिश करती हैं, और अगर फिर भी चौथी संभावना से निकले न्यूट्रॉनों की संख्या पहले की तीनों संभावनाओं में गुम हुए न्यूट्रॉनों से बढ़ जाती है, तो शृंखलाबद्ध प्रक्रिया को शुरू होना ही पड़ता है। असरदार विस्फोट के लिए जरूरी है कि शृंखलाबद्ध प्रक्रिया तेजी से हो अन्यथा बम विस्फोट के पहले थोड़ी-सी ऊर्जा मिल पायेगी।

यूरेनियम की एक निश्चित मात्रा से खोये न्यूट्रॉनों की सापेक्ष संख्या ईंधन के आकार-प्रकार में परिवर्तन करके कम की जा सकती है। बम के लिए ईंधन का जितना बड़ा गोला लिया जायेगा न्यूट्रॉनों के खोने की संभावना उतनी ही कम होती है।

शृंखलाबद्ध प्रक्रिया के प्रारंभ और अंत के बीच का समय बहुत कम, एक या दो माइक्रो सेकंड ही होता है। इन्हीं दो माइक्रो सेकंड में शृंखलाबद्ध प्रक्रिया को प्रारम्भ करने के लिए भारी मात्रा में न्यूट्रॉनों की बौछार करनी होती है। यूँ ही आवारा घूमते न्यूट्रॉनों को पकड़ने के लिए बम में यूरेनियम-238 की परत चढ़ायी जाती है। सही समय पर न्यूट्रॉन उत्पन्न करने के लिए बेरीलियम मिश्रण का प्रयोग किया जा सकता है। एक अन्य पूरक मिश्रण भी लगाया जाता है, जो बेरीलियम मिश्रण से घिसने पर न्यूट्रॉन पैदा करता है

शृंखलाबद्ध प्रक्रिया जब पूरे जोर पर होती है, तो ज्यादा से ज्यादा न्यूट्रॉन निकलते हैं। अब अगर गोल ईंधन के चारों ओर ठोस पदार्थ का एक गोलाकार कवच लगा दें, तो न्यूट्रॉन बाहर भागने के बजाय वापस ईंधन तक आ सकते हैं। टैंपर नामक इस व्यवस्था से ईंधन का क्रांतिक आकार छोटा हो जाता है और इस तरह से बम की कीमत भी कम हो जाती है और टैंपर के

उपयोग से विस्फोट दीर्घ और अधिक ऊर्जावान होता है। इन सबके साथ-साथ कुछ और भी भौतिक और रासायनिक सिद्धांतों का उपयोग बम निर्माण में होता है। इन खास सिद्धांतों के आधार पर 8 किलोग्राम प्लूटोनियम-239 से बनाया गया एक परमाणु बम 20 किलोटन टी.एन.टी. (ट्राइ नाइट्रो टालुईन) के लगभग प्रतिफल देता हैं।

हाइड्रोजन बम

इस बात के लिए ढेरों विश्वास करने योग्य प्रमाण हैं कि ज्यादातर तारों, यहाँ तक कि सूरज का भी ऊर्जा स्त्रोत, न्यूक्लीय अभिक्रियाओं की एक ऐसी जटिल शृंखला हैं, जिसमें हाइड्रोजन के परमाणु आपस में मिलकर हीलियम के परमाणु बना देते हैं। इसी सिद्धांत को आधार मानकर हाइड्रोजन के एक समस्थानिक ड्यूटेरियम को भयावह ध्वंस या विस्मयकारी रचनात्मक शक्ति वाले न्यूक्लीय विस्फोटक के रूप में प्रयुक्त किया जा सकता है। इससे भी अधिक असरदार अभिक्रिया हाइड्रोजन के एक और समस्थानिक ट्रीशियम को लेकर प्राप्त की जा सकती है। कम ताप पर ट्रीशियम, ड्यूटेरियम की अपेक्षा ज्यादा तेजी से अभिक्रिया पूरी करता है और ज्यादा ऊर्जा भी देता हैं।

विभिन्न वैज्ञानिक तथ्यों से जाहिर है कि भार हाइड्रोजन वाली अभिक्रियाएँ अपेक्षाकृत तेजी से होती हैं। ट्रीशियम-ड्यूटेरियम अभिक्रिया से उच्च प्रतिफल ही नहीं मिलता, बल्कि यह बहुत कम समय में ही पूरी भी हो जाती है।

प्रकृति में ड्यूटेरियम बहुत कम मात्रा में पाया जाता है यानी सामान्य हाइड्रोजन के 5000 भागों में से एक भार के अनुपात में। इसे पानी की विद्युतधारा से विच्छेदित कर भारी जल के रूप में प्राप्त किया जाता है। ट्रीशियम हाइड्रोजन का एक कृत्रिम समस्थानिक है, जो लीथियम द्वारा न्यूट्रॉनों के अवशोषण से बनता है।

इस तरह हाइड्रोजन बम के लिए प्रयुक्त ईंधन में ड्यूटेरियम, ट्रीशियम और लीथियम किसी न किसी रूप में मौजूद होते हैं। परमाणु बम को ट्रिगर के रूप में प्रयुक्त कर हाइड्रोजन बम बनाया जा सकता है।

परमाणु शक्ति का शांतिपूर्ण उपयोग

10 दिसंबर, 1967! अमरीका में जमीन के अंदर 1200 मीटर की गहराई पर एक 20 किलोटन प्रतिफल वाला न्यूक्लीय विस्फोट किया गया और जून 1968 तक उससे काफी मात्रा में गैस निकाली गयी!

12 मार्च 1968! नेंवाद में बोसाल्ट माध्यम से शृंखलाबद्ध रूप से एक के बाद एक धमाके (री-चार्ज डिटोनेशन) किये गये और परिणामस्वरूप पहाड़ों को काटकर सड़कें, रेलमार्ग, नहरें इत्यादि बनाये जाने की संभावनाएँ बढ़ने लगीं।

रूप में तदजिकिस्तान की बब्श नदी पर के एक सँकरे, बेहद ढलान वाली दीवारों से घिरे पहाड़ी दर्रे में, इंजीनियरों ने दो किलोटन वाला विस्फोट किया, जिससे तुरंत ही 14 लाख घनमीटर वाला बाँध तैयार हो गया।

एक चट्टान-भरी जगह में भूमिगत विस्फोट करके चीन ने विशाल कवैरी (पत्थरों की खान) का निर्माण किया, जिससे उसकी कुछ सिविल इंजीनियरी योजनाओं के क्रियान्वयन में काफी तेजी आयी।

इन सबसे महत्त्वपूर्ण है रूस की वह योजना, जिसमें वह अपनी उत्तरी नदियों के दिशा-परिवर्तन की बात सोच रहा है। उसका इरादा है कि लगभग 250 न्यूक्लीय विस्फोट करके नहरें बनायें और पेचोरा नदी को बोल्गा में मिला दें।

इन थोड़े से उदाहरणों से ही यह साफ हो जाता है कि न्यूक्लीय विस्फोटकों में कितनी तकनीकी संभावनाएँ भरी पड़ी हैं। जरूरी नहीं कि बमों का उपयोग केवल युद्ध में ही किया जाये। भारत में रचनात्मक न्यूक्लीय विस्फोटों के लिए बहुत अच्छे अवसर सामने हैं जिससे देश की सामाजिक-आर्थिक प्रगति में तेजी आ सकती है। भारत जैसे देश के लिए, जिसका समुद्री किनारा 5689 किलोमीटर लंबा है। न्यूक्लीय तरीकों से बनाये गये हार्बर वरदान साबित होंगे। न्यूक्लीय विस्फोटों से विंध्याचल जैसी लंबी पर्वत-शृंखला और पश्चिमी घाट में से सड़क और रेलमार्ग बनाये जा सकते हैं। गंगा और हुगली के बीच नहर यदि उन्हीं पुराने रूढ़िगत तरीकों से बनायी जाये, तो बिल्कुल किफायती योजना साबित होगी। साथ-साथ हमारी जमीन में ढेरों तेल और गैसकूप हैं, हल्के किस्म का खनिज भरा पड़ा है। पर कहा जाता है कि उन्हें निकालना किफायती नहीं होगा। न्यूक्लीय प्रगाढ़न तकनीकों से स्थिति पूरी तरह बदल सकती है। खेती के लिए विशाल रिजरवॉजर तथा बाँध और बाढ़ नियंत्रण उपाय भी इसके कुछ उपयोग हैं।

भूमिगत विस्फोट : चौगुना फायदा

अगर पुराने पारंपरिक रासायनिक विस्फोटों को जैसे डायनामाइट आदि का उपयोग करके पहाड़ियों वाली जगह में एक 200 मीटर चौड़ी, 30 मीटर गहरी और 80 किलोमीटर लंबी नहर खोदी जाये, तो तकरीबन 3000 करोड़ खर्च होते हैं। वहीं नहर यदि कुछ भूमिगत न्यूक्लीय विस्फोटों से खोदी जाये तो मात्र 300 करोड़ रुपये ही खर्च होते हैं। सिर्फ इसी एक उदाहरण से न्यूक्लीय विस्फोटों की शांतिपूर्ण क्षमताओं का पता लग जाता है। अगर डायनामाइट के लिए प्रति टन टी. एन. टी. की कीमत 5000 रूपये होती है, तो उसी प्रतिफल के लिए लगने वाले 10 किलोटन वाले न्यूक्लीय बम के लिए ऊपर की रकम का दसवाँ भाग ही खर्च होता है, 100 किलोटन वाले बम के लिए सौवाँ भाग और एक मेगाटन वाले बम के लिए हजारवाँ भाग, अर्थात् केवल पाँच रुपये ही खर्च होते हैं।

जमीन से ऊपर या पानी के अंदर किये जाने वाले न्यूक्लीय विस्फोटों से रेडियोसक्रिय विकिरण का भय होता है। भूमिगत विस्फोटों में यह खतरा अपेक्षाकृत कम होता है। ऐसे भूमिगत विस्फोट किये जा सकते हैं, जमीन के अंदर बड़ी खाली जगहें तो बन जाती हैं, पर जमीन के ऊपर कोई खास असर दिखाई नहीं देता। जमीन के अंदर की ऐसी खाली जगहों से तेल और प्राकृतिक गैस के भारी संग्रह भी किये जा सकते हैं। अमरीका और रूस में किये गये प्रायोगिक विस्फोटों ने अच्छी आशा जगायी है। अगर हम गुजरात और असम में पेट्रोलियम रिजरवायरों के लिए न्यूक्लीय विस्फोट करें, तो कम खर्च और कम समय में ही चौगुना फायदा होगा। हमारे तेल और प्राकृतिक गैस आयोग तथा परमाणु ऊर्जा आयोग के हित में यह अच्छा होगा। यदि वे देश के पेट्रोलियम फॉर्मेशनों में न्यूक्लीय उपयोगों संबंधी अध्ययन करें। भूमिगत न्यूक्लीय विस्फोटों से खदानों में खनिज के टुकड़े भी किये जा सकते हैं।

भारत जैसे देश के लिए जहाँ ताँबा कम है, ताँबा खदानों का न्यूक्लीय तरीके से खनन करना लाभदायक साबित हो सकता है। राजस्थान में खत्री, मघन क्रुधन, कोलीहान, अकवाली और

दरीबा, बिहार में घटसीला, रल्का, शेम सिदेश्वर और रामचंद्र पहाड़ तथा आंध्रप्रदेश में अग्निगुंडला, बेल्लमपल्लि, मेलाराम जैसा जगहों में से एक-दो में हमें लाभ हो सकता है। इनमें से ज्यादातर जगहों में भारी मात्रा में खनिज हैं, और शायद जमीन में काफी गहराई पर है। हो सकता है ऐसी हालत में खनन की पुरानी विधियाँ लाभदायक न हों।

अब तक किये गये अनुसंधान द्वारा कई निष्कर्ष निकाले जा सकते हैं। यदि शुष्क वाष्प से ओत-प्रोत रिएक्टर और टर्बाइन 10,000 टन से अधिक क्षमता वाले समुद्री जहाजों में लगा दिये जायें तो उनकी वाहक क्षमता में 15 प्रतिशत वृद्धि हो जाएगी। सभी समुद्री जहाजों में परमाणुविक शक्ति का प्रयोग होने से यातायात के इस साधन विशेष में होने वाले सालाना व्यय में कमी करना सम्भव होगा।

परमाणविक बर्फ तोड़क जहाज साल भर तक किसी बन्दरगाह में गये बिना ही चलता रहेगा। रेलवे में परमाणविक शक्ति के प्रयोग के दो उपाय हैं। एक है परमाणविक इंजनों का निर्माण करना। मोटे आकलन के अनुसार तीन से चार हजार हॉर्सपवार का ऐसा परमाणविक इंजन साल भर तक बिना ईंधन लिए रेलगाड़ियाँ खींचता रहेगा। विद्युत, डिजल, गैस-टर्बाइन या वाष्पीय इंजन की तुलना में ईंधन या पानी के स्टॉक के ऊपर यह बहुत ही कम निर्भर रहेगा। लेकिन दूसरा उपाय और भी व्यावहारिक है। सोवियत संघ की योजना रेलों का विद्युतीकरण करना और उन्हें बिजली की पूर्ति करने के लिए परमाणविक विद्युत स्टेशन का निर्माण करना है।

परमाणविक शक्ति का उपयोग करने से कोयला और तेल की ढुलाई करना जरूरी नहीं रह जाएगा। अत: हर प्रकार के यातायात में भार की ढुलाई के परिणाम में पर्याप्त कमी हो जाएगी। नदी के यातायात में 14 प्रतिशत, रेल में 26 प्रतिशत तथा समुद्री किनारे की जहाजरानी में 39 प्रतिशत कमी हो जाएगी। इससे प्रतिवर्ष यातायात के ऊपर होने वाले व्यय में लगभग एक तिहाई कमी करना सम्भव हो जाएगा और उनकी क्षमता बनाने के लिए उनमें पूँजी लगाने की जरूरत नहीं रह जाएगी।

परमाणविक शक्ति के प्रयोग से होने वाले फायदे इतने ही तक सीमित नहीं हैं। ईंधन की ढुलाई के खर्च का हिसाब लगाने से यह स्पष्ट हो जाता है कि कोयले की खानों के सैकड़ों किलोमीटर की दूरी पर अवस्थित परमाणविक विद्युत स्टेशन आज भी उन विद्युत स्टेशनों से बाजी मार रहे हैं जो कोयले का प्रयोग करते हैं। स्टीम ब्वायलर धुएँ और कालिख समेत अतीत की वस्तु बन जायेगा।

सोवियत वैज्ञानिक यातायात के लिए, प्रथमत: समुद्री जहाजों के लिए परमाणविक शक्तिचालित कारखानों का विकास करने में सक्रिय रूप में लगे हैं। इन कारखानों के निर्माण से यातायात के हमारे साधनों का आमूल प्राविधिक पुनर्निर्माण हो जायेगा।

कोयला जलाने से या किसी और प्रकार के ईंधन से प्राप्त बिजली की तुलना में परमाणविक प्रतिक्रिया द्वारा उपलब्ध बिजली लगभग उतने ही कोयले से प्राप्त बिजली की तुलना में पच्चीस लाख गुना अधिक तथा उतने ही तेल से प्राप्त बिजली की तुलना में पन्द्रह लाख गुना अधिक होती है। हम जानते हैं कि रफ्तार को द्विगुणित करने के लिए इंजन का वजन, हार्सपवार तथा ईंधन की खपत मोटे तौर पर आठ गुनी अधिक होगी। लेकिन यदि यातायात-साधन के आयतन और वजन को कम कर दिया जाए तो रफ्तार कम हो जाएगी। परमाणविक प्लांट इस दोष से

मुक्त हैं। चूँकि उनके लिए बड़े परिमाण में ईंधन की जरूरत नहीं होती इसलिए वे रफ्तार में उल्लेखनीय वृद्धि कर सकते हैं और अतिरिक्त ईंधन का प्रयोग किये बिना अधिकाधिक दूरी तय कर सकते हैं।

इस प्रकार के प्लांटों का विकास करना कठिन काम है। इसके लिए सबसे अच्छे रिएक्टर का चयन करना, यह पता लगाना कि अमुक प्रकार के यातायात के लिए किस प्रकार का प्लांट सबसे अच्छा होगा तथा उनके लिए प्राविधिक एवं कार्यसंचालक आधार तैयार करना आवश्यक है। इसकी आवश्यकता क्यों पड़ती है?

अब तक यातायात में परमाणविक शक्ति का प्रयोग नहीं किया गया है, प्लांट का हृदय तेज सक्रिय विकिरणों का स्रोत रिएक्टर है जो जनता के लिए खतरनाक है। रक्षात्मक प्रसाधनों से लैस रिएक्टरों का वजन तथा कुल आयतन बहुत अधिक होता है तथा यातायात के लिए न्यूनतम आयतन और वजन वाले रिएक्टर जरूरी हैं। इसके अतिरिक्त यह जरूरी है कि ये सस्ते और इत्मीनान लायक हों। हिचकोले खाने, स्पन्दित होने अथवा अचानक भार बदलने के समय वे पूर्णतया निरापद हों। जब इस प्रकार का रिएक्टर बनकर तैयार हो जाएगा तब यातायात के सभी प्रकार के साधन, यथा–रेल, समुद्री जहाज और हवाई जहाज परमाणविक शक्ति द्वारा संचालित होंगे। सोवियत संघ की विज्ञान अकादमी का यातायात संस्थान इस समस्या के समाधान में लगा है।

परम्परागत ऊर्जा स्रोतों के भंडार अत्यधिक सीमित हैं। पिछले 40 वर्षों में परमाणु ऊर्जा के उपयोग में विस्तार से ऊर्जा स्रोतों में ऑकने योग्य वृद्धि हुई है। वर्तमान में परमाणु ऊर्जा यूरेनियम, प्लूटोनियम इत्यादि रेडियोऐक्टिव तत्वों के विखंडन से प्राप्त होती है। यूरेनियम– 235,

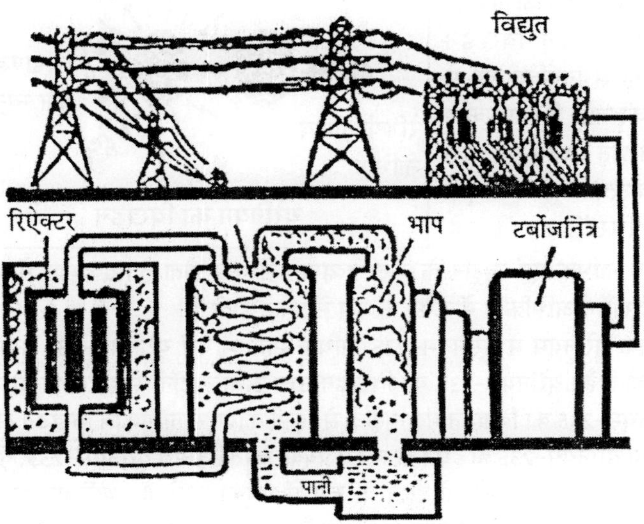

परमाणु ऊर्जा से बिजली का उत्पादन

या प्लूटोनियम-239 पर जब धीमे न्यूट्रॉनों की बौछार की जाती है तो ये नाभिक न्यूट्रॉन का अवशोषण कर दो मध्यम भार वाले नाभिकों में विखंडित हो जाते हैं। इस अभिक्रिया में पुनः न्यूट्रॉन एवं अत्यधिक ऊर्जा निर्मुक्त होती है। ये न्यूट्रॉन अन्य नाभिकों को विखंडित करते हैं। इस प्रकार शृंखला अभिक्रिया होती है। इस प्रकार की शृंखला विखंडन अभिक्रिया से अनियंत्रित रूप में परमाणु ऊर्जा निर्मुक्त होती है। अनियंत्रित शृंखला अभिक्रियाओं से अल्प समय में असीमित ऊर्जा निर्मुक्त होती है। प्रति अभिक्रिया में निर्मुक्त होने वाले न्यूट्रॉनों की संख्या को नियंत्रित एवं मंदित कर इन विखंडन अभिक्रियाओं से नियंत्रित रूप से ऊर्जा प्राप्त की जाती है। नाभिकीय विखंडन से प्राप्त मध्यम भार वाले नाभिकों एवं उत्पन्न न्यूट्रॉनों का कुल द्रव्यमान विखंडित हो रहे रेडियोऐक्टिव नाभिक एवं न्यूट्रॉन के कुल द्रव्यमान से कम होता है। द्रव्यमान में यह कमी नाभिकीय विखंडन अभिक्रिया में ऊष्मा के रूप में प्रकट होती है।

परमाणु ऊर्जा – परंपरागत ऊर्जा स्रोतों के भंडार अत्यधिक सीमित हैं। पिछले 40 वर्षों में परमाणु ऊर्जा के उपयोग में विस्तार से ऊर्जा स्रोतों में आँकने योग्य वृद्धि हुई हैं। वर्तमान में परमाणु ऊर्जा यूरेनियम, प्लूटोनियम इत्यादि। रेडियोऐक्टिव तत्वों के विखंडन से प्राप्त होती हैं। यूरेनियम-235, या प्लूटोनियम-239 पर जब धीमें न्यूट्रानों की बौछार की जाती हैं तो ये नाभिक न्यूट्रॉन का अवशोषण कर दो मध्यम भार वाले नाभिकों में विखंडित हो जाते हैं। इस अभिक्रिया में पुनः न्यूट्रॉन एवं अत्यधिक ऊर्जा निर्मुक्त होती है। ये न्यूट्रॉन अन्य नाभिकों को विखंडित करते हैं। इस प्रकार शृंखला अभिक्रिया होती है। इस प्रकार की अनियंत्रित शृंखला विखंडन अभिक्रिया से अनियंत्रित रूप में परमाणु ऊर्जा निर्मुक्त होती है। अनियंत्रित शृंखला अभिक्रियाओं से अल्प समय में असीमित ऊर्जा निर्मुक्त होती है। प्रति अभिक्रिया निर्मुक्त होने वाले न्यूट्रॉनों की संख्या को नियंत्रित एवं मंदित कर इन विखंडन अभिक्रियाओं से नियंत्रित रूप से ऊर्जा प्राप्त की जाती हैं। नाभिकीय विखंडन से प्राप्त मध्यम भार वाले नाभिकों एवं उत्पन्न न्यूट्रॉनों का कुल द्रव्यमान विखंडित हो रहे रेडियोऐक्टिव नाभिक एवं न्यूट्रॉन के कुल द्रव्यमान से कम होता है। द्रव्यमान में यह कमी नाभिकीय विखंडन अभिक्रिया में ऊष्मा के रूप में प्रकट होती हैं।

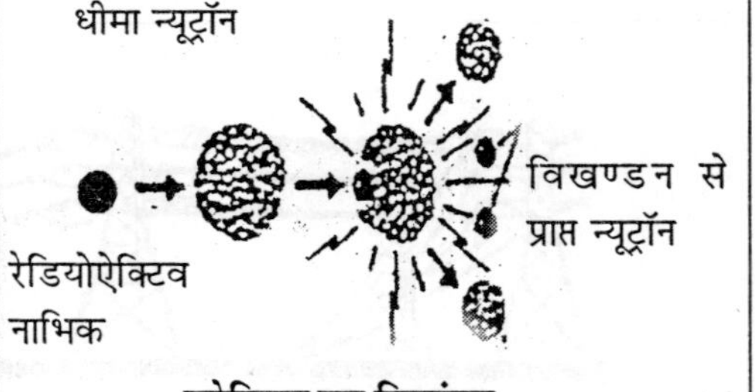

यूरेनियम का विखंडन

प्राकृतिक यूरेनियम में यूरेनियम-238 अधिक मात्रा में एवं यूरेनियम-235 केवल 0.07 प्रतिशत ही होती है। यूरेनियम-238 का विखंडन उच्च ऊर्जा न्यूट्रॉनों से ही संभव हो सकता हैं जबकि यूरेनियम-235 का विखंडन मंद न्यूट्रॉनों से। इसी कारण से नाभिकीय विखंडन अभिक्रिया में सामान्यतया यूरेनियम-235 ही ईंधन के रूप में प्रयुक्त करते हैं। अब यूरेनियम-233, यूरेनियम-235 एवं प्लूटोनियम-239 को भी ईंधन के रूप में प्रयुक्त करते हैं। थोरियम-232 को भी विखण्डनीय पदार्थ में परिवर्तित किया जा सकता है। विश्व में थोरियम का सबसे बड़ा भण्डार भारत में हैं।

शृंखला अभिक्रिया

जब यूरेनियम-235 पर धीमे न्यूट्रॉनों की बौछार कराई जाती है तो निम्न अभिक्रिया होती है।

$$_{92}U^{235} + ON^{1} \longrightarrow 54xe^{140} + 36sr^{94} + 2\,_{0}{}^{n1} \text{ ऊर्जा + विकिरण}$$

इस अभिक्रिया में यूरेनियम-235 नाभिक पर धीमे न्यूट्रॉन की बौछार से दो विखंडित उत्पाद जिनान एवं स्ट्रांशियम एवं दो न्यूट्रॉन प्राप्त होते हैं। विखंडित उत्पाद भिन्न भी हो सकते हैं। औसतन एक विखंडन में 2 या 3 न्यूट्रॉन प्राप्त होते हैं। ये न्यूट्रॉन अन्य यूरेनियम नाभिकों को विखंडित करते हैं एवं इस प्रकार एक शृंखला अभिक्रिया बन जाती है। कुछ ही क्षणों में यूरेनियम के अनेक परमाणुओं का विखंडन हो जाता है एवं अत्यधिक मात्रा में ऊर्जा निर्मुक्त होती हैं। 10^{-6} सेकण्ड से भी कम समय में नाभिकीय विखंडन से लगभग 2×10^{18} जूल ऊर्जा निर्मुक्त होती है।

उपरोक्त नाभिकीय श्रंखला अभिक्रिया अनियंत्रित नाभिकीय श्रंखला अभिक्रिया कहलाती है क्योंकि प्रत्येक अभिक्रिया के पश्चात् निर्मुक्त होने वाले सभी न्यूट्रॉन शृंखला अभिक्रिया में भाग लेते हैं एवं अति अल्प समय में अत्यधिक ऊर्जा निर्मुक्त होती है। परमाणु बम में इस प्रकार की अनियंत्रित नाभिकीय शृंखला अभिक्रिया होती है। भारत में 11 मई 1998 को पोकरण में परमाणु बमों का परीक्षण कर परमाणु शक्ति संपन्न राष्ट्रों की श्रेणी में सम्मिलित हो गया है। द्वितीय विश्व युद्ध में जापान के दो शहरों हिरोशिमा एवं नागासाकी पर अमेरिका द्वारा गिराये गए परमाणु बमों की विभीषिका से विश्व आज तक उबर नहीं सका है। यही कारण है कि सभी राष्ट्र चाहते हैं कि परमाणु हथियारों को पूर्ण रूप से नष्ट कर दिया जाये एवं भविष्य में इनका उपयोग कहीं पर भी नहीं हो। परमाणु निरस्त्रीकरण के प्रयास जारी हैं। नाभिकीय शृंखला अभिक्रियाओं से निर्मुक्त होने

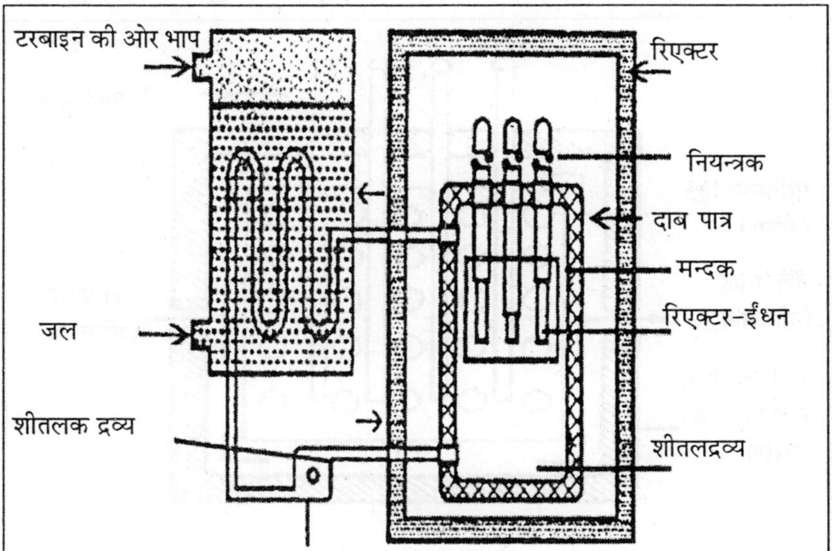

नाभिकीय रिएक्टर का सरल रेखाचित्र

वाली ऊर्जा को नियंत्रित कर इसका उपयोग विद्युत उत्पादन, चिकित्सा, कृषि इत्यादि कई क्षेत्रों में शान्तिपूर्ण कार्यों के लिए किया जा सका है।

नियंत्रित नाभिकीय अभिक्रिया

यदि प्रत्येक नाभिकीय विखंडन अभिक्रिया में उत्सर्जित होने वाले सभी न्यूट्रॉन अभिक्रिया में भाग न ले सकें तो अभिक्रिया को नियंत्रित किया जा सकता है। कैडमियम न्यूट्रॉनों को अवशोषित कर लेता है। अत: कैडमियम छड़ों के उपयोग से शृंखला अभिक्रिया को नियंत्रित किया जा सकता है। नियंत्रत शृंखला अभिक्रिया से परमाणु शक्ति का उत्पाद परमाणु रिएक्टरों में होता है। परमाणु भट्टी का उपयोग विद्युत उत्पादन इत्यादि कार्यों में किया जाता है।

परमाणु भट्टी – भारत समेत विश्व के कई देशों में परमाणु भट्टियों में विद्युत उत्पादन एवं अन्य शान्तिपूर्ण जनोपयोगी कार्यों के लिए परमाणु शक्ति का उपयोग हो रहा है। आकार एवं संरचना की दृष्टि से परमाणु भट्टीयों में अंतर होता है लेकिन ये सभी एक ही सिद्धान्त पर कार्य करती हैं।

(1) ईंधन या विखंडनीय पदार्थ– इसमें यूरेनियम 235 विखंडनीय पदार्थ के रूप में प्रयुक्त होता है जो ऐलुमिनियम की नलियों में भरा रहता है। ${}_{92}U^{235}$, ${}_{92}U^{238}$ एवं प्लूटोनियम 239 भी नाभिकीय भट्टियों में ईंधन के रूप में प्रयुक्त होते हैं। अब वैज्ञानिकों ने ऐसी परमाणु भट्टियों का विकास कर लिया है जिनमें परमाणु ऊर्जा के साथ-साथ प्लूटोनियम भी प्राप्त होता है। इस प्रकार के रिएक्टरों को फास्ट बीडर रिएक्टर कहते हैं।

(2) मंदक – विखंडन से उत्सर्जित न्यूट्रॉनों की गति को धीमी करने के लिए ग्रेफाइट की छड़ें या ब्लॉक प्रयुक्त होते हैं, इन्हें मंदक कहते हैं। इनमें गुजरने पर न्यूट्रॉनों की गति कुछ धीमी

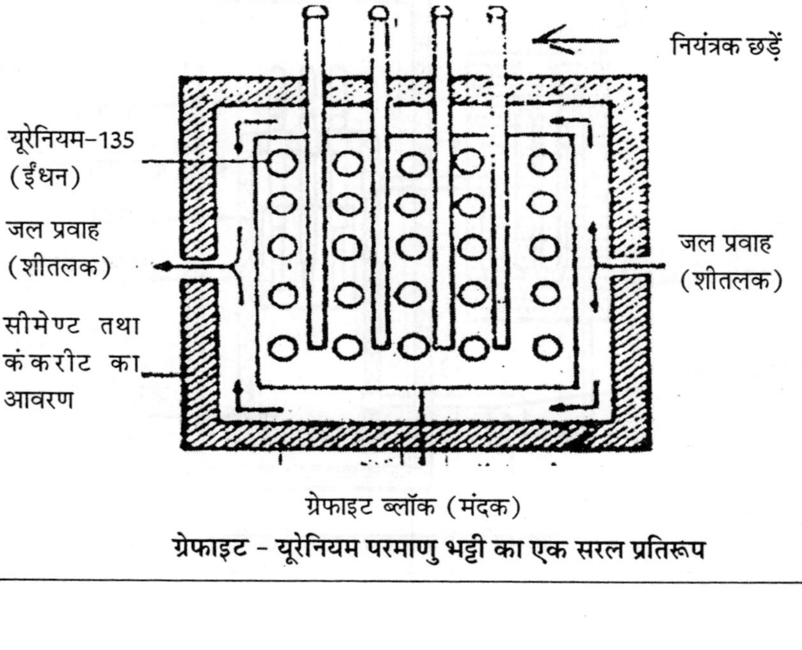

ग्रेफाइट – यूरेनियम परमाणु भट्टी का एक सरल प्रतिरूप

हो जाती है। परमाणु भट्टियों में बेरेलियम, बेरेलियम ऑक्साइड, जल, भारी जल भी मंदक के रूम में प्रयुक्त करते हैं।

(3) नियन्त्रण छड़ें – विखंडन की दर को नियंत्रित करने के लिए अभिक्रिया में उत्सर्जित न्यूट्रॉनों की संख्या को नियंत्रित करना आवश्यक होता है। इसके लिए कैडमियम की छड़ें प्रयुक्त की जाती हैं। कैडमियम, न्यूट्रॉनों को अवशोषित कर लेता है। कैडमियम छड़ों की सहायता से परमाणु भट्टी में शृंखला अभिक्रिया को नियंत्रित करने के लिए छड़ों को आंशिक या पूर्णरूप से परमाणु भट्टी के भीतर डाल देते हैं। ये न्यूट्रॉनों का अवशोषण कर अभिक्रिया को नियंत्रित रखती है।

(4) शीतलक – परमाणु भट्टी में विखंडन से अत्यधिक ऊष्मा उत्पन्न होती है। इसे ऊष्मा की भट्टी से बाहर लाने के लिए शीतलक प्रयुक्त करते हैं। शीतलक के रूप में सामान्यतया पानी प्रयुक्त करते हैं। शीतलक ऊष्मा का अवशोषण कर वाष्प में परिवर्तित होकर टरबाइन को चलाने

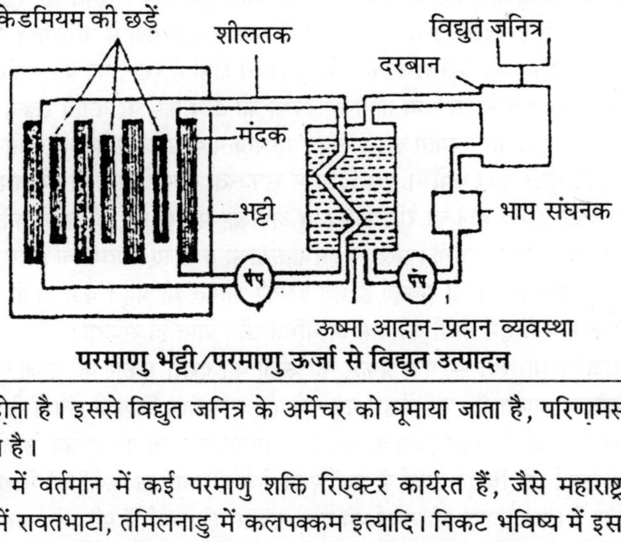

परमाणु भट्टी/परमाणु ऊर्जा से विद्युत उत्पादन

में प्रयुक्त होता है। इससे विद्युत जनित्र के अर्मेचर को घूमाया जाता है, परिणामस्वरूप विद्युत उत्पन्न होता है।

भारत में वर्तमान में कई परमाणु शक्ति रिएक्टर कार्यरत हैं, जैसे महाराष्ट्र में तारापुर, राजस्थान में रावतभाटा, तमिलनाडु में कलपक्कम इत्यादि। निकट भविष्य में इस क्षेत्र में कई योजनाएँ हैं। वर्तमान में लगभग 1760 मेगावाट विद्युत परमाणु बिजली संयंत्रों से प्राप्त हो रही है।

परमाणु ऊर्जा का उपयोग पानी के जहाजों एवं पनडुब्बियों को चलाने, कृषि एवं चिकित्सा के क्षेत्र में व्यापक रूप से हो रहा है। परमाणु ऊर्जा के व्यापक उपयोग में सबसे बड़ी समस्या होती है परमाणु भट्टियों के रेडियोएक्टिव अपशिष्ट पदार्थों को नष्ट करने की। इस समस्या का अभी तक कोई संतोषप्रद समाधान संभव नहीं हो पाया है। यदि हम संलयन अभिक्रियाओं से परमाणु ऊर्जा प्राप्त कर उपयोग कर सकें तो उपरोक्त समस्या से कुछ सीमा तक मुक्ति मिल सकती है।

(5) नाभिकीय संलयन – हल्के तत्वों के संलयन से भी अत्यधिक परमाणु ऊर्जा निर्मुक्त होती है। सूर्य एवं तारों में ऊर्जा का स्रोत संलयन अभिक्रियायें ही हैं। पृथ्वी पर पिछले 50 वर्षों से नियंत्रित संलयन अभिक्रियायें संपन्न कराकर संलयन रिएक्टर के विकास की दिशा में प्रयास किये जा रहे हैं। संलयन अभिक्रियाओं में दो हल्के नाभिकों के संलयन से मध्यम भार वाला नाभिक

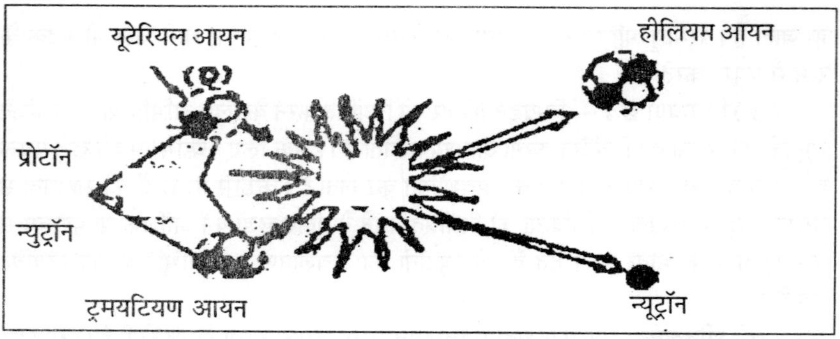

बनता है। अभिक्रिया से प्राप्त उत्पादों का द्रव्यमान अभिक्रिया में भाग ले रहे नाभिकों के द्रव्यमान से कम होने से द्रव्यमान क्षति होती है जो ऊर्जा के रूप में निर्मुक्त होती है।

संलयन अभिक्रियाओं को संपन्न कराने के लिए अति उच्च ताप लगभग 10^7 डिग्री केल्विन की आवश्यकता होती है। इतने उच्च ताप पर पदार्थ प्लाज्मा अवस्था में परिवर्तित हो जाता है। इस उच्च तापीय प्लाज्मा को विभिन्न आकार के चुंबकीय क्षेत्रों में रखने का प्रयास किया जा रहा है। लेकिन पर्याप्त समय तक इस उच्च तापीय प्लाज्मा को उच्च ताप पर बनाये रखना संभव नहीं हो पा रहा है। लेसर पुंज का उपयोग कर संलयन अभिक्रियायें संपन्न कराने के प्रयास हो रहे हैं। आशा है कि आने वाले कुछ वर्षों में इस दिशा में सफलता प्राप्त हो सकेगी। संलयन ऊर्जा के व्यावहारिक उपयोग संभव होने पर रेडियोऐक्टिव अपशिष्ट पदार्थों को नष्ट करने की समस्या से कुछ सीमा तक मुक्ति मिल सकेगी। संलयन अभिक्रियाओं के लिए आवश्यक ईंधन ड्यूटेरियम समुद्र के पानी से प्राप्त किया जा सकता है एवं इसकी लागत भी बहुत कम आती है। स्पष्टत: संलयन ऊर्जा के रूप में हमें ऊर्जा का एक असीमित स्रोत प्राप्त हो सकेगा।

(6) ऊर्जा रूपांतरण – एक प्रकार की ऊर्जा का दूसरी प्रकार की ऊर्जा में रूपांतरण सरलता से किया जा सकता है। पूर्व में हम पढ़ चुके हैं कि परमाणु बिजली संयंत्रों से ऊष्मा ऊर्जा में परिवर्तित किया जाता है। भाप इंजन कोयले की रासायनिक ऊर्जा को यांत्रिक ऊर्जा में, विद्युत जनित यांत्रिक ऊर्जा को विद्युत ऊर्जा में एवं सूखा सेल रासायनिक ऊर्जा को विद्युत ऊर्जा में परिवर्तित करता है। इस प्रकार की ऊर्जा को दूसरे प्रकार की ऊर्जा में परिवर्तन करने को ऊर्जा रूपांतरण कहते हैं। अब हम विद्युत ऊर्जा से प्रकाश ऊर्जा एवं प्रकाश ऊर्जा से विद्युत ऊर्जा रूपांतरण के बारे में पढ़ेंगे।

(1) विद्युत ऊर्जा से प्रकाश ऊर्जा में रूपांतरण – ट्यूब लाइट, बिजली का बल्ब इत्यादि में विद्युत ऊर्जा का रूपांतरण प्रकाश ऊर्जा में होता है। आजकल बिजली की कम खपत एवं अधिक प्रकाश देने के कारण विद्युत बल्ब के स्थान पर ट्यूबलाइटों का अधिक उपयोग होने लगा है।

काँच की नली के दोनों सीरों पर टंगस्टन धातु के तंतु हैं। प्रत्यावर्ती स्रोत से प्रत्यावर्ती धारा के प्रवाह के साथ ही इन तंतुओं से इलेक्ट्रॉन उत्सर्जित होता है। काँच की नली में अल्प दाब पर पारे की वाष्प भरी हुई है। तन्तु से उत्सर्जित इलेक्ट्रॉन पारे की वाष्प के परमाणुओं से संघट्ट कर इन्हें आयनित कर देते हैं एवं दीप्त विसर्जत होता है। इससे प्राप्त प्रकाश तरंगों में से कुछ तरंगों की

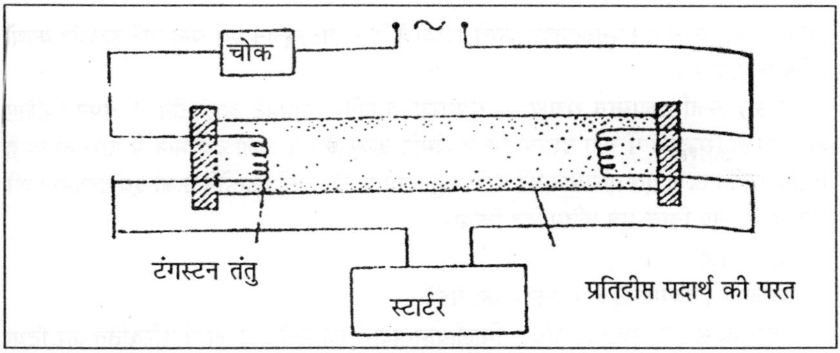

तंरगदैर्घ्य अल्प होती है जिन्हें हम नहीं देख पाते हैं। इन अदृश्य प्रकाश तंरगों को दृश्य प्रकाश तंरगों में परिवर्तन करने हेतु नली की भीतरी सतह प्रतिदीप्त पदार्थ से पोत दी जाती है जो अदृश्य प्रकाश विकिरणों को दृश्य प्रकाश में परिवर्तित करता है। इससे ट्यूब लाइट से अधिक प्रकाश प्राप्त होता है। ट्यूब लाइट के परिपथ में श्रेणी क्रम में एक चोक जुड़ा रहता है। चोक धारा का नियंत्रण करता है। तंतुओं से इलेक्ट्रॉनों का उत्सर्जन होने के लिए आरंभिक ताप पर्याप्त होना चाहिए। इसलिए इनके साथ एक स्टार्टर लगा रहता है। स्टार्टर आर्गर गैस से भरी एक छोटी विसर्जन नली होती है।

(2) प्रकाश ऊर्जा का विद्युत ऊर्जा में रूपांतरण – प्रकाश वोल्टीय सेल से सूर्य के प्रकाश से सीधे ही विद्युत ऊर्जा उत्पन्न की जा सकती है। यहाँ हम प्रकाश विद्युत प्रभाव का अध्ययन करेंगे। जब एक निश्चित तरंगदैर्ध्य का प्रकाश किसी धातु की सतह (कैथोड) पर आवर्तित होता है तो इससे इलेक्ट्रॉन उत्सर्जित होते हैं। इन्हें प्रकाश इलेक्ट्रॉन कहते हैं। ये प्रकाश इलेक्ट्रॉन एनोड एवं कैथोड के मध्य आरोपित विद्युत विभव से त्वरित होकर ऐनोड पर पहुँचते हैं। इस कारण से परिपथ में धारा प्रवाहित होती है। इस धारा को प्रकाश विद्युत धारा एवं इस प्रकाश को प्रकाश विद्युत प्रभाव कहते हैं। यह प्रयोग स्पष्ट रूप से प्रदर्शित करता है कि यहां प्रकाश ऊर्जा का विद्युत ऊर्जा में रूपांतरण हो रहा है। इस प्रभाव का उपयोग प्रकाश सेल के निर्माण में किया गया है। प्रकाश विद्युत सेल का उपयोग गणक, चोर पकड़ घंटी, फिल्म पर

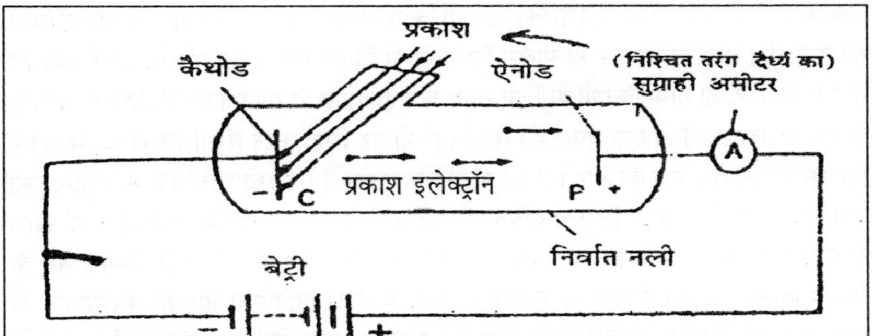

प्रकाश विद्युत प्रभाव के अध्ययन की प्रायोगिक व्यवस्था

ध्वनि अंकित करने एवं पुनरुत्पादन करने, दरवाजे के स्वतः खुलने एवं बन्द होने इत्यादि कार्यों में किया जाता है।

(3) ऊर्जा द्रव्यमान संबंध – सुप्रसिद्ध वैज्ञानिक अल्बर्ट आइंस्टीन ने अपने विशिष्ट आपेक्षिकता सिद्धान्त में यहा दर्शाया कि द्रव्यमान ऊर्जा में एवं ऊर्जा द्रव्यमान में परिवर्तनीय है अर्थात् उन्होंने ऊर्जा एवं द्रव्यमान की परस्पर तुल्यता प्रदर्शित की। उन्होंने ऊर्जा एवं द्रव्यमान की तुल्यता के लिए निम्न सूत्र प्रतिपादित किया–

$$E = mc^2$$

ऊर्जा = (द्रव्यमान) × (प्रकाश का वेग)

उपरोक्त सूत्र के अनुसार यदि 1 किलोग्राम पदार्थ को पूर्णतः ऊर्जा में परिवर्तित कर दिया जाये तो इससे 9×10^{16} जूल ऊर्जा प्राप्त होगी। नाभिकीय विखंडन एवं संलयन अभिक्रियाओं में विलुप्त द्रव्यमान एवं निर्मुक्त होने वाली ऊर्जा की तुल्यता उपरोक्त सूत्र की पुष्टि करती है। इस सूत्र

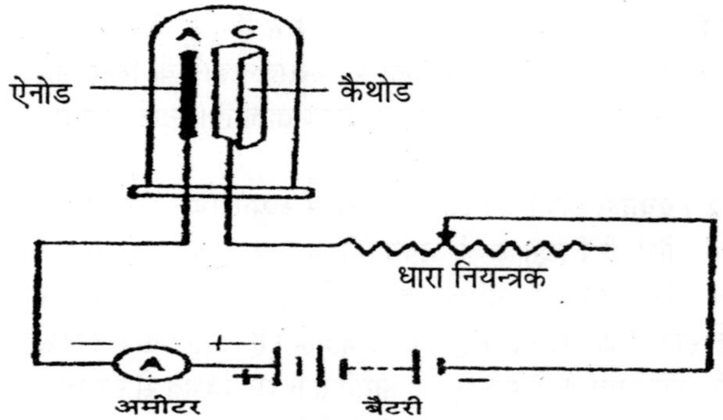

प्रकाश विद्युत सेल

ने विज्ञान की कई जटिल समस्याओं का समाधान प्रस्तुत किया है। इसी वर्ष जेम्स चाडविक ने बेरीलियम के साथ उक्त प्रयोगों को किया और वास्तव में उसने उन्हीं शक्तिशाली किरणों को देखा जिन्हें बोथे, बेकर और जूलियट क्यूरी ने देखा था। चाडविक ने यह देखा कि ये किरणें चुम्बक से विचलित नहीं होतीं, जिसका अर्थ था कि वे शिथिल थीं और इस दृष्टि से गामा किरणों की तरह थी। चाडविक ने यह भी मालूम किया कि ये किरणें प्रकाश की गति के दसवें भाग की गति से जाती हैं जो गामा किरणों के लिए बहुत कम है। गामा किरणें प्रकाश की गति से जाती हैं क्योंकि वे प्रकाश की ही एक शक्ल हैं। चाडविक को यह सिद्ध करने में अधिक समय नहीं लगा कि इस आवेशहीन कण का भार 1 है जो प्रोटॉन के बराबर हैं। उसको चाडविक ने 'न्यूट्रॉन' का नाम दिया। इसकी खोज के लिए चाडविक को 1935 में नोबल पुरस्कार मिला। न्यूट्रॉन की खोज से परमाणु विज्ञान में एक हलचल-सी मच गयी और निश्चित रूप से इससे परमाणु बम के निर्माण का मार्ग प्रशस्त हो गया। इस खोज से केन्द्र के अन्दर अतिरिक्त भार की समस्या हल हो गयी। यह अतिरिक्त भार न्यूट्रॉनों का होता है। केन्द्र के अन्दर के जो कण प्रोटॉनों के भार के अतिरिक्त आवश्यक भार प्रदान करते हैं, वे न्यूट्रॉन हैं।

6

पदार्थ की प्रकृति

हमारे आसपास की सभी वस्तुएँ, जैसे - मेज, कुर्सी, हमारी पेंसिल, पेन, पुस्तक और प्रकृति की वस्तुएँ, जैसे - पेड़, पौधे, जल वायु और हमारे आसपास की वस्तुएँ, पत्थर जिस पर हम खड़े होते हैं, भोजन जो हम खाते हैं आदि पदार्थ हैं। पदार्थ वह वस्तु है जिसका द्रव्यमान होता है और जो जगह घेरती हैं। पदार्थ विभिन्न रूपों में व्यक्त होता है जैसा ऊपर बताया गया है। इसलिए यदि आप अपने चारों ओर के विश्व को समझना चाहते हैं तो पदार्थ के बारे में जानना जरूरी है। पदार्थ का सही ज्ञान विश्व के कार्य को समझने में सहायता करता है।

पदार्थों का वर्गीकरण

पदार्थों का वर्गीकरण कई प्रकार से हो सकता है। बहुत पहले भारतीय और यूनानी दार्शनिकों और वैज्ञानिकों ने पदार्थों का विश्लेषण करने का प्रयास किया और पदार्थों को पाँच तत्वों-वायु, पृथ्वी, अग्नि, आकाश और जल के रूप में वर्गीकृत किया। फिर भी आधुनिक विज्ञान में पदार्थ को दो मुख्य प्रकार से वर्गीकृत किया जाता है।

1. भौतिक अवस्था द्वारा, जैसे - ठोस, द्रव या गैस
2. रासायनिक संघटन द्वारा, जैसे - तत्व, यौगिक या मिश्रण।

1. पदार्थों की भौतिक अवस्थाएँ

पदार्थ का दिया हुआ प्रकार विभिन्न स्थितियों के अंदर विभिन्न भौतिक रूपों में पाया जाता है। उदाहरण के लिए जल बर्फ (ठोस जल) रूप में, द्रव जल रूप में, और भाप (गैसीय जल) रूप में पाया जाता है। किस प्रकार से ये विभिन्न रूप एक दूसरे से भिन्न हैं? आइए, जल के विशेष उदाहरण पर विचार करें।

ठोस की मुख्य पहचान का अभिलाक्षणिक गुणधर्म है उसकी कठोरता। दूसरे शब्दों में, ठोसों की प्रवृत्ति उन पर बाहर से बल लगाए जाने पर अपनी आकृति को बनाए रखने की होती है। द्रव और गैसें फिर भी तरल हैं, क्योंकि वे आसानी से बह जाती हैं और बाह्य बल की उपस्थिति में अपनी आकृति को बदल लेती हैं।

गैस द्रव से किस प्रकार भिन्न हैं? यह **संपीड्यता** (Compressibility) के गुणधर्म में भिन्नता दर्शाती है। गैस आसानी से संपीडित हो जाती है जबकि द्रव नहीं। गैस के इस गुणधर्म के कारण, हम टायर में अधिक से अधिक वायु भर सकते हैं जो कि आयतन को थोड़ा-सा बढ़ाती हैं। वास्तव में, किसी गैस की दी गई मात्रा किसी भी आकार के पात्र को भर सकती है। थोड़ी-सी मात्रा की गैस फैलकर पूरे पात्र को भर देती है।

दूसरी तरफ अधिक मात्रा की गैस को संपीडित कर छोटी जगह में भर सकते हैं। हम जानते हैं कि प्राकृतिक गैस को संपीडित करके गाड़ियों के ईंधन के लिए CNG(संपीडित

प्राकृतिक गैस) के रूप में उपयोग किया जाता है। द्रवों के संबंध में यह सत्य नहीं है। यदि हम पहले ही जल से भरी एक बंद काँच की बोतल में और अधिक जल को द्रव रूप में भरने का प्रयास करें तो वह फट जाएगी। इन दो मापदण्डों, 1. कठोरता एवं 2. संपीड्यता के आधार पर हम पदार्थ की तीन अवस्थाओं को निम्न प्रकार परिभाषित कर सकते हैं–

ठोस – ठोस पूर्णत: असंपीड्यता (Incompressible) और निश्चित आकार तथा आयतन के होते हैं।

द्रव – द्रव अपेक्षाकृत असंपीड्त तरल होते हैं। इसका आयतन निश्चित परन्तु आकार अनिश्चित होता है।

गैस – गैस एक अत्यधिक संपीड्य तरल है। दी गई मात्रा की गैस किसी भी आकार और आकृति के पात्र में भर जाएगी।

पदार्थ के ये तीन प्रकार ठोस, द्रव और गैस पदार्थ की अवस्थाएँ कहलाते हैं। ठोस, द्रव और गैस के अभिलाक्षणिक गुणधर्मों को सारणी में दिया गया है।

पदार्थ की अवस्थाओं के अभिलाक्षणिक गुणधर्म

पदार्थ की अवस्थाएँ	तरलता या कठोरता	संपीड्यता
ठोस	कठोर	नगण्य
द्रव	तरल	बहुत कम
गैस	तरल	अधिक

पदार्थों की ठोस, द्रव व गैसीय अवस्थाओं को संघटक कणों (अणुओं या परमाणुओं) के बीच में लगने वाले बलों के आधार पर भी समझाया जा सकता है। इन बलों को **अंतराणुक** बल कहते हैं। (Intermolecular) ठोसों के संदर्भ में ये बल काफी प्रबल होते हैं जिस कारण

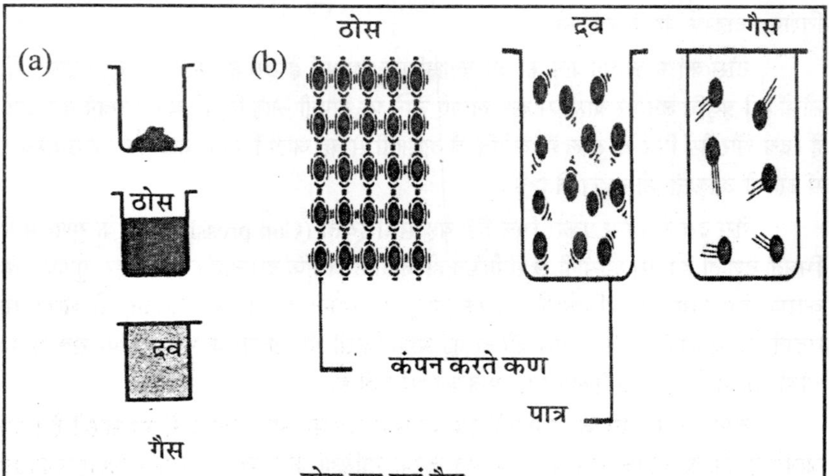

ठोस द्रव एवं गैस

कण आपस में प्रबलता से बँधे होते हैं। इसलिए इनकी आकृति निश्चित होती है। ठोसों में कण आपस में अत्यधिक निकट होते हैं और इसलिए इनमें उच्च घनत्व और असंपीड्यता होती है (वास्तव में उच्च दाब के फलस्वरूप आयतन में कम प्रभाव पड़ता है) ठोसों में कणों के उच्च क्रम में व्यवस्था को **क्रिस्टल जालक** (Crystal lattice) कहते हैं जिसके परिणामस्वरूप क्रिस्टलों की एक नियमित ज्यामितीय आकृति होती है।

द्रवों में अंतराणुक बल इतना अधिक प्रबल होता है कि ढेर में कणों को एकत्रित रखता है। परंतु इतना अधिक भी मजबूत नहीं होता है कि उनको निश्चित स्थिति में रखे। इसी कारण द्रव में तरलता होती है और निश्चित आकृति नहीं होती है। गैसों में अंतराणुक बल अत्यंत दुर्बल होता है और संघटक कणों की गति स्वतंत्र होती है और ये कण उपलब्ध खाली स्थानों को घेर लेते हैं, क्योंकि गैसीय अवस्था में अणुओं की गति स्वतंत्र होती है, वे पात्र में गति कर सकते हैं, आपस में और पात्र की दीवारों से टकरा सकते हैं।

अणुओं की लगातार दीवारों पर टक्करों के परिणामस्वरूप एक निश्चित बल उत्पन्न होता है जिसके फलस्वरूप गैसों में दाब उत्पन्न होता है।

ताप और दाब का पदार्थ की अवस्थाओं पर प्रभाव

जब किसी ठोस के क्रिस्टल को गर्म किया जाए तो क्या होगा? प्रारंभ में ठोस फैलेगा, क्योंकि कणों की गतिज ऊर्जा में वृद्धि होगी और अणु तेजी से कंपन करेंगे और अधिकस्थान लेंगे। अंततः अणु इतना अधिक कंपन करते हैं कि वे अपनी निश्चित जगहों को छोड़ देते हैं और ठोस पिघलकर द्रव बन जाता है। यह द्रव पात्र में डाला जा सकता है और यह पात्र की आकृति प्राप्त कर लेता है। अब द्रव के कण गति के लिए स्वतन्त्र हैं और कणों द्वारा ग्रहण की हुई ऊष्मीय ऊर्जा उनकी गतिज ऊर्जा को बढ़ा देती है।

जब द्रवों को गर्म किया जाए तो क्या होगा? द्रव, गैस (वाष्प) में बदल जाएगा। इस प्रक्रम मे अणुओं की गतिज ऊर्जा बहुत अधिक बढ़ जाएगी और अणुओं के बीच की दूरी लगभग 1000 गुना अधिक हो जाएगी।

यहाँ पात्र में सभी जगह पर अधिक वेग से लगातार अव्यवस्थित रूप से गति करने के लिए प्रत्येक अणु स्वतंत्र हैं। अब यह समझना आसान है कि गैसों के अणु क्यों बहते या विसरित होते हैं। यदि आप इस इत्र की शीशी को कमरे के एक कोने में खोलते हैं तो कमरे में सभी जगह सुगंध फैल जाती है। यहाँ एक के अणु वायु के दूसरे अणुओं के साथ घुलमिल कर हमारी नाक तक पहुँचते हैं।

इस प्रकार एक गैस का दूसरी गैस के साथ मिश्रित होना विसरण कहलाता है। इसके अतिरिक्त, क्योंकि इन गैसों में अंतराणुक दूरी बहुत अधिक होती है, इनको संपीडित किया जा सकता है। वायु से भरा हुआ एक गुब्बारा लेकर उसे संपीडित करें।

गैसों और द्रवों पर दाब का प्रभाव समझने के लिए निम्नलिखित क्रियाकलाप कर सकते हैं –100 mL की एक सिरिंज लो और इसकी सुई को रबर कॉर्क में घुसा कर बंद कर दो। पिस्टन को हटा दो और सिरिंज के अंदर वायु को पूर्ण रूप से भरने दो। अब पिस्टन को वापस

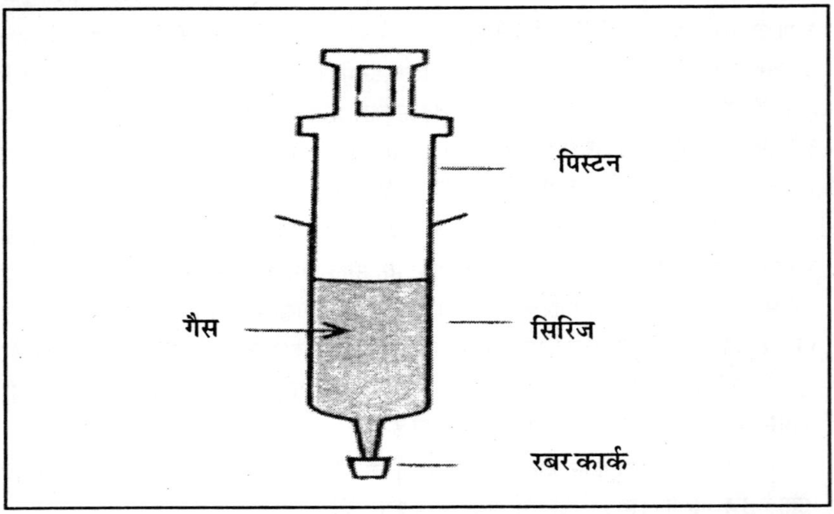

सावधानीपूर्वक सिरिंज में लगा दो और निश्चित करो कि सिरिंज के किनारों में कोई रिसाव तो नहीं है। अच्छा रहेगा यदि सिरिंज में लगाने से पहले आप थोड़ी-सी वैसलीन पिस्टन पर लगा दो। अब वायु को संपीडित करने का प्रयास करो। आप क्या देखते हैं? अब सिरिंज को जल से भरो और इस प्रयोग को पुनः करो। आप जल के साथ किए गए प्रयोग में क्या पाते हो? आप आसानी से गैसों और द्रवों के व्यवहार में भिन्नता का निरीक्षण कर सकते हैं। इससे सिद्ध होता है कि ठोस की अपनी आकृति होती है, द्रव्य आसानी से अपनी आकृति ले लेते हैं। गैस में आकृति ग्रहण करने में बड़ी समता पायी जाती है।

❑❑❑

7

ब्रह्माण्ड में तत्वों की उपस्थिति

हमारी पृथ्वी सौर मंडल का एक अंग है और सौरमंडल ब्रह्माण्ड में चक्कर लगाने वाले करोड़ों नक्षत्र मंडलों में से एक है। पृथ्वी सौर मंडल का एक भाग है, इसलिए वैज्ञानिकों का विश्वास है कि पृथ्वी का जन्म भी सौरमंडल के साथ ही हुआ। ऐसा समझा जाता है कि पृथ्वी एक वायव्य पिण्ड से संघनित होकर, तरलावस्था को पार करके, धीरे-धीरे कठोर हुई है।

अब भी यह पूर्णतया ठंडी नहीं हो पाई है, केवल भूपटल ही जमकर कठोर हो पाया है। भूपटल का काफी भाग जलमग्न है। पृथ्वी के चारों ओर गैसों का आवरण है जिसे वायुमण्डल कहते हैं। जलमग्न भाग को जलमंडल और धरती को स्थलमंडल कहते हैं। समुद्रों के जल और तलहटी में तथा स्थलमंडल के मैदानों और चट्टानों मे बहुत प्रकार के तत्व और यौगिक मिलते हैं।

पृथ्वी पर जो ऊँचाई, निचाई, पर्वत-घाटियाँ तथा सागर और मैदान दिखाई देते हैं, वे सब भूपटल के धीरे-धीरे जमते समय बने फफोलों और दरारों के बनने से बने होंगे। दरारों के भीतर या चट्टानों के बनते समय उनकी परतों में पिघली धातु या कई तत्वों से मिलकर बने यौगिक भी जम गये होंगे। मूसलाधार वर्षा के कारण धरती के ऊपर चारों ओर जल ही जल था। यह जल धरती के बहुत से पदार्थों को अपने में विलय करता जाता था।

वायुमंडल (Atmosphere)

वायुमंडल की गैसों में नाइट्रोजन (78 प्रतिशत) और ऑक्सीजन (20 प्रतिशत) प्रमुख हैं। इनके अतिरिक्त कार्बनडाइऑक्साइड व अल्प मात्रा में उत्कृष्ट गैसें भी उपस्थित रहती हैं। विशेष स्थानों पर सल्फर डाइऑक्साइड, हाइड्रोजन सल्फाइड, अमोनिया आदि भी मिल जाती हैं।

वायुमण्डल की ऊपरी परतों में ओजोन की भी परत होती है। यह परत सौर किरणों की पराबैंगनी किरणों का अवशोषण कर लेती है। यदि ओजोन की परत नहीं रहे तो ये पराबैंगनी किरणें पृथ्वी का तापक्रम ऊँचा कर देंगी जिसके भयानक दुष्प्रभाव हो सकते हैं। प्लास्टिक, नाइलोन और कृत्रिम धागों के लिए आवश्यक रसायन क्लोरो-फ्लोरो-कार्बन से ओजोन परत नष्ट हो सकती है जिसके लिए सभी देशों के वैज्ञानिक चिंतित हैं।

जलमंडल (Hydrosphere)

आग्नेय चट्टानों पर मूसलाधार वर्षा के कारण बहुत से यौगिक विलय होकर वर्षा के और नदियों के जल के साथ समुद्र में पहुँच जाते हैं। ज्वालामुखियों से निकले लावे में भी बहुत से यौगिक होते हैं। लावा भी बहकर समुद्र तक पहुँच जाता है। जो यौगिक विलयशील नहीं होते, वे समुद्र की तलहटी पर जमा हो जाते हैं।

समुद्र के जल में निम्नलिखित तत्व अधिकतया पाये जाते हैं-

अपेक्षाकृत अधिक मात्रा में –क्लोरीन, सोडियम, मैग्नीशियम, सल्फर, कैल्सियम, ऑक्सीजन, हाइड्रोजन, पोटैशियम, कार्बन आदि।

अपेक्षाकृत कम मात्रा में - ब्रोमीन, बोरॉन, स्ट्रांशियम, सिलिकन, नाइट्रोजन, लीथियम, रूबीडियम आदि।

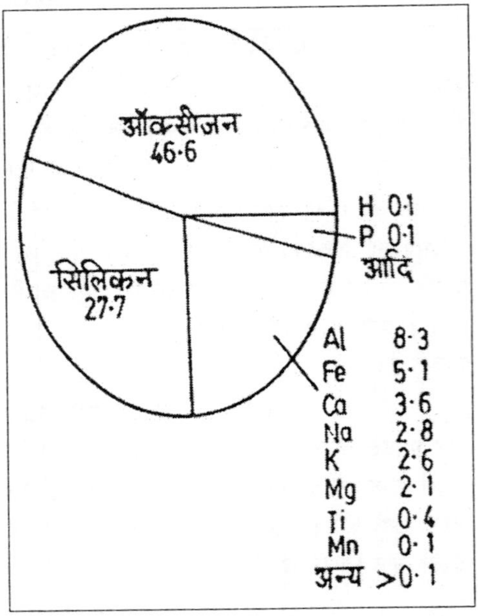

एन्टार्कटिन (दक्षिण ध्रुव) से भारतीयों द्वारा लाई गई ग्रंथिकाओं में कोबाल्ट और निकल पाये गये हैं।

स्थल मंडल (Litho sphere)- भूपटल की रचना में तीन प्रकार की चट्टानें पाई जाती हैं–

1.आग्नेय चट्टानें (Lgneoud Rocks)– पृथ्वी के भीतर से जो तप्त द्रवित पदार्थ कहीं भी किसी भी कारण से बाहर की ओर फूट पड़ता था और वह निकलता था, उसके ठंडे और कठोर हो जाने से आग्नेय चट्टानें बनी हैं। ये तहों और परतों के रूप में नहीं पाई जाती हैं वरन् ढेरों

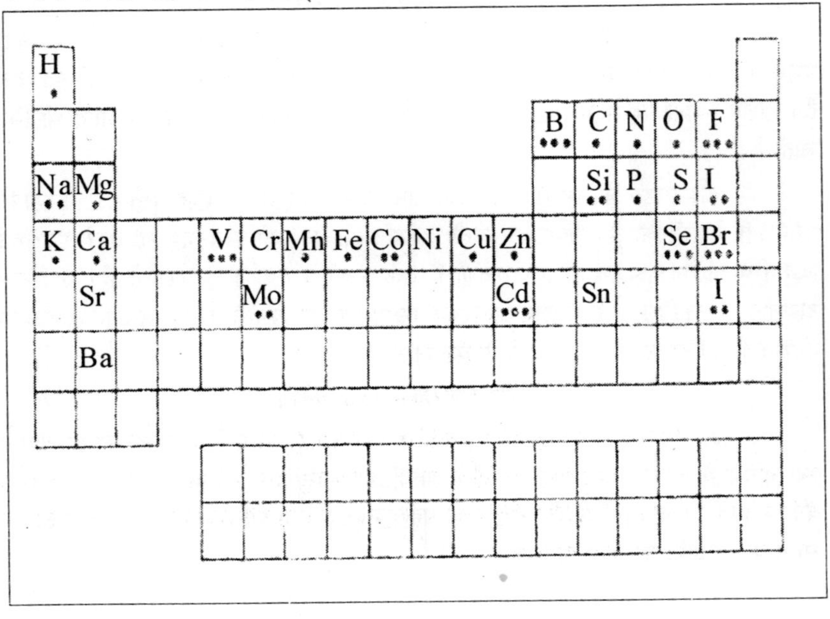

और पिण्डों के रूप में मिलती हैं। जो द्रवित पदार्थ पृथ्वी के बाहर न निकल पाया और भीतर ही रुक गया, वह धीरे-धीरे और देर से ठंडा हुआ। इस प्रकार चट्टोनों के अवयव खनिजपूर्ण स्फटिक रूप में विकसित हो सके। इसीलिए ये चट्टानें इतनी सख्त हैं। स्फटिक (बिल्लौरी पत्थर) की चट्टानें पृथ्वी के भीतर गड़ी हुई हैं और गंधकादि की चट्टानें, जो मुलायम हैं, भूपृष्ठ के ऊपर।

2. परतीली चट्टानें (Sedimentary Rocks)- ये चट्टानें तह के ऊपर तह के रूप में जम कर बनी दिखाई देती हैं। ये चट्टानें जलाशय की तलहटी में जल के द्वारा लाई हुई बालू मिट्टी, चूने के पत्थर आदि के कणों के जमने से बनी हैं जिनके कण अभिवर्धक ताल से देखे जा सकते हैं। इनमें जिन खनिजों के कण पाये जाते हैं, वे वही हैं जो आग्नेय शिलाओं की रचना में पाये जाते हैं।

3. रूपांतरित चट्टानें (Metamorphic rocks)- पृथ्वी की आन्तरिक गर्मी, दबाव अथवा उथल-पुथल से आग्नेय और परतीली चट्टानों में परिवर्तन हो जाता है और इन चट्टानों के परिवर्तित रूप को ही रूपांतरित चट्टान कहा जाता है।

यद्यपि धरातल पर 92 तत्व पाए जाते हैं तथापि भूपृष्ठ की रचना में जिन मूल तत्वों की बाहुल्यता है, वे वस्तुतः केवल 21 ही हैं। इन्हीं 21 तत्वों को लेकर ही भूपृष्ठ के लगभग 99 प्रतिशत भाग का निर्माण हुआ है।

स्थलमंडल में पाए जाने वाले खनिज

भूपृष्ठ में ऑक्साइड-प्रधान खनिज प्रचुर मात्रा में पाये जाते हैं। इसमें सिलिकन डाइऑक्साइड (SiO_2) प्रमुख है।

बालू या रेत में बहुत-सी अशुद्धियाँ मिली रहती हैं। स्फटिक (बिल्लौरी पत्थर या क्वार्ट्ज) सिलिकन डाइऑक्साइड का विशुद्ध रूप है।

सिलिकन खनिज भी बहुतायत से पाये जाते हैं। इनमें फैल्सपार, अभ्रक, पोटैशियम, ऐलुमिनियम, सिलिकेट, ऐस्बेस्टॉस आदि प्रमुख हैं। डोलोमाइट, कैल्साइट, मैग्नेसाइट आदि खनिजों में कार्बोनेट के रूप में कार्बन प्रमुख है।

लोहे के ऑक्साइड भी बहुतायत से मिलते हैं। ऑक्सीजन से संयुक्त ऑक्साइड के रूप में पाये जाने वाले खनिजों में ऐलुमिनियम ऑक्साइड (बॉक्साइट), टिन ऑक्साइड, मैंगनीज डाइऑक्साइड महत्त्वपूर्ण हैं। सल्फर से संयुक्त सल्फाइड के रूप में मिलने वाले खनिजों में कॉपर सल्फाइड (कॉपर पाइराइटीज), आयरन सल्फाइड (आयरन पाइराइटीज) और लेड सल्फाइड (गैलेना) मुख्य हैं।

वनस्पति और प्राणी जगत् के लिए आवश्यक सूक्ष्ममात्रक तत्व

किसी भी प्रकार के जीवन के लिए 30 तत्व आवश्यक माने गये हैं। इनमें से 17 तो धातुएँ हैं। इन सत्रह धातुओं में से कम से कम सात तो किसी प्रकार के जीवन के लिए आवश्यक हैं। वनस्पति और प्राणी जगत् में बहुतायत से पाये जाने वाले तत्वों में (H, C, N, O, P, S, Na, K, Mg Ca और Cl हैं। आवश्यक सूक्ष्ममात्रक तत्वों में Fe, Zn, Cu, F, I, Se , As, Si, B, Mn, Mo, Co, Cr, V, Ni, Cd, Sn और pb हैं। दस लाख भाग में सूक्ष्ममात्रक तत्वों की 5-10 भाग

तक की उपस्थिति से भी जैविक क्रियाएँ प्रभावित हो जाती हैं। कुछ किस्म की प्रोटीनों में भी इन तत्वों में परमाणुओं की उपस्थिति आवश्यक है। ऐसी सैकड़ों मैटेलो-प्रोटीन हैं। हीमोग्लोबिन ऑक्सीजन को जीवद्रव्य (प्लेज्मा) में ले जाता है। मायोग्लोबिन ऑक्सीजन का मांसपेशियों में भंडारण करता है। वयस्क व्यक्ति के शरीर में 4-6 ग्राम आयरन होता है।

जिंक सब प्रकार के जीवन के लिए आवश्यक है। वयस्क व्यक्ति के शरीर में 2 से 3 ग्राम तक जिंक उपस्थित रहता है। इसकी कमी से प्रजनन शक्ति क्षीण हो जाती है।

कॉपर भी जीवन के लिए अत्यन्त आवश्यक है यद्यपि वयस्क शरीर में यह लगभग 25.0 मिग्रा ही होती है। इसकी अनुपस्थिति में कुछ विशेष रोग हो सकते हैं।

कोबाल्ट विटामिन B_{12} का केन्द्रीय परमाणु है। इस विटामिन की बहुत उपयोगिता है। एक वयस्क व्यक्ति के शरीर में 2 से 5 मिग्रा विटामिन B_{12} पाया जाता है।

मॉलिब्डेनम वनस्पति और प्राणी जीवन दोनों के लिए आवश्यक है। इसका परमाणु एक विशेष प्रोटीन के अणु में व्यवस्थित रहता है।

कैल्सियम और **फॉस्फोरस** का महत्त्व सभी को ज्ञात है।

उपरोक्त तत्वों के अतिरिक्त वैनेडियम, क्रोमियम, मैंगनीज और निकल भी सूक्ष्म मात्रा में विभिन्न प्रकार के प्रोटीनों में उपस्थित रहते हैं।

क्लोरोफिल का केन्द्रीय परमाणु मैग्नीशियम है जो पौधों के द्वारा प्रकाश-संश्लेषण के लिए आवश्यक है।

पदार्थों का रसायन में स्थान

यह विज्ञान की वह शाखा है जिसके अन्तर्गत पदार्थों को बनाने की विधियाँ, उनके गुण, उपयोग व महत्त्व का अध्ययन किया जाता है। विश्व में उपलब्ध द्रव्य और पदार्थों की रचना, उनका संश्लेषण और पारस्परिक अभिक्रियाओं में होने वाले परिवर्तनों का ज्ञान रसायन विज्ञान है।

रसायन विज्ञान की शाखाएँ

द्रव्य और उनके परिवर्तनों के अध्ययन को सरल बनाने के लिए रसायन को निम्न शाखाओं में विभक्त किया गया है-

(1) अकार्बनिक रसायन (2) कार्बनिक रसायन

(3) भौतिक रसायन (4) विश्लेषिक रसायन

(5) जैव-रसायन (6) औद्योगिक रसायन

(7) कृषि रसायन

(1) अकार्बनिक रसायन (Inorganic Chemistry)- खनिज पदार्थों, विभिन्न तत्वों और उनके यौगिकों के गुणों तथा उनकी रचना का अध्ययन इस शाखा के अन्तर्गत किया जाता है। कार्बन के कार्बनिक यौगिकों के अतिरिक्त सभी तत्वों के यौगिक इस शाखा के अन्तर्गत आते हैं।

(2) कार्बनिक रसायन (Organic Chemistry)- इस शाखा के अन्तर्गत पेड़-पौधों से प्राप्त और जीवधारियों के शरीर में बनने वाले असंख्य यौगिकों का अध्ययन किया जाता है। हमारे जीवन की अनेक प्रमुख आवश्यकताओं में आने वाले पदार्थ, जैसे-चीनी, कागज, दवायें, पेट्रोल इत्यादि इसी के अध्ययन द्वारा प्राप्त किये जाते हैं। कार्बन के अधिकांश यौगिक इस शाखा के अन्तर्गत आते हैं।

(3) भौतिक रसायन (Physical Chemistry)- रासायनिक अभिक्रियाओं में भाग लेने वाली वस्तुओं के भौतिक गुणों तथा उनमें ऊर्जा सम्बन्धी परिवर्तनों का अध्ययन भौतिक रसायन के अन्तर्गत करते हैं।

(4) विश्लेषिक रसायन (Analytical Chemistry)- पदार्थों की पहचान और उनकी मात्रा का अनुपात करना इस रसायन शाखा की विधियों द्वारा किया जाता है। इसके दो भाग होते हैं-गुणात्मक विश्लेषण और परिमाणात्मक विश्लेषण।

(5) जैव-रसायन (Bio- chemistry)- जीवित पदार्थों, जन्तु जगत् तथा वनस्पति जगत् के प्राणियों के शरीर में जो रासायनिक क्रियायें होती हैं, उनका अध्ययन जैव-रसायन के अन्तर्गत किया जाता है, जैसे पाचन आदि।

(6) औद्योगिक रसायन (Industrial Chemistry)- मनुष्य की आवश्यकताओं की पूर्ति हेतु जिन वस्तुओं का औद्योगिक स्तर पर निर्माण किया जाता है, उनमें काम आने वाली रासायनिक विधियों के अध्ययन को औद्योगिक रसायन कहते हैं।

(7) कृषि रसायन (Agricultural Chemistry)- कृषि सम्बन्धी सिद्धांतों का और मिट्टी आदि की बनावट का अध्ययन कराने वाले रसायन को कृषि रसायन कहते हैं।

अनेकों बार इन शाखाओं की सीमायें निर्धारित नहीं कर पाते हैं, क्योंकि कुछ विषय ऐसे हैं जो औद्योगिक रसायन में भी आते हैं और अकार्बनिक रसायन में भी। कुछ विषय जैव-रसायन के अन्तर्गत आते हैं तथा अकार्बनिक रसायन के अन्तर्गत भी। तब उसे जैव अकार्बनिक रसायन (Bio-Inorganic Chemistry) नाम दे दिया जाता है। इसी प्रकार अन्य शाखाओं के भी कई विषय मिलते-जुलते हैं। वर्तमान युग में रसायनशास्त्र ने अत्यधिक प्रगति की है। रसायन-शास्त्र वर्तमान युग की सभ्यता का आधार है। ऐसी कोई भी वस्तु नहीं है जिसके निर्माण में रसायन के ज्ञान की आवश्यकता नहीं पड़ती है।

(अ) स्वास्थ्य व औषधी के क्षेत्र में - जलवायु को स्वच्छ करने वाले अनेक कीटाणुनाशक व जीवाणुनाशक तथा विभिन्न रोगों के निवारण के लिए औषधियों का निर्माण रसायन की ही देन है। शल्य चिकित्सा में पीड़ारहित करने के लिए अनेक निश्चेतकों का निर्माण रसायनशास्त्र ने किया है।

(ब) कृषि में - कृषि के क्षेत्र में हुई उन्नति में रसायनिक उर्वरकों का बहुत योगदान है। उर्वरक बनाने के अनेक संयन्त्र देश में स्थापित किये गये हैं। ये नांगल (पंजाब), राउरकेला (उड़ीसा), सिंदरी (बिहार), नामरूप (आसाम), ट्राम्बे (महाराष्ट्र) आदि स्थानों पर स्थित हैं।

(स) धातु निष्कर्षण में - धातु निष्कर्षण की आज अनेक विधियाँ ज्ञात हैं जिनके

फलस्वरूप सोना, चाँदी, लोहा, ऐलुमिनियम, ताँबा आदि धातुएँ आसानी से प्राप्त किये जाते हैं। इन धातुओं से अनेक मिश्रधातुएँ बनाई जाती हैं।

(द) वस्त्र उद्योग में – पहनने के लिए अच्छे व सस्ते कृत्रिम रेशे (नाइलॉन, रेयॉन, पॉलीएस्टर आदि) से कपड़े का निर्माण होने लगा है जिसने सूती वस्त्रों की कमी को पूरा किया हैं। कपड़ों के रंगने के लिए अनेक पक्के रंग रसायन विज्ञान की ही देन है।

(य) दैनिक जीवन में – मनुष्य को नीरोग रखने के लिए पीने का साफ व मीठा पानी, सुगन्धी के लिए अनेक प्रकार के इत्र, सौन्दर्य प्रसाधन सामग्री आदि सभी रसायन की ही देन है। रहने के लिए भव्य व गगनचुम्बी भवनों का निर्माण करने हेतु सीमेन्ट, चूना व जिन वस्तुओं की आवश्यकता पड़ती है, वह रसायन का ही प्रयास है।

(र) युद्ध में – रसायन का विनाशकारी रूप भी है। युद्ध की कला को रसायन ने चरम सीमा तक पहुँचा दिया है। विषैली गैसें, बम आदि रसायन की ही देन है।

(ल) पर्यावरण और रसायन – विश्व भर में वायु और जल प्रदूषण के कारण विकट समस्याएँ उत्पन्न हो गई हैं। बड़े कारखानों की चिमनियों से लगातार निकलता धुआँ शहरों की वायु को प्रदूषित करता रहता है। बसों, मोटरकार, और स्कूटरों के इंजनों से निकलते धुएँ में राह चलते लोगों का दम घुटने लगता है। फैक्ट्रियों से निकले अपशिष्ट द्रव्य न केवल आस-पास के वातावरण को ही दूषित करते हैं वरन् बहती नदियों के जल तक को पीने लायक नहीं रहने देते। गंगा जैसी बड़ी नदी का जल पहाड़ों से समतल भूमि पर आने तक शुद्ध, निर्मल और स्फूर्तिदायक रहता है लेकिन इसके मार्ग में किनारे बसे शहरों के नालों और कचरे के मिल जाने से मैदानी भाग से समुद्र तक गंगा जैसी लगातार बहने वाली नदी का जल तक अत्यन्त दूषित हो जाता है। ऐवरेस्ट व अन्य पहाड़ी चोटियों पर चढ़ने वाले पर्वतारोहियों का कहना है कि पहाड़ों पर चढ़ने वाले कुछ लोग खाद्य व अन्य सामग्री का उपभोग करने के पश्चात् प्लास्टिक के खाली डिब्बे और काम आ चुकी वस्तुओं को वहीं फेक कर इतनी ऊँचाई का वातावरण भी प्रदूषित कर रहे हैं।

नाभिकीय रिएक्टरों के आकस्मिक दुर्घटना के समय फैल सकने वाले रेडियोधर्मिता के घातक प्रभाव से सब चिंतित हैं।

राजस्थान के पर्यावरण पर भी काफी दुष्प्रभाव पड़ा है। वन क्षेत्र में कमी के अतिरिक्त इसके कुछ अन्य कारण भी हैं। कपड़े की रंगाई-छपाई के कारखानों से निकले दूषित जल से कई तरह की बिमारियाँ फैल चुकी हैं। कई स्थानों के जल में फ्लुओराइड की मात्रा आवश्यकता से अधिक है जिससे उस क्षेत्र के बच्चों के दाँत बचपन से ही खराब हो जाते हैं। अपनी प्राकृतिक सुंदरता के लिए प्रसिद्ध झीलों के किनारे बने आवास गृहों से निकला गंदा जल गिरता रहता है।

लेकिन पर्यावरण को शुद्ध रखने में भी रसायन विज्ञान की महत्त्वपूर्ण भूमिका है। रासायनिक अभिक्रियाओं द्वारा ही पेड़-पौधे कार्बन-डाइ-ऑक्साइड ग्रहण कर ऑक्सीजन को पुनः वायुमंडल में मुक्त कर देते हैं। पीने का जल भी रसायनों द्वारा स्वच्छ किया जाता है। फैक्ट्रियों से निकले अपशिष्ट पदार्थों के दुष्प्रभाव को रासायनिक अभिक्रियाओं द्वारा नष्ट कर दिया जाता है।

अत: यह मानव पर ही निर्भर है कि वह रसायन विज्ञान का उपयोग अपने विकास और उत्थान के लिए करता है या नाश के लिए।

तत्व, यौगिक और मिश्रण

पदार्थ को उसके रासायनिक संघटनों के आधार पर वर्गीकृत करने से पहले आइए हम पुन: भौतिक और रासायनिक परिवर्तनों के बारे में परिचर्चा करें। हमें मूलभूत रूप से भौतिक एवं रासायनिक परिवर्तनों के मध्य अंतर को भलीभाँति समझना चाहिए। भौतिक परिवर्तनों में पदार्थों के रूप में परिवर्तन होता है न कि रासायनिक रूप में। भौतिक रूप में परिवर्तन भौतिक परिवर्तनों के उदाहरण हैं। चीनी के विलयन में, चीनी और जल अपनी रासायनिक पहचान बनाए रखते हैं।

विलयन में से जल को वाष्पीकृत कर सकते हैं और चीनी को दुबारा प्राप्त कर सकते हैं। दूसरी ओर रासायनिक परिवर्तन अथवा रासायनिक अभिक्रिया में, एक या एक से अधिक प्रकार के पदार्थ एक या अनेक नए पदार्थों में परिवर्तत हो जाते हैं। लोहे को वायु (ऑक्सीजन) एवं पानी में छोड़ दें तो संक्षरण होता है और एक नया पदार्थ, आयरन ऑक्साइड (जंग) बनता है। यहाँ हम कहते हैं कि लोहा और वायु में उपस्थित ऑक्सीजन रासायनिक रूप में मिलते हैं और भौतिक तरीकों से अलग नहीं किए जा सकते। इसी प्रकार जब हम मैग्नीशियम के साफ रिबन को जलाते हैं तो हमें सफेद पाउडर मिलता है जो कि मैग्नीशियम ऑक्साइड MgO है। मैग्नीशियम ऑक्साइड से दुबारा मैग्नीशियम प्राप्त करने के लिए एक रासायनिक परिवर्तन या कई रासायनिक परिवर्तन करने होंगे।

तत्व, यौगिक तथा मिश्रण को जानने से पहले आपको विज्ञान के महत्त्वपूर्ण पद, पदार्थ या पदार्थों के मिश्रण के बारे में परिचित होना चाहिए। पदार्थ एक प्रकार का द्रव्य है जो किसी भौतिक प्रक्रम द्वारा दूसरे प्रकार के पदार्थों में परिवर्तन नहीं किया जा सकता। कृपया ध्यान रहे कि पदार्थ का वैज्ञानिक अर्थ इसके दैनिक जीवन के अर्थ से थोड़ा भिन्न है। विज्ञान की भाषा में पदार्थ द्रव्य का एक शुद्ध रूप है न कि विभिन्न प्रकार के पदार्थों का मिश्रण। हमें ज्ञात है कि विलयित सोडियम क्लोराइड को जल से वाष्पीकरण या आसवन के भौतिक प्रक्रम द्वारा अलग किया जा सकता है।

फिर भी सोडियम क्लोराइड अपने आप में एक पदार्थ है और भौतिक प्रक्रमों द्वारा अपने रासायनिक संघटकों में अलग-अलग नहीं किया जा सकता। इसी प्रकार चीनी भी एक पदार्थ है, क्योंकि इसमें एक ही प्रकार का शुद्ध द्रव्य है और इसका संघटन सभी जगह और सूक्ष्मदर्शी स्तर (आण्विक) पर भी एक समान रहता है। वैज्ञानिक रूप में पेय तथा मिट्टी पदार्थ नहीं है। आप देखेंगे कि सामान्य पदों के कुछ परिशुद्ध अर्थ होते हैं जब विज्ञान में उनका उपयोग किया जाता है, पदार्थ का स्रोत कुछ भी हो पर इसके एक समान अभिलाक्षणिक गुणधर्म होते हैं।

तत्व

एक फ्रांसीसी रसायनशस्त्री औंतवॉ लॉरेन लवाइजिए (1743-94) ने पहली बार तत्व की प्रयोगात्मक रूप से उपयोगी परिभाषा संस्थापित की। उनके अनुसार, तत्व द्रव्य का वह

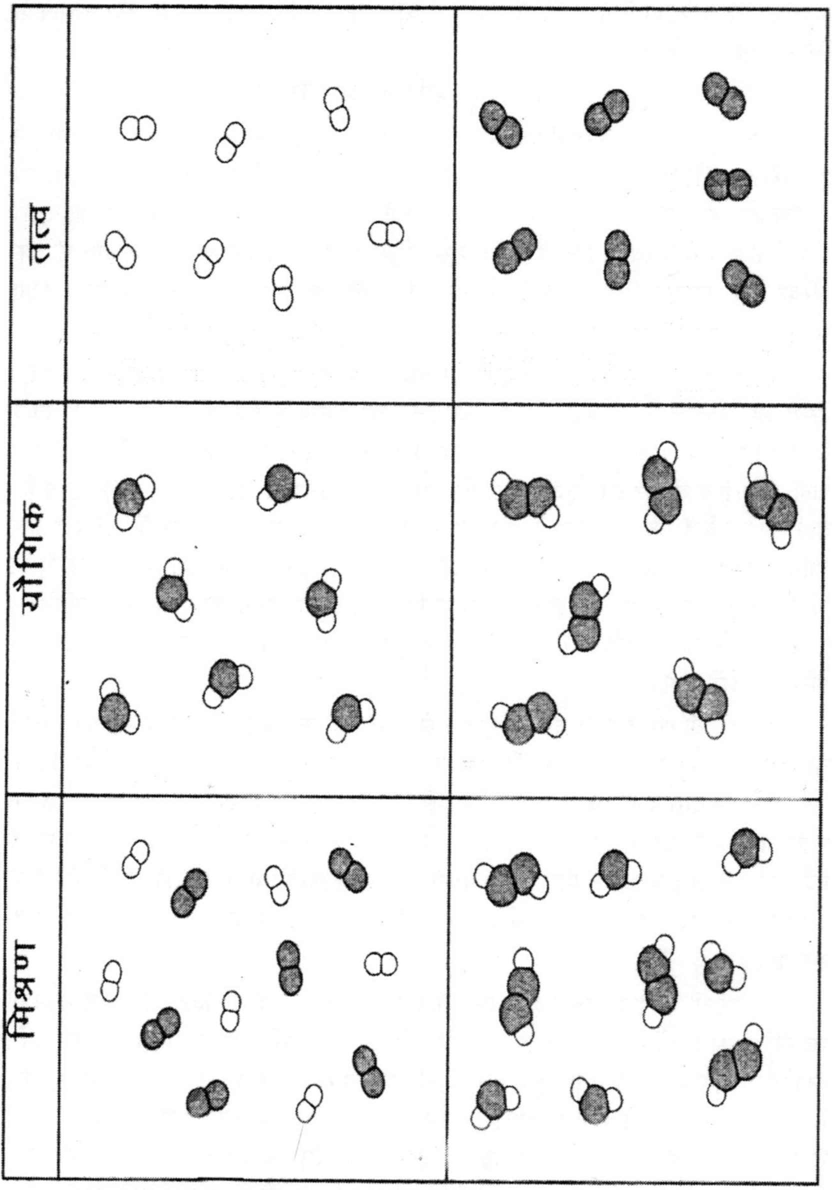

आधारभूत रूप है जिसे रासायनिक अभिक्रियाओं द्वारा सरल पदार्थों में नहीं तोड़ा जा सकता है। साधारण नमक से लेकर जटिल प्रोटीनों जैसे विभिन्न प्रकार के पदार्थों के लिए तत्व रचना खंडों के रूप में कार्य करते हैं। वास्तव में, ये सभी पदार्थ सीमित प्रकार के तत्वों से मिलकर बने होते हैं। एक तत्व केवल एक ही प्रकार के परमाणुओं से बना होता है। हाइड्रोजन, नाइट्रोजन,

आयरन, गोल्ड (सोना), प्लैटिनम इत्यादि, तत्वों के उदाहरण हैं। अब तक 112 से अधिक तत्व ज्ञात हैं। इनमें से 92 तत्व प्रकृति में पाए जाते हैं जबकि शेष तत्व वैज्ञानिकों ने प्रयोगशाला में कृत्रिम रूप से संश्लेषित किए हैं। प्रकृति में पाए जाने वाले तत्वों में से केवल कुछ ही तत्व इस समय हमारे लिए वास्तव में रुचि के हैं।

यौगिक

यौगिक एक पदार्थ है जो रासायनिक रूप से दो या दो से अधिक तत्वों के संयोग से बना है। एक शुद्ध यौगिक, चाहे उसका कोई भी स्रोत हो, में हमेशा तत्वों के द्रव्यमान निश्चित या स्थिर अनुपात में होते हैं। जल दो तत्वों, हाइड्रोजन और ऑक्सीजन से मिलकर बना होता है। जल के सभी नमूनों में इन दो तत्वों के द्रव्यमान एक और आठ के अनुपात (1: 8) में होते हैं, उदाहरण के लिए 1. 0 g हाइड्रोजन, 8 g ऑक्सीजन से संयुक्त होती है। इसी प्रकार शुद्ध सोडियम क्लोराइड में द्रव्यमान के अनुपात से 60.66 प्रतिशत क्लोरीन होती है चाहें इसे हम नमक की खानों से या समुद्र के जल के क्रिस्टलन से या सोडियम और क्लोरीन तत्वों को मिलाकर संश्लेषण से प्राप्त करें। हम कह सकते हैं कि यौगिक किसी तत्व के दो या दो से अधिक परमाणुओं से मिलकर बनता है। जल और हाइड्रोजन परॉक्साइड का उनके संघटक तत्वों हाइड्रोजन और ऑक्सीजन से बनता है।

मिश्रण

हमारे चारों ओर अधिकतर वस्तुएँ मिश्रण हैं। एक मिश्रण में एक से अधिक पदार्थ (तत्व या यौगिक) होते हैं। मिश्रण को भौतिक प्रक्रम द्वारा दो या दो से अधिक पदार्थों में पृथक् कर सकते हैं। मिश्रण का अस्थिर संघटन होता है। जल में सोडियम क्लोराइड का विलयन दो पदार्थों, जल और सोडियम क्लोराइड का मिश्रण होता है। मिश्रणों को दो प्रकार से वर्गीकृत किया गया है- **1. समांगी मिश्रण, 2. विषमांगी मिश्रण**। समांगी मिश्रण को विलयन भी कहते हैं, क्योंकि इसमें सभी जगह एक समान संघटन होता है। जब हम सोडियम क्लोराइड को घोलते हैं, तो हमें समांगी मिश्रण मिलता है।

वायु मुख्यतः दो संघटकों, ऑक्सीजन और नाइट्रोजन का समांगी मिश्रण (विलयन) है। (वायु में और गैसें बहुत कम मात्रा में उपस्थित होती हैं) यह जानकर आश्चर्य होता है कि प्रकृति में विलयन का इतना बड़ा भंडार है। ये दो मुख्य गैसें भौतिक रूप से मिली होती हैं, परंतु रासायनिक रूप से संयुक्त नहीं होती हैं। एक विलयन के समान गुणधर्म तथा संघटन होते हैं। विषमांगी मिश्रण वह मिश्रण है जिसमें भौतिक रूप से अलग-अलग भाग होते हैं तथा प्रत्येक भाग भिन्न गुणधर्मों का होता है। उदाहरण के लिए, हमारे पास **(अ)** सोडियम क्लोराइड और लोहे की छीलन, और **(ब)** नमक और सल्फर के विषमांगी मिश्रण हैं। यहाँ सल्फर के पीले क्रिस्टल और नमक को उनके मिश्रण में अलग-अलग से देखा जा सकता है। तेल और जल का मिश्रण एक विषमांगी मिश्रण है।

निश्चित अनुपात में हाइड्रोजन और ऑक्सीजन जुड़कर जल H_2O तथा हाइड्रोजन परॉक्साइड H_2O_3 बनाते हैं। यह मिश्रणों के साथ सत्य नहीं है। जब दो या दो से अधिक तत्व

द्रव्य का वर्गीकरण

द्रव (ठोस, द्रव या गैस) लकड़ी, जल में रेत, चीनी का जल में विलयन नमक का जल में विलयन, रक्त, मिट्टी जल, आयरन, ऑक्सीजन गैस

- विषमांगी द्रव्य अथवा विषमांगी मिश्रण (असमान संघटन) लकड़ी, जल में रेत, मिट्टी, रक्त
  - समांगी मिश्रण (विलयन) (अस्थिर संघटन गुणधर्म)
    चीनी का जल, में विलयन; नमक का जल में विलयन
    - यौगिक (रासायनिक अभिक्रियाओं द्वारा अपघटन किया जा सकता है।)
      जल, चीनी, नमक
- समांगी द्रव्य (एकसमान संघटन)
  चीनी का जल, में विलयन; नमक का जल में विलयन
  जल, आयरन, ऑक्सीजन
  - शुद्ध पदार्थ (स्थिर संघटन)
    जल, आयरण, ऑक्सीजन, चीनी, नमक
    - तत्व (अपघटन नहीं किया जा सकता)
      आयरन, ऑक्सीजन

अथवा यौगिक किसी भी अनुपात में मिलते है तब एक मिश्रण बनता हैं। जब दो गैसें (हाइड्रोजन और ऑक्सीजन) या दो यौगिकों (जल और हाइड्रोजन परॉक्साइड, H_2O_2) को मिलाया जाए तो हमें मिश्रण प्राप्त होता है।

2 g कॉपर के महीन कण और 1 g सल्फर पाउडर दो अलग–अलग चाइना डिश में लो। सावधानीपूर्वक उनके वर्ण को देखो। अब दोनों तत्वों को प्याली में डालकर अच्छी प्रकार से मिला दो और फिर उनके वर्ण को देखो। क्या तुम इन तत्वों के कणों को पहचान सकते हो? कॉपर के लाल जैसे वर्ण के कण तथा पीला सल्फर आसानी से देखा जा सकता है। अब इस मिश्रण को बर्नर पर शुरू में धीमे तथा बाद में तेज गर्म करो। तुम्हें क्या–क्या परिवर्तन दिखते हैं? इस रासायनिक परिवर्तन के फलस्वरूप भूरे रंग का कठोर पदार्थ (यौगिक) बनता है। कॉपर और सल्फर मिलकर कॉपर सल्फाइड बनाते हैं, एक पदार्थ जिसके दोनों भौतिक और रासायनिक गुणधर्म अपने संघटक तत्वों, कॉपर और सल्फर, से भिन्न हैं। कॉपर सल्फाइड में से विद्युत प्रवाहित नहीं होती जबकि कॉपर विद्युत का एक अच्छा चालक है। कॉपर सल्फाइड का घनत्व कॉपर और सल्फर से बिल्कुल ही भिन्न हैं। संघटन और पृथक्करण के प्रक्रम के आधार पर द्रव्य का वर्गीकरण तालिका में किया गया है।

विलयन, निलंबन और कोलॉइड

विलयन – विलयन एक समांगी मिश्रण होता है जिसमें दो या दो से अधिक पदार्थ होते हैं। आप अपने दैनिक जीवन में विभिन्न प्रकार के विलयन के संपर्क में आते हैं।

आप पानी में चीनी घोलकर शर्बत तैयार करते हो तथा **एथिल एल्कोहॉल में आयोडीन मिलाकर टिंक्चर आयोडीन** बनाते हो। सामान्यतः हम द्रव को ही विलयन समझते हैं जिसमें कुछ पदार्थ चाहे ठोस या द्रव या गैस घुले हों। कुछ ठोस, दूसरे ठोस में मिलकर भी विलयन निर्मित करते हैं, उदाहरणार्थ– सोने और चाँदी तथा कॉपर और सोने का मिश्रण इस प्रकार के विलयन हैं। अन्य कई सामान्य **मिश्र धातुएँ** भी कुछ इस प्रकार के उदाहरण हैं। सोने के आभूषणों में, कॉपर या चाँदी मिलाई जाती है। ऐसे ठोस के विलयन में संघटन सभी जगह एक समान होते हैं। वास्तव में दो या अधिक पदार्थो (द्रव, ठोस या गैस) का समांगी मिश्रण विलयन होता है। हम साधारणतः **मुख्य अवयव** (जो भाग अधिक मात्रा में हों) को **विलायक** एवं कम मात्रा में उपस्थित भाग को **विलेय** कहते हैं। विलयनों में सूक्ष्म स्तर पर समांगता होती है। चीनी के विलयन में चीनी और जल के अणु एक समान रूप से आपस में इतने मिल जाते हैं कि अगर हम विलयन के किसी भाग में 1 ML विलयन बाहर निकालें तो वह एक जैसा मीठा और सांद्रित होगा। दूसरे शब्दों में, इसके प्रति इकाई आयतन में समान संख्या में चीनी और पानी के अणु विद्यमान होंगे।

विलयन तैयार करने के लाभ

जैसा कि ऊपर बताया गया है, विलेय और विलायक विलयन में अणुओं या आयनों के रूप में विद्यमान होते हैं। जब दो क्रियाशील ठोस पदार्थों को आपस में मिलाते हैं तब अभिक्रिया अत्यधिक धीमी होती है और कीसी को दिखाई भी नहीं देती है। परंतु जब उनके विलयनों को

मिलाया जाता है तो अभिक्रिया पदार्थों को घनिष्ठता से मिलाने के कारण होता है। इसका उद्योगों में, दवाइयों में और प्रयोगशाला में भी बहुत लाभ है। कई दवाइयों को उपयुक्त अजलीय विलायकों (अर्थात् एल्कोहॉल) में घोला जाता है और मरीजों को दिया जाता है। **निर्जलीकरण से पीड़ित व्यक्ति को लवणीय ग्लूकोज विलयन** (जो विभिन्न लवणों और ग्लूकोज का पानी में समांगी मिश्रण है) **दिया जाता हैं।**

विलयन की सांद्रता

जल एक अच्छा विलायक है, क्योंकि इसमें विभिन्न प्रकार के पदार्थ घुल जाते हैं। इसी कारण से हम कहते हैं कि जल एक सार्वत्रिक विलायक है। जल के इस विशिष्ट गुण के कारण पौधे मृदा से लवण प्राप्त करते हैं। परंतु जल के इस व्यवहार के कारण यह सरलता से संदूषित हो जाता है और इसे शुद्ध करना कठिन होता है। इस प्रकार से जल विज्ञान के लिए एक चुनौतीपूर्ण समस्या बन गया है। समुद्री जल जो पीने योग्य नहीं है, जल की इस विशिष्ट विलेयता का परिणाम है। पृथ्वी पर सबसे बड़े द्रवीय विलयन हम महासागरों के रूप में पाते हैं। पृथ्वी की सतह पर कुल जल लगभग 1.4×10^{12} kg है।

प्रत्येक निवासी के लिए इतना जल जो मात्रा में लगभग 3,00,000 टन है, प्यासे जगत् के लिए पीने के पानी की आपूर्ति की आवश्यकता से बहुत अधिक है। फिर भी समुद्री जल को उसमें घुले लवणों की अधिक सांद्रता के कारण उपयोग में नहीं लाया जा सकता है। विलयनों की सांद्रता को दिए हुए विलयन के द्रव्यमान या आयतन में उपस्थित विलेय की मात्रा अथवा दिए हुए विलायक के द्रव्यमान या आयतन में घुले विलेय की मात्रा के संदर्भ में व्यक्त करते हैं।

विलयनों की सांद्रता को विलेय के द्रव्यमान प्रतिशत जो विलयन की 100 द्रव्यमान इकाई में विलेय का द्रव्यमान देता है, के रूप में भी व्यक्त किया जा सकता है। इसकी द्रव्यमान इकाई ग्राम है।

$$\text{प्रतिशत विलेय} = \frac{\text{विलेय का द्रव्यमान}}{\text{विलयन का द्रव्यमान}} \times 100 \text{ प्रतिशत}$$

उदाहरण के लिए यदि द्रव्यमान से 10 प्रतिशत ग्लूकोज ($C_6H_{12}O_6$) के एक विलयन को लें। इसमें 100g विलयन में 10g ग्लूकोज होता है। इसको 90g जल में 10g ग्लूकोज के रूप में भी कह सकते हैं। अगर कुछ विशिष्ट रूप में नहीं कहा गया है तो प्रतिशत का अर्थ द्रव्यमान के रूप में प्रतिशत है और उसमें जल विलायक है।

दिए हुए ताप पर किसी विलयन में जब उसकी क्षमता के अनुसार जितना अधिकतम विलेय घुल सकता है, घुल जाता है तब उसे संतृप्त विलयन कहते हैं। संतृप्त विलयन में, घुले और बिना घुले विलेय आपस में साम्यावस्था में होते हैं। जब विलयन में उपस्थित विलेय की मात्रा संतृप्त स्तर से कम होती है, विलयन को असंतृप्त कहते हैं। यदि विलयन में विलेय की सांद्रता संतृप्त सांद्रता से अधिक हो तो यह अतिसंतृप्त कहलाता है।

अब तक हम संघटन/अवयव के आधार पर पदार्थ और उसके तत्व, यौगिक और मिश्रण में वर्गीकरण पर विचार कर चुके हैं। हम अपनी नग्न आँखों की दृश्यता के संदर्भ में

संघटक कणों के आकार के आधार पर पदार्थ के विलयन, निलंबन और कोलॉइड में वर्गीकरण पर भी परिचर्चा और अणुओं की परिचर्चा करेंगे जो मूलभूत रूप से पदार्थ के संघटक हैं और इस पर भी विचार करेंगे कि वे किस प्रकार संयोग कर यौगिक बनाते हैं। हम उन मूलभूत सिद्धांतों पर भी परिचर्चा करेंगे जो इन संयोजनों को नियंत्रित करते हैं।

मानवीय पर्यावरण, हमारा भविष्य हमारे ही हाथों में है

जब भी जीवन के कठिन और सुगम मार्गों की खोज का पता लगाने हम निकलते हैं तो हमें अनेक बातें परतों को उखाड़ते जाने की तरह मालूम होती जाती है। तात्पर्य यह कि जीवन उस पर्त की तरह है जो ऊपर से कठोर तथा नर्म दोनों तरह का महसूस होता है। यह भी स्पर्श करने से आभास होता है कि ऊपर की कोमलता हटाइये तो अन्दर कठोरता मिलती है। कठोरता की पुनः परत हटाइये तो नमी और आर्द्रता लिए होती है, फिर जल सा तरल पदार्थ और चिकनायी युक्त रसायन भी मिल जाता है और कभी–कभी इसी कठोरता और कोमलता के बीच हम अनमोल हीरा, पन्ना, लाल, नीलम, पुखराज जैसे रत्नों का खजाना भी प्राप्त करने में सफल हो जाते हैं।

ठीक ऐसा ही हमारा जीवन भी है जो सुख–दुःख रूपी चट्टानों के बीच ऐसी परतों में जीता हे जो हवा–पानी, मौसम और कर्मों के आधार पर कभी ठिठुरता है, कभी गर्माता है और कभी–कभी रोगी, दुःखी दरिद्री होकर जीवन व्यतीत करने को मजबूर हो जाता है। मनुष्य जीवन के लिए ईश्वर ने कर्म रूपी ऐसा गुण दियसा है जिसके सहारे आदमी, अपनी जीविका के लिए श्रम करता है, अपने पेट के लिए भोजन जुटाता है, अपने को समझदार व शिक्षित बनाने के लिए अपनी बुद्धि का उपयोग कर पढ़ना–लिखना सीखता है तथा पढ़ने–लिखने से प्राप्त ज्ञान का उपयोग सत्कर्म, विज्ञान की खोज और मानव सेवा में करता है।

□□□

8

प्राकृतिक ऊर्जा संरक्षण

नियोजन विकास की प्रक्रिया होती है। इसके दो प्रमुख उद्देश्य होते हैं- (i) समाज की बहुमुखी वृद्धि तथा विकास की प्राप्ति तथा (ii) सभी प्रकार के प्राकृतिक एवं मानव-संसाधनों के विदोहन एवं उपभोग द्वारा सामाजिक-आर्थिक विषमताओं को दूर करना। ''पर्यावरण नियोजन का, इस प्रकार तात्पर्य होता है विकासशील कार्यों के लिए पृथ्वी के नव्य तथा अनव्य संसाधनों का विभिन्न रूपों में उपयोग करना, दुर्लभ एवं बहुमूल्य संसाधनों का संरक्षण (Conservation) तथा स्वस्थ जीवन के लिए पर्यावरण की गुणवत्ता का परिरक्षण करना''।

''प्रबन्धन का तात्पर्य होता है विभिन्न वैकल्पिक प्रस्तावों में से उपयुक्त प्रस्ताव का विवेकपूर्ण चयन करना ताकि वह निर्धारित एवं इच्छित उद्देश्यों की पूर्ति कर सके। जहाँ तक सम्भव होता है प्रबन्धन के अन्तर्गत अल्पकालिक (Short Term) उद्देश्यों की प्राप्ति के लिए या कई रणनीतियाँ अपनायी जाती है परन्तु दीर्घकालिक उद्देश्यों की पूर्ति के लिए भी भरपूर व्यवस्था रहती है।''

संसाधन वे आवश्यक स्रोत हैं, जो मानव सहित जीव-जन्तुओं के जीवित रहने व वृद्धि करने के लिए जरूरी हैं। स्वयं मानव एवं अन्य जीव-जन्तु भी प्राकृतिक संसाधन का अंग है। संसाधन स्थिर नहीं होते है तथा इनका उपयोग आवश्यकताओं की पूर्ति के लिए किया जाता है। संसाधन को दो भागों में बाँटा गया है-

(1) अक्षय संसाधन,

(2) क्षय संसाधन।

(1) अक्षय संसाधन– ये संसाधन प्रकृति में असीमित मात्रा में है इनका अधिकतम उपयोग करने के बाद भी ये समाप्त नहीं होंगे। अधिक उपयोग करने पर भी इनकी मात्रा पर प्रभाव नहीं पड़ता लेकिन गुणवत्ता पर प्रभाव पड़ता है। उाहरणार्थ सूये से प्राप्त ऊर्जा, पवन ऊर्जा, परमाणु ऊर्जा, ज्वारीय ऊर्जा आदि।

(2) क्षय संसाधन– ये संसाधन प्रकृति में सीमित मात्रा में है। अधिक उपयोग करने पर ये संसाधन समाप्त हो सकते हैं। अतः इनका उपयोग विवेकपूर्ण तरीके से करना चाहिए। क्षय संसाधनों को दो भागों में बाँटा गया है– (अ) नवीकरणीय संसाधन, (ब) अनवीकरणीय संसाधन।

जल संसाधन– भू-मण्डल का प्रमुख घटक जल है। पृथ्वी का 75 प्रतिशत भाग जल है, जल का जीवन के साथ अटूट सम्बन्ध है। वायु में जलवाष्प के रूप में तथा मृदा में मृदा जल के रूप में मिलता है। इसका अलावा अलवणीय झील, तालाब, नदी, झरने आदि के रूप में मिलता है। लगभग 3 प्रतिशत जल का उपयोग मानव द्वारा किया जाता है। जीवों के शरीर में जल एक अभिन्न भाग है तथा जीवन की क्रियाओं को सुचारु रूप से चलाने हेतु नितांत आवश्यक है। मृदा जल पादपों की वृद्धि, जनन क्रियाओं आदि को प्रभावित करता है। किसी स्थान पर उगने वाली वनस्पति के निर्धारण में भी वर्षा जल की महत्त्वपूर्ण भूमिका है। भूमण्डलीय जल, जलवायु को सर्वाधिक प्रभावित करता है।

मिट्टी– मिट्टी भूमि की सबसे ऊपरी परत है। यह खनिज व अपघटित कार्बनिक पदार्थों से मिलकर बनी होती है। जब चट्टानों का अपक्षय होता है तो मृदा बनती है। मृदा का निर्माण चट्टानों, जलवायु, जीवों, समय व उस स्थल की आकृति के बीच होने वाली पारस्परिक क्रियाओं द्वारा होता है।

मृदा पादप को जल, स्थान, पोषक पदार्थ उपलब्ध करवाकर पादप के विकास में महत्त्वपूर्ण भूमिका अदा करती है। सभी प्रकार के घास, शाक, झाड़ी, वृक्ष, मृदा पर ही निर्भर है।

मृदा के गुण– मिट्टी अकार्बनिक पदार्थ एवं कार्बनिक पदार्थ वायु, जल व विभिन्न जीवों वनस्पतियों के अंश में मिलकर बनी होती है। सामान्यतः मृदा में 45 प्रतिशत भाग खनिज कण, 5 प्रतिशत कार्बनिक पदार्थ तथा 50 प्रतिशत भाग वायु व जल से बनता है।

नमभूमि– नम भूमि क्षेत्र वे क्षेत्र हैं जो जल के निकट होते हैं तथा इसमें पाई जाने वाली वनस्पति तथा मृदा में पानी के प्रति अनुकूलित होती है। नम भूमि अलवणीय व लवणीय जलयुक्त हो सकती है। नम भूमि तीनं प्रकार की होती हैं- (अ) कच्छ भूमि, (ब) अनूप भूमि, (स) नदी तट।

ऊर्जा संसाधन– जीवन के लिए ऊर्जा बहुत आवश्यक है इसलिए ऊर्जा को जीवन का संचार भी कहा जाता है। ऊर्जा को हम कई माध्यमों से प्राप्त करते हैं। ऊर्जा के अनेक रूप है, जैसे– कोयला, आणविक ऊर्जा, प्राकृतिक गैसें, पेट्रोलियम आदि। ऊर्जा संसाधन द्वारा कृषि, उद्योग धंधे एवं घरेलू कार्य संपादित किए जाते हैं। सामान्यतः ऊर्जा संसाधन के दो प्रकार हैं।

(अ) नवीकरणीय ऊर्जा– सौर ऊर्जा, जलीय ऊर्जा, पवन ऊर्जा, ज्वारीय ऊर्जा, भूतापीय ऊर्जा, समुद्री ऊर्जा।

(ब) अनवीकरणीय ऊर्जा– जीवाश्म ईंधन, परमाणु ऊर्जा।

समुद्री संसाधन– पृथ्वी पर 75 प्रतिशत भाग समुद्री जल से ढ़का हुआ है। समुद्र में पाए जाने वाले जीव, वनस्पति, खनिज आदि समुद्री संसाधन कहलाते हैं। समुद्री संसाधनों को दो भागों में बाँट सकते हैं।

(अ) अजीवित संसाधन– वे समुद्री संसाधन जिनमें खनिज पदार्थ आते हैं। इसमें खनिज संसाधन आतें है। समुद्री जल में बहुत से प्राकृतिक खनिज घुले हुए होते हैं। जिनमें से प्रमुख हैं सोडियम, क्लोरीन, मैग्नीशियम,ब्रोमीन, समुद्री कीचड़ में फास्फेट प्रचुर मात्रा में मिलते हैं। इनको प्राप्त करके फास्फेट उर्वरकों की पूर्ति की जाती है।

(ब) जीवित संसाधन– वे समुद्री संसाधन जिनमें शैवाल, समुदी जीव-जन्तु आते हैं।

पर्यावरण गुणवत्ता परिषद (Council of Environmental Quality) (CEQ) ने पर्यावरणीय अधिप्रभाव के आकलन एवं कथन के प्रमुख संघटकों में 1979 में संशोधन किया। इस तरह पर्यावरणीय अधिप्रभाव के आकलन के लिए CEQ ने निम्न सोपानों का सुझाव दिया है-

(1) परियोजना के लक्ष्य एवं आश्यकता से सम्बन्धित विवरण प्रस्तुत करना।

(2) समुचित वैकल्पिक परियोजनाओं की गम्भीरतापूर्ण तुलना करना।

(3) प्रस्तावित परियोजना से उस क्षेत्र के प्रभावित होने वाले पर्यावरण का संक्षिप्त विवरण देना।

(4) प्रस्तावित एवं वैकल्पिक परियोजनाओं के पर्यावरणीय प्रभावों का विवेचन करना। इस विवेचन के अन्तर्गत पर्यावरण पर पड़ने वाले प्रत्यक्ष एवं अप्रत्यक्ष प्रभावों, ऊर्जा की मांग तथा

उसके संरक्षण की सम्भावित नगरों की गुणवत्ता तथा उसके सांस्कृतिक या ऐतिहासिक संसाधनों पर पड़ने वाले प्रभावों, प्रान्तीय या स्थानीय स्तर पर भूमि उपयोग से सम्बन्धित नीतियों में विवाद तथा कारगर सुधार के उपायों को सम्मिलित किया जाना चाहिए।

(5) प्रस्तावित परियोजना के पर्यावरणीय अधिप्रभाव के कथन तैयार करने वाले व्यक्तियों के नाम तथा योग्यता की सूची प्रस्तुत करना।

(6) अनुक्रमणिका (Index) लगाना।

लिओपोल्ड मैट्रिक्स के आधार पर प्रस्तावित योजना के पर्यावरणीय अधिप्रभाव का मूल्यांकन– लिओपोल्ड ने प्रस्तावित योजना के पर्यावरणीय दशाओं पर पड़ने वाले प्रभावों के **सापेक्षिक परिणाम** (Relative Manitude) तथा **सापेक्षिक महत्त्व** (Relative Importance) के निर्धारण के लिए **रैकिंग प्रणाली** का सुझाव दिया है। इस रैकिंग सिस्टम में मापक का मान 1 (न्यूनतम प्रचण्ड प्रभाव) से 10 (सर्वाधिक प्रचण्ड प्रभाव) के बीच रहता है। मैट्रिक्स के प्रत्येक बॉक्स को विकर्ण द्वारा दो बराबर भागों में विभाजित किया जाता है। प्रत्येक बॉक्स का ऊपरी बायाँ आधा भाग **सापेक्षिक परिमाण** के स्कोर मान (1 से 10 तक) तथा निचला दाहिना आधार भाग **सापेक्षिक महत्त्व** के स्कोर मान (1 से 10 तक) को प्रदर्शित करता है। ज्ञातव्य है कि प्रत्येक वैकल्पिक योजना के लिए अलग-अलग मैट्रिक्स तैयार की जाती है। अन्तिम **पर्यावरणीय अधिप्रभाव कथन** (EIS- Environmental Impact Statement) के अन्तर्गत चार सूचनायें तथा वितरण सम्मिलित किये जाते हैं- (i) प्रस्ताव का औचित्य, (ii) प्रस्तावित योजना से प्रभावित होने वाली पर्यावरणीय दशाओं का विवरण, (iii) प्रस्तावित योजना का विशद विवरण तथा (iv) **पर्यावरण अधिप्रभाव के मूल्यांकन** का पूर्ण विवरण।

केस अध्ययन (Case Studies)– किसी भी योजना के स्थान विशेष के पर्यावरण पर पड़ने वाले प्रभावों के मूल्यांकन का सही अन्दाज तभी लगाया जा सकता है जब कुछ योजनाओं के ऐतिहासिक विवरण का गहन अध्ययन किया जाए। इस संदर्भ में निम्न योजनाओं का उदाहरण प्रस्तुत किया जा रहा है- (1) नील नदी पर आस्वान बांध, (2) ट्रान्स अलास्का पाइप लाइन (संयुक्त राज्य अमेरिका), (3) टेहरी बांध परियोजना (उत्तरांचल, भारत) तथा (4) सरदार सरोवर परियोजना (गुजरात, भारत)।

(1) आस्वान बांध योजना (मिस्र)– मिस्र में नील नदी पर 1964 में निर्मित उच्च आस्वान बांध विश्व के वृहत्तम बांधों में से एक है। इस बांध के साथ विस्तृत जलाशय का भी निर्माण किया गया है। इसका नाम **नासिर झील** है। निर्माण काल से ही आस्वान बांध के कारण कई प्रकार की पर्यावरणीय समस्यायें उत्पन्न हो गयी हैं जबकि इस बांध के निर्माण के पहले इस बांध की प्रस्तावित परियोजना के क्षेत्रीय पर्यावरण की दशाओं पर पड़ने वाले प्रभावों का मूल्यांकन नहीं किया गया था। ज्ञातव्य है कि सन् 1902 में एक छोटे बांध का निर्माण किया गया था परन्तु इससे न तो नील नदी का बाढ़ का प्रकोप पर नियंत्रण किया जा सका और न ही सिंचाई के लिए पर्याप्त जल सुलभ हो सका। अत: निम्न उद्देश्यों की पूर्ति के लिए 1964 में उच्च आस्वान बांध का निर्माण किया गया–

(i) बाढ़ के समय नील नदी की अपार राशि को नासिर झील में रोकना तथा बार-बार आने वाली बाढ़ का नियंत्रण करना।

(ii) कृषि क्षेत्रों की सिंचाई के लिए पर्याप्त जल सुलभ कराना,

(iii) अतिरिक्त रेगिस्तानी भूमि का सुधार करना,

(iv) जल विद्युत उत्पन्न करना,

(v) लोगों की सूखे एवं भुखमरी तथा अकाल से रक्षा करना आदि। आस्वान बांध परियोजना के कार्यान्वयन के समय निम्न गलतियाँ हुई थीं-

(i) नासिर झील में जल के वाष्पीकरण द्वारा जल क्षय का समुचित परिकलन नहीं किया गया था। वास्तव में इस क्षेत्र में तेज गति से चलने वाली वायु पर ध्यान नहीं दिया गया था। उल्लेखनीय है कि कम गति से चलने वाली वायु की तुलना में तेज गति से चलने वाली वायु के कारण वाष्पीकरण अधिक होता है। इस कारक को ध्यान में न रखने के कारण परियोजना के प्रारम्भ में वाष्पीकरण द्वारा क्षय होने वाली जल की मात्रा के परिकलन में 50 प्रतिशत तक गलती हो गयी थी। इस कारण जल भण्डार में वाष्पीकरण द्वारा 5 बिलियन घन मीटर जल का क्षय प्रारम्भ हो गया तथा

(ii) जल भण्डार की तली में रिसाव द्वारा जल के क्षय को भी ध्यान में नहीं रखा गया था।

आस्वान बांध के निर्माण से निम्न प्रमुख पर्यावरणीय समस्यायें उत्पन्न हो गयी हैं-

(i) नील नदी प्रति वर्ष 134 मिलियन टन अवसाद का जलभण्डार (नासिर झील) में निक्षेपण करती है। चूँकि जल भण्डार से बाहर निकलने के लिए कोई जलद्वार (Sluice) नहीं है, अतः जल भण्डार से अवसाद बाहर नहीं निकल पाता है तथा उसका जल भण्डार में निरन्तर जमाव होता रहता है। परिणामस्वरूप नील नदी के अनुप्रवाह क्षेत्र (Downstream Area) में जलोढ़ के जमाव न होने से मिट्टियों की उर्वरता का नवीनीकरण नहीं हो पाता है।

(ii) आस्वान जलभण्डार (नासिर झील) में अवसादों तथा पोषक तत्त्वों के जमाव हो जाने के कारण नील नदी के मुहाने के पास पूर्वी रूम सागरीय भाग में पोषक तत्त्वों की भारी कमी हो गयी है। इस कारण प्लैंकटन की मात्रा में एक तिहाई गिरावट हो जाने से सारडाइन, मैकेरेल, लॉबस्टर आदि मछलियाँ की संख्या में कमी हो गयी है।

(iii) आस्वान जलभण्डार तथा नहरों का जल रोग फैलाने वाले घोघों (Snails) के कारण दूषित हो रहा है जिस कारण लोगों में 'स्नेल बुखार' फैल रहा है।

(iv) बांध परियोजना के कमाण्ड क्षेत्र में मलेरिया के रोग में वृद्धि होती जा रही है।

(v) मिट्टियों की लवणता तेजी से बढ़ रही है जिस कारण कृषि भूमि की उत्पादकता घट रही है।

(2) ट्रान्स-अलास्का योजना– संयुक्त राज्य अमेरिका के अलास्का प्रान्त में ट्रान्स अलास्का तेल पाइप लाइन का निर्माण कार्य 1975 में प्रारम्भ होकर 1977 में पूर्ण हो गया। ज्ञातव्य है कि इस परियोजना को **पर्यावरणीय अधिप्रभाव के कथन** तथा **मूल्यांकन** (Environmental Impact Statement & Assessment) के बाद ही पारित किया गया था परन्तु आज भी कई ऐसी पर्यावरणीय समस्यायें शेष हैं जिनका समाधान नहीं हो सका है।

परियोजना के उद्देश्य– अलास्का के उत्तरी तट पर **प्रुधोई खाड़ी** के पास खनिज तेल के भण्डार का पता होने पर इस क्षेत्र के खनिज तेल तथा प्राकृतिक गैस को 1270 किलोमीटर लम्बी भूमिगत पाइप लाइन द्वारा अलास्का के दक्षिणी तट पर स्थित **वाल्डेज बन्दरगाह** तक लाने की योजना बनायी गयी।

(3) टेहरी उच्च बांध परियोजना [टेहरी हाइड्रो-डैम कारपोरेशन]– टेहरी बांध परियोजना, जिसका निर्माण-कार्य चल रहा है (1991), जहाँ तक पर्यावरणविदों (Environmentalists) स्थानीय लोगों एवं सरकारी तथा परियोजना के अधिकारियों के बीच वैज्ञानिक,

तकनीकी, पर्यावरणीय एवं सामाजिक विषयों के संदर्भ में द्वन्द्व तथा विवाद का प्रश्न है, विश्व की सर्वाधिक विवादग्रस्त नदी परियोजनाओं में से एक है। इस तरह यह अपेक्षित है कि इस परियोजना के विभिन्न पक्षों से सम्बन्धित सरकारी एवं पर्यावरणवादियों के दृष्टिकोणों का तार्किक-विवेचन किया जाये।

परियोजना के प्रमुख उपलक्षक तथा उद्देश्य– टेहरी बांध का निर्माण उत्तरांचल के टेहरी जिला में भागीरथी तथा भिलांगना नदियों के संगम के नीचे गंगा नदी पर किया जा रहा है। भौमिकीय दृष्टि से यह क्षेत्र कमजोर क्षेत्र में आता है, क्योंकि भूकम्पीय घटनाओं की अधिक सम्भावना है। इस परियोजना के प्रमुख लक्ष्य इस प्रकार हैं– टेहरी बांध के पीछे निर्मित विस्तृत जलाशय में गंगा नदी की दो शीर्षवर्ती सहायक नदियाँ,–भागीरथी तथा भिलांगना– के जल का संग्रह करना, जलविद्युत का उत्पादन तथा पश्चिमी उत्तर प्रदेश में सिंचाई के लिए जल उपलब्ध कराना।

इस परियोजना को भारत सरकार के प्लानिंग कमीशन ने 1972 में स्वीकृति प्रदान कर दी थी तथा उत्तर प्रदेश के सिंचाई विभाग ने 5 अप्रैल, 1978 को इसका निर्माण कार्य प्रारम्भ कर दिया परन्तु निर्माण कार्य की प्रगति संतोषजनक नहीं रही। परिणामस्वरूप सन् 1989 में **टेहरी हाइड्रो डैम कारपोरेशन** (THDC) का गठन किया गया। इस परियोजना के कार्यान्वयन का भार भारत सरकार ने स्वयं अपने कंधों पर ले लिया तथा THDC को इस परियोजना को पूर्ण करने के लिए अधिकृत कर दिया गया। वर्तमान समय में इस परियोजना का कार्यान्वयन सोवियत तकनीक एवं आर्थिक सहायता के साथ किया जा रहा है।

इस बांध की ऊँचाई 260.5 मीटर होगी। इस तरह टेहरी बांध भारत का सर्वोच्च राक फिल बांध होगा। इस परियोजना के अन्तर्गत बिजली उत्पादन की क्षमता 2400 मेगावाट है। इससे पश्चिमी उत्तर प्रदेश में 2,70,000 हेक्टेयर कृषि भूमि की सिंचाई हो सकेगी। टेहरी जलभण्डार में 345 मिलियन घन मीटर जल का संग्रह किया जायेगा। जिस कारण आस-पास का 467 वर्ग किलोमीटर क्षेत्र जलमग्न हो जायेगा। इस परियोजना के अन्तर्गत दिल्ली महानगर को 300 क्यूमेक्स (घन मीटर प्रति सेकण्ड) जल प्रदान करने की व्यवस्था है। इस परियोजना के कार्यान्वयन में देरी के कारण लागत खर्च में भारी वृद्धि हो गयी है। उदाहरण के लिए इस परियोजना को तैयार करते समय 1967 में 126.8 करोड़ रुपये के लागत खर्च का अनुमान किया गया था। इस लागत खर्च को 1977 में बढ़ाकर 197.9 करोड़ रुपये करना पड़ा। सन् 1989 में इस परियोजना का लागत खर्च 3000 करोड़ रुपये आँका गया। इस परियोजना के पूर्ण होने पर 112 गाँव तथा पुराना टेहरी शहर जलमग्न हो जायेगा जिस कारण 1,25,000 लोग विस्थापित हो जायेंगे। टेहरी बांध का जीवन काल 100 आर्थिक वर्ष आंका गया है।

परियोजना का विरोध : पर्यावरणविदों के दृष्टिकोण– टेहरी बांध परियोजना की रूप रेखा तैयारी के समय से ही इसका विरोध प्रारम्भ हो गया था। जैसे ही इस परियोजना की भनक स्थानीय लोगों को लगी, लोगों में यह आशंका व्याप्त हो गयी कि भागीरथी नदी की घाटी में बसे गाँव जलमग्न हो जायेंगे तथा वहाँ के निवासी विस्थापित हो जायेंगें। परिणामस्वरूप आनन-फानन में टेहरी बांध से प्रभावित होने वाले लोगों की एक समिति (TDAPC = Tehri Dam Affected People's Committee) का गठन कर दिया गया। आगे चलकर जब लोगों को इस बात का गुप्त रूप से पता चला कि प्रस्तावित बांध उस स्थान पर बनाया जा रहा है जिसके नीचे 7.5 की गहराई पर **महान टीयर फान्ट** की स्थिति है तथा यहाँ भूकम्प आने की भरपूर संभावना

है तो **टेहरी बांध विरोध समिति** (Anti- Tehri Dam Committee---- ATDC) का झटपट गठन कर लिया गया। आगे चलकर इस परियोजना से प्रभावित व्यक्तियों ने पार्लियामेण्ट में एक प्रतिवेदन पेश किया परन्तु इस पर कोई निर्णय नहीं लिया जा सका। परिणामस्वरूप टेहरी बांध विरोध समिति ने भारतीय संविधान की धारा 21 के अन्तर्गत जीने के अधिकार की सुरक्षा के लिए नवम्बर सन् 1985 में सर्वोच्च न्यायालय में एक याचिका दायर कर दी। परन्तु इस बांध का निर्माण कार्य एवं विरोध 25 दिसम्बर सन् 1989 तक चलता रहा। इसके बाद 'सुन्दर लाल बहुगुणा' द्वारा आमरण अनशन करने के कारण निर्माण कार्य को स्थगित कर दिया गया परन्तु निर्माण कार्य पुनः प्रारम्भ कर दिया गया। इस परियोजना के विरोध में पर्यायवरणवादी तथा विरोधी लोग निम्न तर्क प्रस्तुत करते हैं–

(i) **सुरक्षा आधार** – टेहरी बांध परियोजना तीन प्रमुख कारणों के फलस्वरूप विवादों के भंवर में फँसी हैं- (अ) इस क्षेत्र की भूकम्पीय दृष्टि से संवदेनशीलता तथा बांध की सुरक्षा की समस्या, (ब) पर्यावरण अवनयन तथा पारिस्थितिकीय असंतुलन, एवं (स) स्थानीय लोगों का विस्थापन एवं प्राचीन संस्कृति का विनाश। पर्यावरणविदों एवं सुन्दरलाल बहुगुणा के नेतृत्व में स्थानीय लोगों का यह तर्क है कि भूकम्पीय दृष्टि से इतने संवेदनशील क्षेत्र में इतने बड़े बांध (206.5 मीटर ऊँचा) का निर्माण नहीं किया जाना चाहिए, क्योंकि तीव्र परिमाण वाले भूकम्प के आने पर बांध फट जायेगा जिस कारण टेहरी जलाशय के जल का 100 किलोमीटर प्रति घण्टे की दर से प्रवाह होने लगेगा। परिणामस्वरूप ऋषिकेश एवं हरिद्वार नगर क्रमशः 57 एवं 69 मिनट में पूर्णतयाः विनष्ट हो जायेंगे।

पर्यावरणविदों तथा टेहरी बांध के विरोधियों ने अपने पक्ष में कई भूविज्ञानियों के समर्थन भी प्राप्त कर लिए हैं, यथा- त्रिवैन्द्रम स्थित भूविज्ञान संस्थान के प्रोफेसर हर्ष गुप्त, हिमालय की भौमिकी के विशेषज्ञ प्रोफेसर खड्ग सिंह वाल्दिया, यन.जी.आर. आई. के भूतपूर्व निदेशक डॉ. विनोद कुमार गौड़ आदि। इन विज्ञानियों का कहना है कि टेहरी बांध क्षेत्र भूकम्पीय दृष्टि से सुरक्षित नहीं है। डॉ. विनोद कुमार के अनुसार 1897 के प्रचण्ड आसाम भूकम्प के बाद से हिमालय क्षेत्र में 7.5 परिमाण (रिएक्टर मापक) वाले 8 भूकम्पों की घटनायें हो चुकी हैं। किसी समय भी भारी भूकम्पीय घटना घट सकती है तथा टेहरी बांध फट सकता है। परियोजना के अधिकारियों ने इस बांध के समर्थन में यह दावा पेश किया गया कि सोवियत रूस में **नुरेक बांध** भी भूकम्पीय दृष्टि से अति संवेदनशील क्षेत्र में बनाया गया है परन्तु प्रोफेसर हर्षगुप्त का मत है (इन्होंने नुरेक बांध का स्वयं पर्यवेक्षण किया है) कि "भूविज्ञान में कोई तुलना नहीं की जा सकती है। कोई बाध 8-9 परिमाण वाले भूकम्प को सहन कर सकता है। 1803 में गढ़वाल क्षेत्र में 8-9 परिमाण वाला भूकम्प आया था, जिस कारण श्री नगर गढ़वाल में 80 प्रतिशत मकान नष्ट हो गये थे। इस बात की कौन गारंटी दे सकता है कि भूकम्प आने पर समीपी पहाड़िया टूट कर जलभण्डार में नहीं गिर जायेगी तथा इटली की Viont बांध दुर्घटना की पुनरावृत्ति (टेहरी बांध दुर्घटना के रूप में) नहीं होगी?"

(ii) **पर्यावरणीय आधार**– टेहरी बांध परियोजना से निम्न पर्यावरणीय समस्यायें उत्पन्न हो जायेगी– (अ) टेहरी जल भण्डार का अवसादन, (ब) पर्वतीय घाटी पारिस्थितिक तंत्र के टेहरी जलभण्डार के कारण पारिस्थितिकीय विनाश, (स) पर्वतीय हिमनदों का निर्वतन आदि। पर्यावरणवादियों तथा विरोधियों का कहना है इस परियोजना के कार्यान्वयन के पहले इस परियोजना के **पर्यावरणीय अधिप्रभाव का मूल्यांकन** (Environmental Impact Assessment) नहीं किया गया था। वास्तव में इस क्षेत्र में मृदा अपरदन, मलबा तथा सिल्ट के जनन की दरों का दीर्घकालिक अध्ययन किया जाना चाहिए था, परन्तु ऐसा नहीं किया गया है। जलभण्डार का जीवनकाल उसमें अवसादन की दर पर निर्भर करता है। इनका कहना है कि भागीरथी एवं भिलांगना नदियों के ऊपरी जलग्रहण क्षेत्रों से उत्पन्न अवसाद एवं मलबा के भारी मात्रा में टेहरी जलभण्डार में जमाव के कारण इसका अनुमानित 100 वर्षीय जीवन काल घटकर 60 वर्ष ही रह जायेगा। **'जिओलॉजिकल सर्वे ऑव इण्डिया'** के भूतपूर्व निदेशक यस. पी. नौटियाल के अनुसार टेहरी जलभण्डार का जीवन काल मात्र 30 से 40 वर्ष ही होगा न कि 100 वर्ष।

खड्ग सिंह वाल्दिया के अनुसार टेहरी बांध परियोजना के अन्तर्गत पहाड़ी ढालों के सहारे एक किलोमीटर सड़क के निर्माण के लिए 40,000 से 80,000 घनमीटर (औसतन 60,000 घन मीटर) मलबा को हटाना होगा। इस प्रकार सड़क निर्माण के समय 550 घन मीटर प्रति किलोमीटर प्रति वर्ष की दर से मलबा उत्पन्न होगा। इस मलबा का टेहरी जलभण्डार में निक्षेप होने से जल भण्डार का भराव होगा और उसका जीवन-काल घट जायेगा।

भागीरथी घाटी में टेहरी जल भण्डार के कारण 467 वर्ग किलोमीटर क्षेत्र के जलमग्न हो जाने के कारण पारिस्थितिकीय प्रकोप तथा सर्वनाश हो जायेगा, क्योंकि पौधों तथा जन्तुओं की कई प्रजातियाँ उनके प्राकृतिक आवासों के विनष्ट हो जाने के कारण विलुप्त हो जायेगी। यह भी आशंका व्यक्त की गयी है कि बांध के कारण पर्वतीय हिमनद के पिघलने तथा पीछे हटने की दर बढ़ जायेगी जिस कारण हिमोढ़ जमावों का तेजी से अपरदन होगा तथा उत्पन्न अवसादों का टेहरी जलभण्डार में निक्षेप होने से जल भण्डार के भराव की प्रक्रिया तेज हो जायेगी।

(iii) **पुनर्वास की समस्या–** टेहरी जल भण्डार के कारण 112 गाँवों तथा टेहरी शहर के जलमग्न हो जाने से 1,25,000 लोग विस्थापित (बेघर) हो जायेंगे। इस परियोजना के अन्तर्गत प्रत्यक्ष रूप से विस्थापित लोगों के पुनर्वास (Rehabilitation) के लिए समुचित व्यवस्था की गयी है परन्तु बांध के समीपवर्ती पहाड़ी ढ़ालों पर रहने वाले 9,800 ग्रामीण तथा 3,500 शहरी लोगों के पुनर्वास की कोई व्यवस्था नहीं है। इस बात का डर है कि जब टेहरी जल भण्डार को जल से भरा जायेगा तो इन पहाड़ी ढालों पर व्यापक भूमिस्खलन होगा तथा इन ढालों पर रहने वाले लोगों को अन्यत्र बसाना पड़ेगा। जून, 1990 तक विस्थापित 13,000 परिवारों में से केवल 1,800 परिवारों को देहरादून की घाटी तथा हरिद्वार के आस-पास पुनर्वास हो पाया है। पर्वतीय संस्कृति के लोगों का जब विभिन्न पर्यावरण, पारिस्थितिकीय दशाओं एवं संस्कृति वाले मैदानी भागों में बसाव करवाया जायेगा तो निम्न सामाजिक आर्थिक समस्यायें उत्पन्न हो जायेंगी–

(अ) विस्थापित लोगों को मैदानी भागों में बसाने से उन्हें वन तथा पर्वतीय पारिस्थितिक तंत्रों की सुविधाओं (यर्था-वन उत्पाद, जैसे- कंद मूल, फल-फूल, पशुओं के लिए चारा, सब्जियाँ, जलावन लकड़ी, प्राकृतिक जल स्रोतों का पेयजल, सिंचाई के लिए जल आदि) से वंचित होना पड़ेगा।

(ब) पर्वतीय पर्यावरण ने यहाँ के लोगों की विशिष्ट जीवन शैली को ढाला है। इस क्षेत्र के निवासियों ने इस पर्यावरण से कई विशिष्ट गुणों को विरासत में प्राप्त किया है, यथा- वीरता, ईमानदारी, कड़ा परिश्रम आदि। मैदानों में बसने के बाद विस्थापित लोगों को इन गुणों से हाथ धोना पड़ सकता है।

(स) विस्थापित लोग पर्वतीय पर्यावरण के सौन्दर्य एवं आकर्षक माहौल, सामुदायिक जीवन शैली, सांस्कृतिक परम्परा, आमोद-प्रमोद की अनोखी शैली आदि से वंचित हो जायेंगे।

(द) इस परियोजना के अन्तर्गत पश्चिमी उत्तर प्रदेश की 2,70,000 हैक्टेयर कृषि भूमि में सिंचाई की जायेगी परन्तु पश्चिमी उत्तर प्रदेश पहले से ही गहन सिंचित भाग है।

(य) टेहरी जलभण्डार में अवसादों के रुक जाने के कारण गंगा नदी के निचले भाग में (अर्थात् मैदानी भाग में) बाढ़ के समय जलोढ़ के पर्याप्त मात्रा में निक्षेप न होने के कारण मिट्टियों की उर्वरता का वार्षिक नवीनीकरण नहीं हो पायेगा। अत: किसानों को मिट्टियों की उर्वरता की कमी की भरपाई करने के लिए रासायनिक खादों का प्रयोग करना पड़ेगा, परिणामस्वरूप उन पर आर्थिक बोझ बढ़ जायेगा।

(र) सुन्दरलाल बहुगुणा का कथन है कि "हर जगह आदिवासी या पहाड़ी क्षेत्रों में बड़े बांध बनाये जा रहे हैं। नगरों, औद्योगिक प्रतिष्ठानों को बिजली प्रदान करने के लिए तथा अपेक्षाकृत अधिक सम्पन्न क्षेत्रों को सिंचाई के लिए जल तथा बिजली प्रदान करने के लिए लोगों को विस्थापित किया जाता है। यह अनैतिक है। स्थानीय लोग वस्तुओं की कीमतों में अचानक वृद्धि होने से प्रभावित होते हैं। उनके विरल संसाधन, यथा-लकड़ी, जल, ईंधन आदि, का विदोहन किया जाता है तथा उनके लिए कुछ नहीं छोड़ा जाता है" (योजना अंक 34, संख्या 10, 1990)।

(iv) **प्रतिरक्षा सम्बन्धी आधार**– टेहरी बांध के विरोधियों का दावा है कि इस परियोजना के कारण देश की सुरक्षा खतरे में पड़ सकती है। इनका कहना है कि भारत-चीन अन्तर्राष्ट्रीय सीमा बांध के स्थान से 50 किलोमीटर ही दूर है। अत: सामरिक दृष्टि से अन्तर्राष्ट्रीय सीमा के पास इतने बड़े बांध का निर्माण नहीं किया जाना चाहिए।

(v) **वैकल्पिक योजनायें**– पर्यावरणविदों तथा विरोधियों ने एक बड़े बांध के स्थान पर कई छोटे-छोटे बांधों वाली वैकल्पिक योजना की पेशकश की है। इनके अनुसार भूकम्पीय दृष्टि से अत्यधिक संवेदनशील पर्वतीय क्षेत्र में बड़ा बांध न बनाकर कई छोटे-छोटे बांध बनाये जाने चाहिए।

(स) **परियोजना का समर्थन : सरकारी दृष्टिकोण**– सरकारी परियोजना के अधिकारियों ने परियोजना के विषय में लोगों में व्याप्त भ्रम को दूर करने के लिए समय-समय से वक्तव्य तथा तर्क दिए हैं यद्यपि ये सदैव विश्वसनीय नहीं हो पाये हैं। इन्होंने पर्यावरणवादियों तथा टेहरी बांध के विरोधियों द्वारा उठाये गये प्रत्येक प्रश्न का उत्तर देने का प्रयास किया है। **टेहरी हाइड्रो डैम कारपोरेशन लिमिटेड** (THDCL) के चेयरमैन तथा मैनेजिंग डायरेक्टर यस.पी. सिंह ने टेहरी बांध के समर्थन में निम्न आधिकारिक विवरण देकर पर्यावरणवादियों तथा बांध विरोधियों द्वारा आम जनता में उत्पन्न की गयी भ्रान्तियों को दूर करने का प्रयास किया है।

विस्थापित ग्रामीणों के लिए– (अ) प्रत्येक भूमिहीन श्रमिक को मुफ्त 2 एकड़ कृषि भूमि। (ब) प्रत्येक विस्थापित परिवार को 40,000 रुपये का नगद मुआवजा। (स) प्रत्येक एकड़ सिंचित कृषि भूमि के नुकसान के लिए 12,000 रुपये का नकद भुगतान। (द) प्रत्येक एकड़ असिंचित कृषि भूमि के नुकसान के लिए 12,000 रुपये का नकद भुगतान। (य) मकानों के मुआवजा के लिए प्रत्येक परिवार के लिये 20,000 रुपये की व्यवस्था। (र) बीज तथा खाद के लिए प्रत्येक परिवार को 1,000 रुपये का भुगतान। (ल) घरेलू सामानों के स्थानान्तरण के लिए प्रत्येक परिवार को 3,000 रुपये की व्यवस्था। (व) प्रत्येक परिवार को मकान बनाने के लिए 200 वर्ग मीटर का आवासीय भूखण्ड की व्यवस्था।

विस्थापित नगरवासियों के लिए– (अ) प्रत्येक विस्थापित परिवार को नये टेहरी शहर में मकान बनाने के लिए कम से कम 60 वर्ग मीटर आवासीय भूखण्ड की व्यवस्था। (ब) घरेलू

वस्तुओं के स्थानान्तरण के लिए 1,000 से 1,500 रुपये की व्यवस्था।

(iv) **पर्यावरणीय समस्या–** इस बात से कोई इन्कार नहीं कर सकता है कि गढ़वाल हिमालय क्षेत्र में वनों के धुंआधार सफाया के कारण तथा उससे जनित तीव्र मृदा अपरदन के कारण पर्यावरण-अवनयन (Environmental Degradation) का स्तर पहले से ही बहुत बढ़ गया है। परियोजना के अधिकारियों का कहना है कि इस परियोजना से क्षेत्रीय पर्यावरण पर कोई भारी क्षति नहीं होगी। हाँ 467 वर्ग किलोमीटर का क्षेत्र अवश्य जलमग्न हो जायेगा। इस जलप्लावन से प्रभावित होने वाले पौधों तथा जन्तुओं की जातियों के परिरक्षण के लिए **बोटनिकल गार्डेन** बनाने की व्यवस्था की गयी है। इस क्षेत्र में वृहद् स्तरीय वृक्षारोपण की व्यवस्था की गयी है ताकि यहाँ के पारिस्थितिकीय संतुलन (Ecological Balance) तथा पारिस्थितिक स्थिरता (Ecosystem) को कायम रखा जा सके। हिमनदों के सम्भावित पिघलाव के संदर्भ में परियोजना के अधिकारियों का कहना है कि वैज्ञानिक स्तर पर यह गलत धारणा है। टेहरी जलभण्डार के कारण वर्तमान हिमनदों पर कोई प्रभाव नहीं पड़ेगा, क्योंकि वे टेहरी बांध से काफी दूर पर स्थित हैं।

टेहरी बांध परियोजना के पक्ष में अधिकारियों द्वारा प्रस्तुत विवरणों पर एवं तर्कों तथा पर्यावरणवादियों एवं परियोजना के विरोधियों द्वारा उठाये गये प्रश्नों एवं समस्याओं के विवेचन के बाद यह आवश्यक हो जाता है कि इससे सम्बन्धित एक संतुलित विवरण प्रस्तुत किया जाए। इस बात को कोई इन्कार नहीं कर सकता कि देश की प्रगति तथा खुशहाली के लिए देश की अपार जलशक्ति संसाधन का भरपूर उपयोग किया जाय परन्तु साथ-साथ इस बात पर भी ध्यान देना होगा कि जल संसाधनों के विदोहन तथा उपयोग करते समय प्राकृतिक पर्यावरण को भारी क्षति न होने पाये। लेखक सुन्दर लाल बहुगुना के निम्न वक्तव्य में कुछ सत्यता का अवलोकन करता है– ''बार-बार यह प्रश्न पूछा जाता है कि क्या समस्त देश के हित के लिए हिमालय के जल संसाधनों का उपयोग नहीं किया जाना चाहिए? हाँ, इनका उपयोग किया जाना चाहिए परन्तु यह उपयोग टिकाऊ होना चाहिए न कि टेहरी जैसे अस्थायी तथा विनाशी बांधों के निर्माण द्वारा किया जाना चाहिए। जल संसाधनों का उपयोग स्थायी एवं समृद्ध बांधों के निर्माण द्वारा किया जाना चाहिए''

दोनों पक्षों की दलीलों के विवेचन से स्पष्ट होता है कि अवसाद जनन की दर तथा टेहरी जलभण्डार के अवसादन (Siltation) तथा टेहरी बांध एवं जलभण्डार के निर्माण से उत्पन्न होने वाली पर्यवारणीय एवं पारिस्थितिकीय समस्याओं का समुचित अध्ययन नहीं किया गया था। यह भी स्पष्ट होता है कि इस परियोजना के कार्यान्वयन के पहले पर्यावरणीय अधिप्रभाव का समुचित मूल्यांकन नहीं किया गया था।

निष्कर्ष रूप में यह व्यक्त किया जा सकता है कि इस क्षेत्र में एक बड़े बांध के स्थान पर कई छोटे-छोटे बांधों का निर्माण किया जाना चाहिए था परन्तु इस तरह की वैकल्पिक योजना पर अब विचार करना उचित नहीं है, क्योंकि परियोजना का कार्य जोर-शोर से प्रारम्भ हो गया है तथा देशवासियों की गाढ़ी कमाई को खर्च किया जा चुका है। सन् 1978 से 1991 तक निर्माण-कार्य में काफी प्रगति हो चुकी है। 4 दिकपरिवर्ती सुरंगों (Diversion Tunnels), 4 हेड रेस सुरंगों, अप्रोच सुरंगों आदि का निर्माण कार्य पूर्ण हो चुका है। इस तरह देश का काफी आर्थिक एवं मानव संसाधन इस परियोजना में खर्च किया जा चुका है। अत: इस परियोजना के कार्यान्वयन में अब किसी तरह का व्यवधान नहीं होगा।

(4) सरदार सरोवर परियोजना– गुजरात प्रान्त में नर्मदा नदी पर प्रस्तावित सरदार सरोवर परियोजना (SSP – Sardar Sarovar Project) विवादग्रस्त बहुद्देश्यीय नदी घाटी परियोजना का एक–दूसरा महत्त्वपूर्ण उदाहरण है। जहाँ तक पर्यावरणीय, आर्थिक, सामाजिक तथा राजनीतिक (अन्तर्प्रान्तीय विवाद) विवादों का सम्बन्ध है, सरदार सरोवर परियोजना टेहरी बांध परियोजना से अधिक जटिल तथा विवादग्रस्त है। इस परियोजना का कार्यान्वयन **सरदार सरोवर निर्माण निगम लिमिटेड** (SSNNL) की देख–रेख में किया जा रहा है। निम्न शीर्षकों के अन्तर्गत इस परियोजना का मूल्यांकन किया जा सकता है–

(अ) **राजनैतिक, कानूनी, तकनीकी तथा पर्यावरणीय पक्ष–** सन् 1947 (जबकि इस परियोजना का प्रस्ताव किया गया था) से लेकर 1991 अर्थात् 45 वर्षों की सरदार सरोवर परियोजना की ऐतिहासिक यात्रा को नाना प्रकार की राजनीतिक, कानूनी, दाव-पेच, तकनीकी तथा पर्यावरणीय समस्याओं के दलदल से होकर गुजरना पड़ा है। इस परियोजना की रूपरेखा सन् 1947 में तैयार की गयी थी परन्तु इसकी नींव 14 वर्षों बाद यानी 1961 में रखी जा सकी। इस परियोजना से मिलने वालों के लाभों को लेकर मध्यप्रदेश, महाराष्ट्र तथा गुजरात प्रान्तों के बीच विवाद प्रारम्भ हो गया।

उल्लेखनीय है कि नर्मदा नदी मध्य प्रदेश में अमरकण्टक के पास 900 मीटर (सागर तल से) की ऊँचाई से निकलती है तथा मध्यप्रदेश, महाराष्ट्र एवं गुजरात प्रान्तों में 1312 किलोमीटर की दूरी तय करने के बाद यह अरब सागर में गिरती है। इसका समस्त अपवाह क्षेत्र 98,796 वर्ग किलोमीटर है जिसका 87 प्रतिशत मध्यप्रदेश, 1.5 प्रतिशत महाराष्ट्र तथा 11.5 प्रतिशत गुजरात प्रान्त में आता है। (के. एल. राव, 1975)।

सरदार सरोवर परियोजना से सम्बन्धित अन्तर्प्रान्तीय विवाद का समाधान जब आपसी बातचीत द्वारा नहीं हो सका तो उसे 1969 **'नर्मदा वाटर डिसप्यूट ट्राइब्यूनल'** (NWDT) को सौंप दिया गया। इस ट्राइब्यूनल ने परियोजना से सम्बन्धित द्विपक्षीय एवं त्रिपक्षीय विषयों यथा–परियोजना की आर्थिक, सार्थकता, बांध की ऊँचाई, सकल जल की सुलभता, सम्बन्धित तीन प्रान्तों (मध्यप्रदेश, गुजरात तथा महाराष्ट्र) की जल की माँग, प्रान्तों के बीच जल एवं बिजली की भागीदारी, भूकम्पीय घटना, बांध तथा जलभण्डार की सुरक्षा, कृषिभूमि, वनभूमि तथा मानव अधिवासों की जलमग्नता, विस्थापित लोगों के पुनर्वास की व्यवस्था, कृषि के अलावा अन्य क्षेत्रों में जल वितरण, पर्यावरणीय तथा पारिस्थितिकीय विषय आदि पर गम्भीरता पूर्वक विचार–विमर्श किया। इस तरह सम्बन्धित प्रान्तों के दावों एवं प्रतिदावों पर 10 वर्षों तक विवाद चलता रहा। ट्राइब्यूनल ने अन्ततः 1979 में अपना अन्तिम फैसला सुनाया तथा अन्तर्प्रान्तीय विवादों को समाप्त किया। सरदार सरोवर परियोजना की दारुण कहानी यहीं नहीं समाप्त हो जाती है। इसे स्वीकृति के लिए **'फॉरेस्ट कंजरवेशन ऐक्ट'** (1980) के चक्रव्यूह से होकर भी गुजरना पड़ा। परियोजना के कागजात इस दलदल से 8 वर्षों तक सड़ते रहे। अन्ततः अक्टूबर 1988 में इस परियोजना को कार्यान्वयन के लिए हरी झण्डी मिल गयी। अब भी इस परियोजना को स्वयंसेवियों आदि के कड़े विरोधों का सामना करना पड़ रहा है।

संक्षेप में यह कहा जा सकता है कि गुजरात प्रांत की जलवायु सम्बन्धी दशायें ऐसी अनुकूल नहीं है कि उन पर कृषि तथा पशुचारण निर्भर हो सके। अतः यह आवश्यक हो जाता है कि यहाँ के जल संसाधनों का पूर्णरूपेण विदोहन एवं उपयोग किया जाय तथा जलभण्डारों में संचित जल को नहरों द्वारा उत्तरी गुजरात, सौराष्ट्र, कच्छ तथा राजस्थान के जालौर एवं बाड़मेर

जिलों तक पहुँचाया जाये। उल्लेखनीय है कि उक्त क्षेत्रों में मनुष्यों तथा मवेशियों के लिए पेयजल तथा कारखानों के लिये आवश्यक जल का भी अभाव है।

(ब) **परियोजना के लक्ष्य तथा लाभ–** वास्तव में सरदार सरोवर परियोजना नर्मदा घाटी की परियोजना के अन्तर्गत कई योजनाओं में से एक है। नर्मदा घाटी परियोजना के अन्तर्गत नर्मदा नदी के जल को मध्यप्रदेश, महाराष्ट्र एवं गुजरात में कई स्थानों पर बांध बनाकर जलाशयों में रोकने की व्यवस्था है। गुजरात प्रान्त में स्थित सरदार सरोवर परियोजना एक बहुउद्देश्यीय परियोजना है। इसके लक्ष्य तथा इससे प्राप्त होने वाले लाभ निम्न प्रकार हैं–

(i) गुजरात प्रान्त की वर्तमान सिंचाई की सभी योजनायें (77 प्रमुख तथा मध्यम परियोजनायें, 4,500 छोटी योजनायें तथा 3,500 ट्यूबवेल तथा अनेक कुँए) प्रांत की सकल कृषिगत भूमि के मात्र 18 प्रतिशत क्षेत्र (18,00,000 हेक्टेयर) को ही जल प्रदान कर पाती हैं। इस परियोजना के पूर्ण हो जाने पर 12 जिलों में अतिरिक्त 18,00,000 हेक्टेयर कृषि भूमि को सिंचाई की सुविधा प्रदान की जायेगी। इस तरह 3,244 गाँव सिंचाई की नयी सुविधा से लाभान्वित होंगे।

(ii) प्रांत की 20 प्रतिशत ग्रामीण जनसंख्या लाभान्वित होगी।

(iii) दक्षिणी राजस्थान के जालौर तथा बाड़मेर जिलों की 7,500 हेक्टेयर शुष्क भूमि को सिंचाई की सुविधा उपलब्ध करायी जायेगी।

(iv) 131 नगरों तथा कस्बों एवं 4,700 गाँवों के 29.5 मिलियन लोगों को पेयजल सुलभ कराया जायेगा।

(v) कुल 1450 मेगावाट जल विद्युत का वार्षिक उत्पादन किया जायेगा।

(vi)सिंचाई की सुविधा उपलब्ध होने से कृषि उत्पादन में वृद्धि होने से वार्षिक कृषि आय में 900 करोड़ रुपये की वृद्धि होगी।

(vii) प्रांत को जल विद्युत के उत्पादन से प्रतिवर्ष 400 करोड़ रुपये की अतिरिक्त आमदनी होगी।

(viii) पेयजल तथा औद्योगिक प्रतिष्ठानों को जल प्रदान करने से प्रांत को 100 करोड़ रुपये की अतिरिक्त वार्षिक आय होगी।

(ix) इस तरह बिजली, सिंचाई तथा पीने के लिए जल प्रदान करने से गुजरात प्रान्त को प्रतिवर्ष 1400 करोड़ रुपये की अतिरिक्त आमदनी होगी। इस परियोजना का सकल लागत खर्च 6,406 करोड़ रुपये आंका गया है।

(द) **परियोजना का विरोध–** पर्यावरणवादियों तथा स्वयंसेवी संगठनों एवं कार्यकर्त्ताओं ने सरदार सरोवर परियोजना का चार प्रमुख आधारों पर जोरदार विरोध किया गया है– (i) पर्यावरण की समस्या, (ii) सुरक्षा सम्बन्धी, (iii) आर्थिक उपादेयता तथा (iv) विस्थापित लोगों का पुनर्वास।

पर्यावरण सम्बन्धी समस्याः– पर्यावरणवादियों, स्वयंसेवी संगठनों, समाज सेवियों तथा सक्रिय कार्यकर्त्ताओं का मत है कि इस परियोजना के अन्तर्गत प्राकृतिक पारिस्थितिक तंत्र के सैकड़ों वर्ग किलोमीटर क्षेत्र के जलमग्न हो जाने के कारण पर्यावरण में अवनयन तथा प्रदूषण एवं पारिस्थितिकीय असंतुलन उत्पन्न हो जायेगा। इस परियोजना के कार्यान्वयन से निम्न पर्यावरणीय एवं पारिस्थितिकीय समस्यायें उत्पन्न होंगी– (A) मध्यप्रदेश, महाराष्ट्र तथा गुजरात में जलमग्नता के कारण लगभग 42,061 हेक्टेयर वन भूमि नष्ट हो जायेगी। इस तरह पौधों की कई महत्त्वपूर्ण जातियाँ विलुप्त हो जायेगी। (B) प्राकृतिक वन क्षेत्र के जलमग्न हो जाने कारण पारिस्थितिकीय

विनाश (ecological disaster) की स्थिति उत्पन्न हो जायेगी क्योंकि जन्तुओं की कई क्षेत्रीय जातियाँ (species) विनष्ट हो जायेगी। वास्तव में जलमग्नता के कारण जन्तुओं के प्राकृतिक आवासों का विलोपन (extincition) हो जायेगा। (C) गुजरात के दक्षिणी तटीय भागों में नहर द्वारा सिंचाई के कारण जलभराव (waterlogging) होने से पहले से स्थित क्षारीयकरण (salinization) की समस्या और आधक विकट हो जायेगी। (D) जलभण्डारों के स्थायी जल तथा जलभराव के क्षेत्रों के स्थिर जल के कारण जल से उत्पन्न होने वाले रोगों (यथा– मलेरिया) में वृद्धि तथा प्रसार होगा।

निःसन्देह नर्मदा घाटी परियोजना के अन्तर्गत मध्यप्रदेश, महाराष्ट्र तथा गुजरात प्रांतों की तथाकथित 42,061 हेक्टेयर वन भूमि जलमग्न होने के कारण नष्ट हो जायेगी परन्तु समृद्ध वन क्षेत्र के विनाश के संदर्भ में पर्यावरणवादियों तथा परियोजना के आलोचकों की चिल्लपों (Out-Cry) निराधार है क्योंकि जितने क्षेत्रों को जलमग्न होना है उनकी तुलना में घने वन बहुत कम क्षेत्रों में हैं। वास्तव में अधिकांश वनों को पहले से ही काट लिया गया है। जलमग्नता के कारण नष्ट होने वाली वन भूमि की भरपाई के लिए **सरदार सरोवर निगम** (SSN) ने अन्य क्षेत्रों में वनारोपण की विस्तृत योजना बनायी है। वनारोपण की इस योजना को पहले से ही कार्यान्वित कर दिया है।

वन विनाश के कारण प्राकृतिक पारिस्थितिक तंत्र तथा आवास नष्ट प्राय हो गये हैं जिस कारण अधिकांश वन्य जीव या तो विनष्ट हो गये हैं या अन्यत्र चले गये हैं। पारिस्थितिकीय संतुलन के पुनरुद्धार तथा बचे–खुचे जन्तुओं की सुरक्षा के लिए गुजरात सरकार ने सरदार सरोवर के पास एक वन विहार (Sanctuary) बनाने का निर्णय लिया है। इस वन विहार में भालुओं को पूर्ण सुरक्षा प्रदान की जायेगी। ज्ञातव्य है कि वर्तमान **नल सरोवर** तथा **वेलावदार वनविहार** में भी सूखे के कारण जन्तुओं के पीने के लिए जल का अभाव रहता है। सरदार सरोवर की नहरें सूखे की स्थिति में **नल सरोवर** व **वेलावदार वनविहार**

सरदार सरोवर के कारण पर्यावरण के जलमग्न होने वाले जैविक एवं भौतिक संघटकों का विवरण

इकाई	गुजरात	महाराष्ट्र	मध्यप्रदेश	योग
प्रभावित गांव	19	36	182	237
प्रभावित परिवार	3322	1357	7500	12480
प्रभावित जनसंख्या	10593	11000	45000	66593
जलमग्न होने वाली				
वन भूमि (एकड़ में)	11168	8541	6756	26465
सिंचित क्षेत्र (एकड़ में)	4634	3751	19464	27849
अन्य भूमि (एकड़ में)	2639	3930	25205	31774
सकल भूमि (एकड़ में)	18441	16222	51425	86088

सरदार सरोवर परियोजना के अन्तर्गत विस्थापित लोगों के पुनर्वास के कार्यक्रमों की विशेषताऐं निम्न प्रकार हैं–

(अ) प्रत्येक प्रौढ़ विस्थापित व्यक्ति को (उसके पास चाहे पहले कृषि भूमि थी या न थी) परियोजना के कमाण्ड क्षेत्र में 2 हेक्टेयर (5 एकड़) कृषि भूमि प्रदान की जायेगी तथा उसकी

सिंचाई के लिए जल अवश्य प्रदान किया जायेगा।

(ब) सरकारी वन भूमि पर गैरकानूनी तथा अनधिकृत रूप से कब्जा करने वाले प्रत्येक व्यक्ति को भी सिंचाई की सुविधा के साथ परियोजना के कमाण्ड क्षेत्र में 2 हेक्टेयर कृषि भूमि दी जायेगी।

(स) विस्थापित लोगों के 18 वर्ष या उससे अधिक उम्र वाले बच्चों को अलग परिवार माना गया है ताकि विस्थापित परिवारों को मिलने वाली सारी सुविधायें उन्हें भी मिल सकें।

(द) कृषि कार्य के लिए प्रत्येक परिवार को वस्तुओं के रूप में 5,000 रुपये की सहायता प्रदान की जायेगी।

(य) मकानों के निर्माण के लिए प्रत्येक परिवार को अलग से भूमि दी जायेगी।

(र) इस परियोजना के कारण विस्थापित होने वाले 12,180 परिवारों के 66,593 लोगों के पुनर्वास के लिए सरकार ने 316 करोड़ रुपये की मंजूरी दी (मध्य प्रदेश के विस्थापितों के लिए 216 करोड़ रुपये तथा गुजरात के विस्थापितों के लिए 24 करोड़ रुपये तथा महाराष्ट्र के विस्थापितों के लिए 27 करोड़)। इस प्रकार प्रति परिवार के पुनर्वास पर 2,50,000 रुपये खर्च किये जा रहे हैं।

(ल) पुनर्वास कार्यक्रम के अन्तर्गत लोगों को जीवन निर्वाह के लिए भत्ता या गुजारा भत्ता (subsistence allowance) तथा बैल, बैलगाड़ी तथा अन्य सुविधाओं के लिए रियायत प्रदान करने की भी व्यवस्था है।

(vi) **वैकल्पिक योजना–** पर्यावरणवादियों तथा आलोचकों द्वारा सुझाई गयी छोटे-छोटे बांधों वाली वैकल्पिक योजना आर्थिक दृष्टि से उपयुक्त नहीं होगी क्योंकि ऐसी योजना से प्रस्तावित परियोजना के लक्ष्यों की पूर्ति नहीं हो पायेगी।

नर्मदा घाटी परियोजना तथा सरदार सरोवर परियोजना से सम्बन्धित पर्यावरणवादियों तथा आलोचकों के दृष्टिकोणों एवं परियोजना के अधिकारियों के दृष्टिकोणों के विवेचन से स्पष्ट हो ही जाता है कि गुजरात तथा दक्षिणी राजस्थान के सूखाग्रस्त क्षेत्रों में सिंचाई के जल एवं पेयजल की व्यवस्था अवश्य होनी चाहिए। यह भी सत्य है कि सरदार सरोवर के जल के कारण पर्वतीय एवं वन पारिस्थितिक तंत्र के 86,058 एकड़ भूमि के जलमग्न हो जाने से 66,593 लोगों को अपने घरों से हटना पड़ेगा। विस्थापित आदिवासियों को विभिन्न संस्कृति वाले लोगों के बीच बसाये जाने के कारण उन्हें अपनी प्राचीन सांस्कृतिक विरासत को खोना पड़ेगा परन्तु अधिक लाभ प्राप्त करने के लिए लोगों को कुछ न कुछ तो खोना ही पड़ेगा। गुजरात एवं दक्षिणी राजस्थान की प्यासी धरती, प्यासे जानवरों तथा व्यक्तियों को सूखे की चपेट में और अधिक तड़पने नहीं दिया जाना चाहिए। यह समय (2006) इस परियोजना के विरोध में धरना देने, भूख हड़ताल करने तथा नारे लगाने का नहीं है वरन् पर्यावरणवादियों, स्वयंसेवी संस्थाओं तथा संगठनों एवं समाजसेवियों को चाहिए कि इस बात की चौकसी करें कि परियोजना के अन्तर्गत बनाये गये पुनर्वास के कार्यक्रमों का अक्षरश: पालन किया जाये। ज्ञातव्य है कि गुजरात के दक्षिणी तटीय भागों में नहर द्वारा सिंचाई निश्चय ही पर्यावरण की दृष्टि से उचित नहीं हैं क्योंकि इस कारण नि:सन्देह क्षारीयकरण का पर्यावरणीय प्रकोप उत्पन्न हो जायेगा।

9

ऊर्जा संरक्षण के नये सोपान

जैव प्रौद्योगिकी जैविक अनुसंधान के एक प्रायोगिक क्षेत्र के रूप में उदय हुई है जिसका उपयोग कृषि, वानिकी, उद्योग और साथ ही साथ औषधि में होता है। विश्वव्यापी स्तर पर एक और महत्त्वपूर्ण क्षेत्र जो अभी हाल ही में प्रकट हुआ है वह है जैव प्रौद्योगिकी के **पर्यावरणीय अनुप्रयोग** वायु, जल और भूमि के विभिन्न प्रदूषकों का प्रबन्ध, निष्कासन और उपचार मूल्य-लाभ और अन्य सीमाओं के कारण स्वीकार्य नहीं हो सकता है।

दूसरी कुछ पर्यावरणीय प्रदूषक जो जैवनिम्नीकरण (दु:शास्य) प्रतिरोधक हैं जैव आवर्धन की समस्याएँ उत्पन्न करते हैं। इसके अतिरिक्त ऐसी स्थितियाँ भी आती हैं जहाँ मनुष्य अपने आपको असहाय पाता है। उदाहरण के लिए जब समुद्री जल में तेल अधिप्लाव होता है और जब पेट्रोल के भूमिगत संग्रह टैंक अवमृदा और भूमिगत में रिसाव के कारण हाइड्रोकार्बन का विसर्जन करना शुरू कर देते हैं।

यह अभी हाल ही में पहचाना गया है कि जैविक तंत्र मुख्यत: सूक्ष्मजीवी उत्पत्ति के, इस प्रकार के जटिल पर्यावरणीय प्रदूषकों को निम्नीकृत करने और साथ ही साथ अपशिष्ट उपचार (ठोस तथा द्रव) द्वारा प्रदूषक रोकने की भी क्षमता रखते हैं। जैव प्रौद्योगिकी के इस प्रकार के नए पर्यावरणीय अनुप्रयोग अनुसंधान और विकास एक नए युग, **जैव उपचारण** के रूप में उदय हुये हैं। इस अध्याय में हम संक्षेप में उन प्रायोगिकियों का वर्णन करेंगे जो जीवित जन्तुओं (मुख्यत: सूक्ष्म जीव) का उपयोग कर पर्यावरण शोधन एवं अनिम्नकरणीय प्रदूषकों द्वारा होने वाले प्रदूषण को रोकथाम के लिए विकसित की जा रही हैं।

जैव उपचारण क्या है?

जैव उपचारण है ''जीव-जन्तुओं (प्राथमिकत: सूक्ष्म जन्तु) के उपयोग से पर्यावरणीय प्रदूषकों को निम्नीकृत करना या **अपशिष्ट उपचार द्वारा प्रदूषण रोकना।''** जैव उपचारण पर्यावरण से प्रदूषकों को हटाकर संदूषित स्थानों के प्रत्यानयन एवं संभावित प्रदूषण को रोकने के लिये एक सबसे आदर्श वैकल्पिक प्रौद्योगिकी विकसित हो रही है। यह पर्यावरणीय रही है, और प्रकृति का पूर्ण पारिस्थितिक संतुलन बनाए रखने में **हरित आंदोलन** का महत्त्वपूर्ण अंग (घटक) बन गई है जो फिलहाल पर्यावरणीय जागरूकता और जन नीति की उच्च प्रधानता का खास मुद्दा है।

जैव उपचारण की आवश्यकता तथा कार्यक्षेत्र

जैव उपचारण का प्रयोग अर्थात् जीव-जन्तुओं का उपयोग पर्यावरणीय प्रदूषकों को निम्नीकृत करने के लिए या अपशिष्ट नालों का उपचार प्रदूषण नियंत्रण के लिए पूरे विश्व में फैल रहा है। OECD (Organisation for Economic Cooperation and Development) ने 1994 में निकासित हुई रिपोर्ट में जिसका नाम था स्वच्छ पर्यावरण के लिए जैवप्रौद्योगिकी यह आकलित किया कि सभी पर्यावरणीय जैवप्रौद्योगिकियों के लिए विश्व बाजार विभव 1990 में लगभग दोगुना हो जाएगा जो 1990 में $40 बिलियन से बढ़कर 2000 तक $75 बिलियन हो जायेगा। जैव

उपचारण की आवश्यकता है, क्योंकि कुछ रसायन पर्यावरण में इस स्तर के संचित हो जाते हैं कि जनस्वास्थ्य या पर्यावरणीय गुणवता के लिए खतरनाक होते हैं। वास्तव में यह 1960 के मध्य में हुआ जब डी.डी.टी. संचय ने पुराने विश्वास को बदल दिया (कि सूक्ष्मजीव पर्यावरण में घुसने वाले सभी संयुक्तों को निम्नीकृत करते हैं)तथा जटिल संयुक्तों को निम्नीकृत करने के लिए सूक्ष्म जन्तुओं की प्राकृतिक क्षमता के उपयोजन के गंभीर प्रयास शुरू किये गए OECD 1991से संयुक्त राज्य अमेरिका, कनाडा, जापान और पश्चिम यूरोपीय देशों से जैव–प्रौद्योगिकी की संभारे प्रायोजक कर रही हैं।

इस प्रकार की सभाओं में, अन्य क्षेत्रों के अतिरिक्त प्रतिनिधियों ने जैव उपचारण की कला की अवस्था को जाँचा और सरकार किस प्रकार इसको अनुसंधान और विकास टोकयो में नवम्बर 1994 में हुई, प्रतिनिधियों ने पहचाना कि जैव उपचारण के स्थानीय, प्रादेशिक और विश्व प्रयोग होते हैं और दोनों, स्थानिक और आनुवंशिक अभियांत्रिक रोगाणु महत्त्वपूर्ण भूमिका निभा सकते हैं।

जैव उपचारण के पर्यावरणीय अनुप्रयोग

जैव उपचारण के लिए उपयोगी सूक्ष्म जन्तुओं की श्रेणी विस्तृत करने हेतु अनुसंधान परियोजनाएँ रूपांतरित की गई हैं। हमें तलाश है कि प्राकृतिक रूप से पाए जाने वाले सूक्ष्मजीवों की जिनमें अच्छी प्रदूषक निम्नीकरण गतिक हो, प्रदूषक संयुक्तों की व्यापक श्रेणी पर आक्रमण कर सकें और वे ऐसी सूक्ष्मजैविक वृद्धि अवस्थाओं की व्यापक श्रेणी पर वृद्धि कर सकें।

उन सूक्ष्मजीवियों के लिए भी तलाश है जो चरम पर्यावरणीय अवस्थाओं के अन्तर्गत वृद्धि कर सके, जैसे कार्बनिक विलायकों को सहन करने योग्य हों तथा अत्यंत क्षारीय (आधार)या उच्च तापमान के अन्तर्गत वृद्धि कर सके। यह जानकारी जैव उपचारण के कार्यक्षेत्र को अवारीय प्रदूषकों तक विस्तृत कर सकती है और उन प्रदूषकों को जो ऐसी पर्यावरणी अवस्थाओं में पाये जाते हैं जो उनके अनुकूल नहीं है।

अनुसंधायक आनुवंशिक अभियांत्रिकी का भी उपयोग नई सूक्ष्मजीव विभेद उत्पन्न करने के नए जैवनिम्नीकरणीय योग्यताओं से कर रहे हैं। उदाहरण के लिए, रूपांतरित सूक्ष्मजीव आनुवंशिक कूट से उत्पन्न किए जा सकते जो सम्मिश्र क्लोरीनीत हाइड्रोकार्बन जैसे डाईओक्सिन पर क्रिया कर सके जो प्राकृतिक रूप से पाए जाने वाले सूक्ष्मजन्तुओं द्वारा अनिम्नकरणीय हैं। जीन को जोड़कर नए एन्जाइम बना सकते हैं जो विषैले रसायनों को भंग करे जिससे सूक्ष्मजीव अति बाधक और नीरस पर्यावरण में जीवित रह सके।

यह यौगिक वस्तुओं की श्रेणियों को बढ़ाएगा जो जैव उपचारण से व्यवहारित किए जा सकते हैं। उदाहरण के लिए, जापान में एक अनुसंधान समूह ने पहले ही सीडोमोनास की एक जाति विलग की है जो विलायकों में जिसमें 50 प्रतिशत से अधिक टालिन होता है। वृद्धि कर सकती है। यह एक ऐसी अवस्था है जो अधिकतर जन्तुओं को कोशिका झिल्ली के विदारण द्वारा मार देती है।

इस विभेद में अपचय एन्जाइम के लिए उचित जीन मिलाने से निर्जल विलायकों में जीवरूपांतरण की श्रेणी बढ़ाने के लिए अत्यधिक विभव हो जाएगी। जैव उपचारण अनुसंधान हेतु आर और डी के तीन विभिन्न केन्द्र बिन्दु विश्व भर में उभर रहे हैं। जब यूरोपीय अपने परम्परागत अपशिष्टों और जल उपचार तंत्रों को विशिष्ट रासायनिक प्रदूषण से निपटने के लिए विस्तृत कर रहे हैं, संयुक्त राज्य अमेरिका पेट्रोलियम और जीनोबायोटिक्स से संदूषित मृदा और

जल के विशिष्ट स्थान परिशोधन पर ध्यान दे रहा है, और जापानियों ने भूमण्डलीय पर्यावरणीय समस्याओं का लक्ष्य निर्धारित किया है। हम यहाँ पर्यावरणीय शोधन में जैव उपचारण की तीन उभरती प्रौद्योगिकियों का विस्तार से वर्णन करेंगे।

(अ) परम्परागत अपशिष्ट और जल उपचार तंत्रों की यूरोपीय प्रगति– कई यूरोपीय देशों, विशेषकर जर्मनी, नीदरलैंड, बेल्जियम, ऑस्ट्रिया और इटली में पर्यावरणीय जैव प्रौद्योगिकी में आर और डी उत्साहित करने हेतु कार्यक्रम है। जर्मन सरकारी एजेन्सियाँ सरकार द्वारा प्रायोजक अनुसंधान संस्थाओं और प्राइवेट उद्योग के बीच प्रौद्योगिक स्थानांतरण और सहकारी अनुसंधान को बढ़ावा देती है।

नीदरलैंड जो पर्यावरणीय जैव प्रौद्योगिकी में सबसे अधिक विकसित देश है सरकार जैव उपचारण आर और डी में नई पद्धति के खोज कायर्कम को सहायता देती है। उदाहरण के लिए, 1978 में, डच कण्टक और वायु प्रदूषण एक्ट ने पारम्परिक च्यावी फिल्टर के विकास का लाभ उठाया और इन जैव फिल्टर की अधिष्ठापन की आज्ञा दी ताकि वायु गुणता स्तर पूरा हो सके। कुछ युरोपीय देशों में अपशिष्ट और जल तंत्रों में निर्मित परिवर्धनों के उदाहरण निम्नलिखित हैं।

1. ठोस अपशिष्टों और कचरे से जैव गैस (ऊर्जा)– यह कुछ नए विकसित यूरोपीय अपशिष्ट उपचार तंत्रों द्वारा यह पहचान की जा सकी कि कुछ सूक्ष्मजैविक निम्नीकरण या रूपान्तरण ऑक्सीजन की अनुपस्थिति में ही होता है, और इस प्रकार का प्रक्रम पर्यावरणीय जैव प्रौद्योगिकी में महत्त्वपूर्ण हो सकता है।

अवायुवी अवस्थाओं के अन्तर्गत, अपशिष्टों पर वृद्धित होने वाले सूक्ष्म जन्तु कभी-कभी कीमती ईंधन उत्पन्न करते हैं। शुष्क अवायुवी कम्पोस्ट (ड्रेन्को) प्रकम जैव निम्नीकरणीय कार्बनिक ठोस अपशिष्ट और कचरे की कार्बनिक अनुपात की ऊर्जा में **जैव गैस** (मीथेन, और कार्बन डाई ऑक्साइड) के रूप में ह्यूमस के समान पदार्थ में बदलते हैं। जैव गैस अवायवीय जीवाणु के संगी साथी मिथेनोजेन्स (मिथेन उत्पन्न करने वाले जीवाणु)द्वारा पैदा की जाती है।

ड्रेन्को प्रक्रम के उपयोग से पूरे पैमाने पर अवस्थापन प्रचालन ब्रेक्ट बेल्जियम और साल्जबर्ग, आस्ट्रिया में अमल में लाया जा रहा है। इस तंत्र में स्रोत पर ही विलग पादप अवशिष्ट और नगरपालिका अवशिष्ट कागज उपयोग में लाया जाता है। साल्जबर्ग, आस्ट्रिया में दोनों अवायुवीय और वायुवीय सूक्ष्मजीवियों का उपयोग होता है।

प्रथम अवस्था में उपचार-अवायवीय पाचन बड़े टैंक में होता है जिसमें लगभग तीन सप्ताह का समय लग जाता है। पाचित पदार्थ फिर वायुवीय परिपक्वन के लिए जाता है जो लगभग दो सप्ताह का समय लेता है। घेन्ट, बेल्जियम के कार्बनिक अपशिष्ट तंत्र द्वारा प्रत्येक वर्ष 20,000 टन जैव अपशिष्ट का उपचार किया जा सकता है। इस प्रकार के वायुवीय और अवायुवीय उपचार तंत्र परम्परागत लैंडफिल्स को ठोस अपशिष्ट को हटाने के लिए विस्थापित करते हैं। ये नए तंत्र जैव गैस उत्पन्न करते हैं जिसमें लगभग 55 प्रतिशत मिथेन है जो विद्युत उत्पन्न करने के लिए जलाई जाती है।

2. अकार्बनिक संयुक्त का निष्कासन– कुछ अपशिष्ट जल तंत्र, मौलिक तौर पर जल से कार्बनिक संयुक्तों को हटाने हेतु डिजाइन किया है जिसमें वायुवीय आधार पर बीओडी निम्न किया जा सके तथा जिसको अकार्बनिक संयुक्तों को भी हटाने के लिए अवायुवीय जोन को भी शामिल कर रूपांतरित किया गया है। इस प्रकार का एक तंत्र, जो पपड़ी उतारने वाला तरल-तल

रिऐक्टर है और जल से नाइट्रेट को निकालता है, ब्लैंकार्ट, बेल्जियम में नगरपालिका जल उपचार सुविधा पर परखा गया है। व्यर्थ जल से नाइट्रेट का निष्कासन तथा जलमार्गों का **सुपोषण रोकने** में जो व्यवहारित जल से ग्रहण करता है सहायक होता है। ब्लैंकार्ट में, नाइट्रेट का सान्द्रता 75.0 मिग्राम प्रति लीटर से 0.1 मिग्राम प्रति लीटर तक कम होता है जब जल जीव रिऐक्टर से निकलता है।

रिऐक्टर में मिथैलोट्रोफिक जीवाणु जैसे मीथाइलोफिलस मीथाइलोट्रोफस होता है, जो विनाइट्रीकरण करता है। मिथैलोट्राफ्स की वृद्धि को बढ़ावा देने के लिए मेथैनॉल पहले जीवरिऐक्टर में डाला जाता है तथा बाद में च्यावी फिल्टर और कणिकामय सक्रियित कार्बन फिल्टर द्वारा निष्कासित किया जाता है। यह जल उपयोग के लिए विसर्जन हो इससे पहले किया जाता है। जीवाणु नाइट्रेट को नाइट्राइट में और फिर आणविक नाइट्रोजन में बदलते हैं जो वातावरण में मोचित होता है।

3. औद्योगिक व्यर्थ जल से विषैले रसायनों का निष्कासन– नया अपशिष्ट उपचार तंत्र भी वांछनीय विशिष्ट सूक्ष्मजन्तुओं की जनसंख्या व्यवस्थित कर सकता है जो औद्योगिक संयंत्र व्यर्थ जल में पाए जाने वाले विषैले यौगिक, जैसे– हाइड्रोकार्बन और क्लोरीनीत विलायक का जैवनिम्नीकरण पलायन करते हैं। जीवाणू जैसे– स्यूडामोनास, सीपेसिया, डी०डी०टी०, हेपटाक्लोर, क्लोरडेन इत्यादि बनाने वाली कीटनाशक उद्योगों के बहिःस्राव के उपस्थित क्लोरीनीत हाइड्रोकार्बन का जैवनिम्नीकरण करने में सक्षम होते हैं–

इटली में मेटिरा के जैवरिएक्टर में उस फैक्टरी के व्यर्थ जल को अवायुवीय तौर पर व्यवहारित किया जाता है जो एपीक्लोरोहाइड्रिस और फिनोलिक्स से एपॉक्सी रेजिन उत्पादित करता है। क्षारीय जल अपघटन और उसके बाद क्लोराइड निष्कासन के अलावा, बहिःस्राव जिसमें अनभिक्रियत विषैले यौगिक होते हैं वे भी विशिष्ट सूक्ष्मजीव से उपचारित किए जाते हैं। अपशिष्ट उपचार पाचक में ये नवीन परिस्थिति के अनुसार अभ्यस्त हो जाते हैं। अवायुवीय सूक्ष्मजन्तु अपशिष्ट सरिता में एपीक्लोरोहाइड्रीन और ग्लाइसीडोल की सांद्रता सहने में सक्षम हो जाते हैं, और इन्हें तथा अन्य क्लोरीनीत कार्बनिकों को निम्नीकृत करता है जिससे कि निराविषी जल सुरक्षित रूप से पर्यावरणं में मोचित किया जा सके।

हांगकांग में वस्त्र और रंजक उद्योग एसबीटोबेक्टर लिक्वीफेसिएन्स जीवाणु का उपयोग व्यर्थ जल उपचार के लिए करते हैं। यह जीवाणु संवर्धन में चटक रंगीय एजोरंजक (अगार प्लेट जिसमें 100 पीपीएम मिथाइल रेड है) का उपभोग करने में सक्षम होता है।

4. जैव गैस उपचारण प्रणाली (जैव फिल्टर, जैव फिल्मस, जैव स्क्रबरस, जैव ट्रिंकलिंग फिल्टर)– पारम्परिक जल उपचार तंत्र, विशिष्टतः वायुवीय व्यापी फिल्टर, वायु प्रदूषकों के उपचार हेतु रूपांतरित किए गए हैं। जैव स्क्रबर और जैव ट्रिंकलिंग फिल्टर में, बहुगुण, रोगाणवीय समुदाय ठोस सतह पर वृद्धि करते हैं तथा बहुस्तरीय सम्मिश्र बनाते हैं जिसे जैव फिल्मस कहते हैं।

जब कार्बनिक प्रदूषक युक्त गैस धारा (जल उपचार संयंत्र से निकलती हुई) इस तंत्र से निकलती है तो प्रदूषक निम्नीकृत हो जाते हैं। नीदरलैंड और जर्मनी में कई कम्पनियों ने इस प्रकार के जैव गैस उपचार प्रणाली विकसित करने में नेतृत्व किया। 1978 से जब कण्टक और वायुप्रदूषक एक्ट नीदरलैंड में लागू किया, 200 से अधिक जैवफिल्टर संस्थापित किए और वह प्रौद्योगिकी अब उस देश में विस्तृत रूप से उपयोग में ली जा रही है। वायु से कार्बनिक संदूषकों

को हटाने के लिए हेन्लो, नीदरलैंड में जैवनिस्पंदन 1989 से उपयोग में लिया जा रहा है। उन गैसों का उपचार करने के लिए जो सोयाबीन टोस्टर से निकलती है। गैसें ठोस आधार से ठसाठस भरा हुआ स्तम्भ से निकलती हैं। जैव फिल्म इस आधार पर बढ़ता हुआ 95 प्रतिशत से अधिक कार्बनिक संयुक्तों को गैसों में जैवनिम्नीकृत करती हैं।

यह जैव फिल्टर जो 240 वर्ग मीटर क्षेत्रफल घेरता है 300 घन मीटर की गैस प्रति घन मीटर के निचयन प्रति घंटे को प्रक्रम करता है। जवोल नीदरलैंड में पशुभरण उत्सारण संयंत्र, भी जैव निस्यंदन का उपयोग करता है इसके उत्सर्जन से 90 प्रतिशत से अधिक परिदूषी गैसों का निष्कासन होता है। यह प्रणाली 600 घन मीटर की गैस प्रति घन मीटर के निचयन प्रति घंटे के हिसाब से प्रबन्ध करती है।

वायु उपचार जीव रिएक्टर नीदरलैंड में प्लाइवुड उत्पादन सुगमताओं से मोचित वायु से फॉरमेल्डिहाइड और रेजित उत्पादकों से फिनॉल हटाने के लिए उपयोग में लाए जा रहे हैं। इसी प्रकार के जैव निस्पंदन प्रणाली विलायक घरेलू हवा से एक स्थान से निष्कासन करने के लिए परीक्षण किए जा रहे हैं।

कुछ कवक जैवफिल्टर्स में वायु में वाष्पशील कार्बनिक संयुक्तों के उपचार के लिए समुपयोजित की जाती है। कुछ कवक, जैसें केन्डिडा ट्रोपीकेलिस, स्टाइरीन का उपचयन करने में सक्षम होते है। स्टाइरीन सुगंधित द्रव असंतृप्त हाइड्रोकार्बन मुख्यतः कृत्रिम रबड़, रेजीन, ओर प्लास्टिक बनाने में उपयोग में आता है और सूखने वाले तेलों को सुधारने में उपयोग में आता है। प्रयोगशाला परीक्षणों में, इस प्रकार की स्टाइरीन-स्वांगीकृत कवक सीरामिक आधार पर वृद्धित किए जाते हैं। कवक का कवकजाल जैव फिल्टर को अधिक क्षमता प्रदूषक निराकरण करने के लिए रूढ़ी कम्पोस्ट जैव फिल्टर के बजाय अधिक पृष्ठीय क्षेत्रफल प्रदान करता है।

स्टाइरीन के अतिरिक्त जैवफिल्टर टॉलूईन, जाइलिन, एल्फा-मीथाइलस्टाइरीन और प्रोपिन परीक्षण गैसों से निष्कासित कर सकता है। यह तकनीक चार डच कम्पनियों के साथ मिलकर डेल्फट में प्रयोगात्मक विज्ञान के लिए टीएनओ संस्था द्वारा मापक्रमित और बिक्री की जाती है।

एक जर्मन प्राणी दारण संयंत्र जिसका आयतन 3,240 घन मीटर होता है पीट और हेदर से भरे जैवफिल्टर का उपयोग कर 214,000 घन मीटर की गैस प्रति घंटे उपचार करता है। गंध 94 प्रतिशत से 99 प्रतिशत तक कम होती है। दक्षिणी जर्मनी में चीनी मिट्टी फैक्ट्री 99 प्रतिशत से अधिक इथेनॉल और आइसोप्रोपाइल, ऐल्कोहॉल निष्कासन के लिए जैव फिल्टर का उपयोग करते हैं जो सूखने वाली चीनी मिट्टी से वायु में मोचित होते हैं। ऐल्कोहॉल (90 प्रतिशत इथेनॉल और 10 प्रतिशत आइसोप्रोपाइल ऐल्कोहॉल) 230 पीपीएम कार्बनिक कार्बन की सांद्रता और 30,000 घनमीटर प्रति घंटे की प्रवाह दर से मोचित होते हैं। साधारण 200 घन मीटर के आयतन वाला जैवफिल्टर इसे निष्कासित करता है।

(ब) स्थान-विशिष्ट परिशोधन पर अमेरिकी केन्द्र बिन्दु- संयुक्त राज्य अमेरिका में जैविक उपचारण ज्यादातर उन स्थानों के परिशोधन के उपयोग में आता है जो विषैले रसायन अधिप्लाव या रासायनिक (मुख्यतः निर्जलीय रसायनों का मिश्रण) अपशिष्टों के प्रबंध में प्रदूषित हैं। संघीय और राज्य सरकारों ने कई अत्यधिक संदूषित स्थानों का परिशोधन कानूनी तौर पर बाध्य किया है नहीं तो जिससे मानव स्वास्थ्य को खतरा हो सकता है, विशेषकर जहाँ प्रदूषक धीरे-धीरे मृदा से जलधर जो पीने के पानी के उपयोग में आते हैं, अवस्त्रावित हो रहे हैं। सुपर फन्ड साईटस कही जाने वाली इपीए (पर्यावरणीय परिरक्षण एजेन्सी) की सूची में सबसे प्राथमिकता

स्थान पर इसमें 1200 से अधिक स्थान निर्धारित हैं। सुपर फन्ड साईटस बहुगुण प्रदूषकों से संदूषित है और भूतल संचय टैंक च्यवन होता है, संख्या में ये सौ से हजारों हैं जो जैविक उपचारक द्वारा शुद्ध किये जाते हैं।

संघीय धन सहायता 1990 से लगभग $20 मिलियन दिया गया है। संघ सरकार ने अधिक जीवाश्म ईंधन, क्रियोसोट, म्यूनिशन (जैसे टीएनटी और अन्य नाइट्रोएरोमेटिक), तथा अन्य में क्लोरीनीत संयुक्तों से संदूषित स्थानों के लिए जैव उपचारण के अनुसंधान को बढ़ावा दिया है। यह धन विशेषकर ऊर्जा और सुरक्षा विभाग आता है। संघ भूमि पर संदूषित स्थानों के परिशोधन हेतु कई कम्पनियों ने भी जैविक उपचारक के द्वारा पर्यावरणीय गुणता को दुबारा स्थापित करने के लिए कारगर मूल्य का जायजा लिया है।

जैव उपचारण एक आकर्षक विकल्प के लिए है। प्रदूषकों के भौतिक निष्कासन और उसके पश्चात् प्रबन्ध/विनाश प्रदूषित पदार्थों को भस्मीकरण हटाने एवं करने में कम से कम 10 गुना मूल्य अधिक जैव उपचार के मुकाबले लगता है। मुख्यतः यदि जैव उपचार स्वस्थाने (स्वस्थाने जैव उपचारण) किया जाए।

कई बड़े रासायनिक उत्पादक जैसे, डुपोन्ट, और अन्य निर्माता जैसे जनरल इलेक्ट्रिक और जनरल मोरटर, ट्राइक्लोरोइथीलिन और पॉलीक्लोरनित बाइफिनाइल परिशोधन के लिए नए तरीके खोज रहे हैं। टीसीई, एकदा विस्तृत रूप से सफाई विलायक की तरह उपयोग किया गया, यह भी ऊर्जा और सुरक्षा विभाग का सबसे प्रचलित भूजल प्रदूषक है।

1. तेल अधिप्लावन में पेट्रोलियम उत्पाद सहित सम्मिश्र कार्बनिक प्रदूषक– भारी जीवाश्म ईंधन, संबंधित यौगिक साथ ही साथ क्लोरनीत यौगिक जल और भूमि दोनों स्थानों को प्रदूषित करते हैं–

(क) जल में संदूषित स्थानों का जैव उपचारण– प्रदूषक प्रायः सम्मिश्र संयुक्तों का मिश्रण है। अपरिष्कृत तेल या कच्चा तेल, उदाहरण के लिए इसमें कई हजार हाइड्रोकार्बन होते हैं। भिन्न संरचनाओं के साथ परिष्कृत तेलों में कई सौ भिन्न घटक होते हैं, पीसीबीएस में कई दर्जन सजाति होते हैं और कुछ प्रदूषक तेल, कीटनाशक, अन्य कार्बनिक संयुक्तों और अकार्बनिक संयुक्तों और अकार्बनिक जैसे भारी धातु के अतिरिक्त संयोग के होते हैं।

तेल अधिप्लावन महासागरीय जल पर तेल अधिप्लावन जैवविविधता और मानव स्वास्थ्य को सचेतक खतरा पहुँचाते हैं। विश्व तेल अधिप्लावन के विनाश के बारे में सबसे पहले तब ध्यान दिया जब 18 मार्च, 1976 को लाइबेरियाई टेन्कर टेरी केन्योन ग्रेट ब्रिट्रेन के दक्षिण पश्चिम तट पर इंग्लिश चैनल के द्वार के निकट तेजी से समुद्र के धरातल में चला गया और अपरिष्कृत तेल का 60,000 टनों का अधिप्लावन हुआ।

तेल 160 किलोमीटर की तटरेखा पर उछला और मछलियाँ तथा पक्षियों को मार दिया। जनवरी, 1969 में दूसरा मुख्य तेल अधिप्लावन संयुक्त राज्य अमेरिका में सान्ता बारबरा के तट पर हुआ जिसमें 1000 गैलन प्रति घंटा के दर पर तेल विसर्जन हुआ। 1978 में अमोको काडिज विनाश हुआ जिसमें 68 मिलियन गैलन तेल फ्रेंच तट के किनारे सन्निक्षेपित हुआ। मार्च 24, 1989 में एग्जोन कॉर्पोरेशन के एग्जोन वाल्डेज सुपर टेन्कर, अलास्का, संयुक्त राज्य अमेरिका के तटों की शैल भित्ति पर रुका 11 मिलियन गैलन तेल से ज्यादा अलास्का के प्रिन्स विलियम साऊन्ड के साफ जल में अधिप्लावन किया। जैसे ही तेल 1930 किलोमीटर की तटरेखा से टकराया 100,000 समुद्री पक्षी मर गये जिसमें 150 दुर्लभ जातियाँ, गंजा गिद्ध भी शामिल हैं।

कई मृत सील महासागर के तल में डुब गये और लगभग 1000 समुद्र, ऊदाबिलाव नष्ट हो गये। भारतीय तट टेन्कर विनाश से भी ग्रसित हुआ है। जुलाई 1973 में, 3000 टन तेल गुजरात तट पर बहा जब तेल टेन्कर, कोसमॉस पायनीर धरातल पर चला गया। 1974 में, अमेरिकी तेल टेन्कर, ट्रांशुरन लक्का द्वीवस के एक प्रवाल द्वीपवलय से भिड़ गया, जिससे 5000 टन विशेष फरनेस तेल का अधिप्लावन हुआ।

जून 1989 में, माल्टीस टेन्कर, M.T. Puppy ब्रिटिश जलयान से टकरा गया, जिससे 5500 टन फरनेस तेल का मुम्बई के खुले सागर में अधिप्लावन हुआ। 1991 में गल्फ में सहत तेल चिकना पृष्ठ सबसे बड़ा था, जो 700 वर्ग किलोमीटर से अधिक में फैला था। इस तेल चिकना पृष्ठ ने इतिहास बनाया, 300 मिलियन गैलन से अधिक तेल अधिप्लावन हुआ था। तेलीय चिकना पृष्ठ 80 किलोमीटर से अधिक लम्बा और 20 किलोमीटर चौड़ा क्षेत्रफल तक फैल गया। दक्षिण की ओर 20 किलोमीटर प्रतिदिन के वेग से चलता गया। यह सान्डी, बेहरेन,कतार और U.A.E. तटों से टकराया।अधिप्लावन यदि जल सतह पर छोटे क्षेत्रफल तक सीमित रहे तो इस पर और आसानी से कार्यवाही की जा सकती है। इसके लिए यांत्रिक बुम या अपराध तेल अधिप्लावन के चारों ओर फैला दिया जाता है। इसके फैलाव को रोकने के लिए और इसकी तट रेखा से टकराने से रोका जा सके। अधिप्लावित तेल परिक्षेपक के साथ उपचारित किया जा सकता है, जो वायुयान या जलयानों से फुहारित किया जाता है।

परिक्षेपक तेल को दूर तक फुहारित और परिक्षेपित करता है उस तरीके से जैसे साबुन हमारे हाथों से तेल को निकालती है, तेल को पायसीकरण करती है और जल के साथ बह जाने देती है। परिक्षेपक में पृष्ठ सक्रियक, विलायक, स्थायीकारक होता है। अवशोषक भी तेल अधिप्लावन के परिशोधन सुगम करने के उपयोग में आते हैं। प्राकृतिक पदार्थ, जैसे– पीट मॉस, तृण, बुरादा और चीड़-छाल भी उपयोग में लिए जा सकते हैं। पॉलीइथलिन, पॉलीस्टाइरीन, पॉलीप्रोपाइलीन और पॉलीथूरीथेन संशलिष्ट अवशोषक के अन्तर्गत आते हैं। इन सबसे पॉलीयूरीथेन सबसे होनहार है।

तेल अधिप्लावन का उपचार करने का सबसे सुरक्षित तरीका जैव उपचारण है जिसमें तेल निम्नीकरण के लिए जैविक कारकों का उपयोग होता है। ये रोगाणु पृष्ठ सक्रियक वायु से फुहारित किए जाते हैं। ये तेल के साथ घुल जाते हैं, उसे इमल्शन करते हैं और पूरे जलाशय में इस तरीके से परिक्षेप करते हैं कि यह फिर खतरनाक नहीं रह जाता है। जीवाणु और यीस्ट हाइड्रोकार्बन, जैसे-हेप्टेन, डेकेन, हेग्जाडेकेन इत्यादि के विभिन्न अंश पर वृद्धित किए जा सकते हैं। इसके अलावा प्रत्येक परिशोधन तरीका सभी तेल अधिप्लावन को साफ नहीं कर सकता है। परिशोधन तरीके प्रकरण के आधार पर चुने जाते हैं।

प्रोफेसर आन्नदा एम चक्रबरती एक हाइड्रोकार्बन जैव प्रौद्योगिक, संयुक्त राज्य अमेरिका के शिकागो, इलीनोइस मेडिकल सेन्टर विश्वविद्यालय में कार्य करते हुए तेल खाने वाले जीवाणु की कई नई विकृति विकसित की है। वह पुनर्योजन डीएनए प्रौद्योगिकी द्वारा स्यूडोमोनास की जाति का उपयोग करके अत्यधिक योग्य तेल खाने वाला सुपरबग बना लिए हैं।

देशज प्रति पुरःस्थापित सूक्ष्मजन्तु– कई सौ संयुक्त राज्य कम्पनियाँ पर्यावरणीय परिशोधन के लिए सूक्ष्मजन्तुओं को बेचते हैं। परन्तु इनमें से अधिकतर सूक्ष्मजैविक उत्पाद तो भी संदेहयुक्त मान के होते हैं और सर्प तेल से थोड़े ज्यादा होते हैं। प्रायः संदूषित स्थान पर प्राकृतिक (देशज) रूप से पाए जाने वाले रोगाणु पहले ही प्रदूषकों को जैवनिम्नीकरण कर रहे हैं, और अतिरिक्त

पुर:स्थापित सूक्ष्मजन्तु उत्पादों की जरूरत नहीं है। अधिकतर संवर्धन जो संदूषित मृदा और जल में हाइड्रोकार्बन जैवनिम्नीकरण करने के लिए बेचे जाते हैं वे देशज सूक्ष्मजन्तुओं द्वारा हुए जैवनिम्नीकरण की दरों से ज्यादा नहीं होते हैं इसलिए दिए गए स्थान के पर्यावरण रूपांतरित करने के प्रयत्न किए जा रहे हैं जिससे संदूषित स्थानों पर पहले से उपस्थित प्राकृतिक रूप से उत्पन्न होने वाले सूक्ष्मजन्तुओं की क्रिया बढ़ाई जा सके।

विशिष्ट सूक्ष्म जन्तुओं का दीर्घ स्थायी और क्रिया मॉनीटरन– विशिष्ट, जटिल सूक्ष्मजैविक जनसंख्याएँ निश्चित बनाए रखना आवश्यक है, क्योंकि इनमें आवश्यक जैवनिम्नीकरण क्षमताएँ होती हैं जिससे प्रदूषकों से इनका व्यवहार किया जा सके। इन विशिष्ट जनसंख्या का दीर्घ स्थायी सुनिश्चित करना बहुत मुश्किल है। एक नवीन तरीका रिपोर्टर जीन के उपयोग द्वारा विकसित किया गया है। ये जीन आसानी से मॉनीटर प्रभाव उत्पन्न करती हैं जब उस स्थान पर सूक्ष्मजैविक क्रिया हो रही हो। यह तरीका गेरी.एस. सेलर द्वारा टेनिसी विश्वविद्यालय, नाक्सवेली, संयुक्त राज्य अमेरिका में विकसित और निरूपण किया गया।

सेलर ने लक्स जीन के निष्पीडन का उपयोग किया, जो जीव संदिप्ती के लिए निम्नीकरण मॉनीटरन करने हेतु कोड करती है। किण्वी पोत वायुवीय जीवाणु स्यूडोमोनास फ्लोरीसेन्स विभेद एच के 44 द्वारा प्रकाश फेंकने से दीप्त होता है। जब नैफ्थलीन कार्बन और ऊर्जा स्रोत की तरह उपस्थित होती है और ऑक्सीजन इलेक्ट्रॉन ग्राही की तरह जीवाणु की जैवनिम्नीकरणीय क्रिया को दर्शाते (नैफ्थलीन निम्नीकरण) हो। विभेद एचके 44 अभियांत्रिक किया गया था दोनों के लिए एनएएच जीन, जो उस एन्जाइम के कोड करती है जो नैफ्थलीन अपचय करता और लक्स जीन जो जीवसंदिप्ति के लिए कोड करती है, दोनों जीन एक ही वर्धक के नियंत्रण के अन्तर्गत रहता है।

जैव उपचारण के कुछ उदाहरण– संयुक्त राज्य में अब तक का सबसे बड़ा जैव उपचारण परियोजना है- एग्जोन वाल्डेज अलास्कन तेल का उपचार- ये जैव उपचारण के पर्यावरणीय रूपांतरण उपगमन के लाभों को अतिदीप्त करता है। यह स्थान परिशोधन प्राप्त करने के लिए पर्यावरण के रूपान्तरण द्वारा प्राकृतिक रूप से पाए जाने वाले तेल खाने वाले रोगाणुओं की क्रिया को बढ़ाते हैं। स्थूल परिशोधन जिसमें 11000 मजदूरों द्वारा 1000 मील से अधिक तटरेखा से तेल हटाने के लिए कोशिश की गई है।

तेल का भौतिक परिशोधन उच्च दाबीय जल उपयोग द्वारा चट्टानों को धोकर करने के लिए एग्जोन पर इसका मूल्य $1 मिलियन प्रतिदिन आया और यह उपचार धीमे था तथा अधस्तल तेल भी शेष रह जाता है जो तटरेखाओं को पुन: संदूषित करता है। संदूषित तटरेखाओं पर नाइट्रोजन युक्त उर्वरक साधारण रूप से जोड़ने से जैविक उपचारक द्वारा, देशज हाइड्रोजन निम्नीकरण सूक्ष्मजन्तुओं के उपापचय उद्दीप्त करता है और दोनों पृष्ठ ओर अधस्तल तेल को अनाभिक्रियत परीक्षण स्थानों पर तीन से पाँच गुना अधिक तीव्रता से निम्नीकृत करता है। प्राकृतिक हाइड्रोकार्बन निम्नीकरण सूक्ष्मजीव पहले ही प्रिंस विलियस साउन्ड के जल में अत्यधिक हैं और ज्वारीय अभिवाह बनाता है।

कई सौ मील की संदूषित तटरेखा की प्रत्युपायन का मूल्य $1 मिलियन से कम होता है बजाय अ उर्वरकीय अवस्था में एक दशक से अधिक के यह कुछ वर्षों में पूरा हो सकता है। यद्यपि हाइड्रोकार्बन का निष्कासन नहीं करती है। अवशिष्ट हाइड्रोकार्बन एस्फाल्ट जैसे पदार्थ में रहता है जो जल में अविलेय होता है और जैवविविधता प्रभावित करता है।

(ख) भूमि पर संदूषित स्थनों का जैव उपचारण– पेट्रोलियम हाइड्रोकार्बन भी भूमि आधारित स्थानों से सफलता से हटाये जा सकते हैं। जैसा कि 20 वर्षों से अधिक पहले एम्बर, फिलाडेलफिया में गैसोलिन संदूषित जलभर के परिशोधन पर परिक्षणों में निरूपित किया गया। 1972 में इस परीक्षण में उर्वरकों को मिलाकर हाइड्रोकार्बन निष्कासित कर दिए गए और प्रणोदित वातन का उपयोग करके जो देशज हाइड्रोकार्बन प्रयोग में लाने वाले सूक्ष्म जन्तुओं की भूजल में वृद्धि करता है।

जलभर में मृदा रोगाणु ऐरोमैटिक संयुक्तों के निम्नीकरण के महत्त्वपूर्ण हिस्से के लिए जिम्मेदार होते हैं जब भूमि स्थान संदूषित होते हैं। ये रोगाणु बेन्जीन, टॉलूईन, इथाइल बेन्जीन और जाइलीन को निम्नीकृत करते हैं। अधिकतम अवमृदा देशज रोगाणु,यदि भूजल में पर्याप्त विलीन ऑक्सीजन हो तो इन संयुक्तों के निम्न स्तरों को जैवनिम्नीकरण करते हैं।

संयुक्त राज्य अमेरिका में भूतल संचय टैंक के च्यवन ने मृदा और भूजल संदूषित किया निम्न आणविक भार के ऐरोमैटिक्स से जो मानवीय स्वास्थ्य को खतरा पहुँचा जा सकता है, जब ये हाइड्रोकार्बन– पीने के पानी की आपूर्ति में चला जाए। जैविक उपचारक एक पग में दोनों मृदा और भूजल को उपचारित कर सकता है। डेन्वर में बस प्रबंधन और ईंधन सुगमता पर जहाँ भूतल संचय टैंक से प्रदूषकों को निकलना और परिशोधन इस प्रकार के उपचार का उदाहरण है। च्यवन टैंक के निकट गैसोलीन, डीजल ईंधन और स्नेहक तेल मृदा और अधःस्थल भूजल संदूषित करता है। 1993 के शुरू में प्रदूषित हाइड्रोकार्बन हवा में छिड़काव द्वारा (भौतिक स्थानान्तरण वातावरण में), हटाये गये और बायोवेटिंग द्वारा निष्कासित किए गए जिसमें संदूषित जल का सतह तक पेंपन किया जाता है और पुनः अंतःक्षप्त किया जाता है। इस प्रकार से जल में घुसाया गया ऑक्सीजन देशज सूक्ष्मजन्तुओं के जैवनिम्नीकरण उपापचय को बढ़ावा देता है।

पेट्रोलियम संदूषित भूजल में विलीन सांद्रता 2.8 मिग्रा प्रति लीटर तक उच्च थी और प्राकृतिक जीवाणु ईंधन अवशेष का लगभग 4.2 ग्राम के हाइड्रोकार्बन निम्नीकरण प्रति लीटर के जल प्रति वर्ष की दर पर उपभोग करने में सक्षम है। 1993 में, उत्थाह स्थित पर्वतीय वायु सेना पर 27000 गैलन मैला जेटं ईंधन अधिप्लावन परिशोधन के लिए पूर्ण पेमानित मृदा बायोमेटिंग परियोजना वायुसेना ने पूरी की। इस 18 महिने की परियोजना के दौरान,मृदा में जेट ईंधन अपशिष्ट औसत कुल पेट्रोलियम हाइड्रोकार्बन सांद्रता लगभग 900 मिग्राम प्रति किलोग्राम से 10 मिग्रा प्रति किग्रा से कम तक निम्न थी। इस प्रक्रम में 60 प्रतिशत हाइड्रोकार्बन मृदा से निष्कासित होता है। यह वातावरण में सीधे वाष्पित होता है और शेष 4 प्रतिशत कार्बन डाई आक्साइड और जल में जैवनिम्नीकृत हो जाता है।

जीवरिऐक्टर दक्षिण केरोलिना में ऊर्जा विभाग के सवाना नदी स्थल पर और साथ ही साथ कम्पनियों जैसे लौरेन्सविले में एन्वायरोजेन द्वारा एन.जे. वाष्पी संयुक्तों में से उपचार करने हेतु परीक्षण किए जा रहे हैं। टीसीई और अन्य कार्बनिक संदूषक मृदा और भूजल से निष्कासित किए जा सकते हैं। स्वस्थाने उष्मीय उत्प्रेरकी ऑक्सीकरण और जैविक उपचारक के समक्षणिक उपयोग द्वारा। इस प्रकार के संदूषकों के तीव्र परिशोधन में वाष्पशील कार्बनिक की सांद्रता मृदा से भौम जल स्तर से ऊपर निर्वात निष्कर्षण द्वारा जल्दी से हटाई जा सकती है। ये संदोषक फिर कार्बन डाइ आक्साइड और हाइड्रोक्लोरिक अम्ल में सतह पर उत्प्रेरकी ऑक्सीकरण उपचार द्वारा परिवर्तित हो जाते हैं। सावाना नदी तंत्र ने मालिकाना धातु उत्प्रेरक का उपयोग किया तथा

लगभग 45 सेन्टीग्रेड पर प्राचलित किया। जैव उपचारण मीथेन उपचायक सूक्ष्मजन्तुओं को उत्तेजित करके पूरा होता है। यह मृदा में संतृप्त जल से संदूषक हटाता है और साथ ही साथ वाष्पीकरण के पश्चात् अवशिष्ट दूषण को भी निष्कासित करता है। मीथेन, ऑक्सीजन और पोषक गैसें जो फॉस्फोरस और नाइट्रोजन आपूर्ति करते हैं संदूषित मृदा में पम्पन किए जाते हैं। देशज रोगाणुओं को उत्प्रेरित करने के लिए जो संदूषकों को कार्बन-डाइ-आक्साइड और हाइड्रोक्लोरिक अम्ल में एन्जाइम, मीथेन, मोनोऑक्सीजीनेन की क्रिया द्वारा परिवर्तित करते हैं। यह तंत्र 250 कार्बनिक संयुक्तों से अधिक को निम्नीकृत कर सकता है। TCE सांद्रता 5ppb से भी कम करके-पीने के जल स्तर को पूरा करना है।

क्षेत्रीय परीक्षण में ओक रीडज राष्ट्रीय प्रयोगशाला ई० टेनीस्सी, संयुक्त राज्य अमेरिका में आनुवंशिकीय अभियांत्रिक जीवाणु जैसे स्यूडोमोनास फ्लोरीसेन्स विभेद एचके 44 उपयोग नेफ्थलीन संदूषित मृदा से व्यवहार करने के लिए किया जाता है। परीक्षणों में, भूतल स्टील टैंक, जो लाइसोमीटर कहलाते हैं। मध्य प्रतिचयन क्रोड को घेरती है। प्रत्येक लाइसोमीटर व्यास में लगभग 8 फीट और गहराई 10 फीट होता है। यह आवरण, प्रतिचयन पोर्ट और स्प्रिंक्लर से जुड़ा रहता है जो वृष्टि उद्दीप्त करने में सहायक होता है। एचके 44 से भारीत रहते हैं तथा उपनिवेशन, जीन स्थानान्तरण, जीव-संदीप्ति, नेफ्थलीन निम्नीकरण जैसे प्राचल के मॉनिटरन करता है। जैव उपचारण का उपयोग पेट्रोलियम अधिप्लावन से दूषित स्थान परिशोधन के लिए यूरोप में कभी-कभी किया जाता है। समय के साथ यह अवस्था बदल सकती है, क्योंकि पूर्वी यूरोपीयाई देशों को शीघ्र ही इस प्रकार की गंभीर समस्याओं का सामना करना पड़ेगा। चेक गणतंत्र, लिथुआनिया, लाटविआ, यूक्रेन और रूस में कई स्थान कम से कम इतने प्रदूषित हैं जितने संयुक्त राज्य अमेरिका में अनावश्यक भण्डार स्थल।

2. भारी धातु-प्रदूषित स्थल– कार्बनिक संयुक्तों के अलावा जैव उपचारण का उपयोग भारी धातुओं या रेडियोऐक्टिव न्यूक्लाइड से संदूषित स्थल के उपचार में किया जा सकता है। सूक्ष्मजीवी-शैवाल,जीवाणु और कवक साथ ही उच्च पादपों में इन प्रदूषकों के उद्वाह की क्षमताएँ होती हैं। उद्वाह के पश्चात्,ये या तो इनके द्वारा संचित हो जाते हैं या स्वांगीकृत हो जाते हैं। संचित भारी धातु पुनः चक्रण या व्यवस्था द्वारा पुनः प्राप्त होते हैं। उदाहरण के लिए, जूग्लीआ रेमीगेरा ताम्र और कैडमियम को 300 और 100 मिग्राम के धातु प्रति ग्राम शुष्क भार के स्तर तक अधिशोषित करता है। स्यूडोमोनास पुटीडा, आर्थोबेक्टर विस्कस और स्ट्रिोबेक्टर आदि औद्योगिक बहि:स्राव से विभिन्न विषैली भारी धातुओं का निष्कासन करते हैं। रेडियोऐक्टिव धातु, जैसे-यूरेनियम और थोरियम राइजोपस आरहाइजस द्वारा निष्कासित किए जाते हैं तथा पेनीसिलियन क्राइसोजीनम रेडियम को संचित कर सकता है। यीस्ट, सैकैरोमाइसीज सेरोविसी यूरेनियम को तन्तु विलय से संचित करती है। जीवाणु, जैसे- थायोबेसीलस थायोऑक्सीडेन्स सल्फाइड शैलों से जिंक कोबाल्ट और निकेल का जैव छानन करते हैं।

कवक जो ट्राइकोडर्मा, एस्पर्जिलस, ओरियोबेसीडियम, ओफियोस्टोमा और रोडोटोरूला जीनस के होते हैं। ये भारी धातुओं की जैव अवशोषण योग्यता दर्शाते हैं और ये औद्योगिक बहि:स्राव के निराविषीकरण में महत्त्वपूर्ण कार्य करते हैं। रॉयल डच शेल ने सल्फेट-अपचायक जीवाणु का धातुओं को अचल करने के लिए पुरानी जिंक शोधन स्थल पर बुडेल्को, नीदरलैंड में उपयोग किया। जैव उपचारण के लिए, भौमजल जीवरिऐक्टर द्वारा पम्पन किया जाता है। जिसमें इथेनॉल, अमोनिया, और फास्फेट मिलाए जाते हैं। सल्फेट अपचायक जीवाणु की वृद्धि

को बढ़ावा देने हेतु करते हैं। ये जीवाणु भौमजल में सल्फेट को हाइड्रोजन सल्फाइड में परिवर्तित करते हैं, जो भारी धातुओं से अभिक्रिया करके अविलेय धातु सल्फाइड बनाते हैं। ऊर्णी का उपयोग अवक्षेपित सल्फाइड प्रतिधारित करने के लिए किया जाता है।

हरे पादप भी संदूषित मृदा और भौमजल से भारी धातुओं के निष्कासन की योग्यता रखते हैं। ब्रासिका जनसिआ के कुछ विभेद भारी धातुओं को संचित करते हैं जैसे– क्रोमियम जब ये धातु संदूषित मृदा में उगते हैं। Rutgens University Centre for Agricultural Molecular Biology पर क्रोमियम संदूषित मृदा में वृद्धित रूपांतरित ब्रासिका जनसिआ पर परीक्षण किए जा रहे हैं। पादपों द्वारा थोड़ी मात्रा में क्रोमियम ग्रहण किया जाता है और फिर मृदा से निष्कासित किया जाता है। कुछ पादप सीसा संचित कर सकते हैं। पादप फिर शस्य किए जाते हैं और धातु पुनःचक्रण या व्यवस्था के लिए पुनः प्राप्त होते हैं। बर्ट डी. एन्सले द्वारा फाइटोटेक, कार्पो द्वारा मॉनमाऊथ जंक्शन, एन. जे. संयुक्त राज्य अमेरिका के वैज्ञानिकों के संयोजक से इन पादपों का उपयोग विकसित किया गया। पादप उपयोग द्वारा विषैले निष्कासन के इस प्रकम को पादप उपचारण भी कहते हैं।

जैव उपचारण की कुछ सीमाएँ आनुवंशिक अभियांत्रिकी द्वारा पूरी की जा सकती हैं। उन रोगाणुओं के विभेद उत्पन्न किए जा सकते जो भारी धातुओं के प्रतिरोधी हो, अधिक निम्नीकरणीय क्षमताएँ हों तथा एक से अधिक प्रकार के पर्यावरण में वृद्धि कर सकते हैं। आनुवंशिक अभियांत्रिकी जन्तु के लिए पहला पेटेन्ट 1981 में संयुक्त राज्य में पारित किया गया उस जीवाणु के लिए जो हाइड्रोकार्बन निम्नीकरण करता है।

यह कभी भी तेल अधिप्लावन परिशोधन के लिए कार्य में नहीं लाया जाता, क्योंकि यह निम्न आणविक भार वाले हाइड्रोकार्बन, जैसे टॉलूईन और ऑक्टेन जो शीघ्र वाष्पित हो जाते हैं को निम्नीकृत करने के लिए अभियांत्रिक है। आनुवंशिक रूपांतरित रोगाणु अभियांत्रिक किए जा रहे हैं जो विशिष्ट प्रदूषकों को स्वस्थाने निम्नीकृत कर सके। इसमें अभी सफलता प्राप्त करना बाकी है।

अधिकतर देशों में पर्यावरणीय नियमन स्वस्थाने जैव उपचारण के लिए इन रोगाणुओं को पर्यावरण में मोचन को रोकती है। जैव उपचारण के लिए आनुवंशिक रूपांतरित सूक्ष्म जीवों के असली लाभ सम्भवतः जैव रिएक्टर में रहते हैं।

(स) जैव उपचारण प्रौद्योगिकी का जापानी भू मंडलीय अनुप्रयोग– जापान में, विद्या सम्बन्धी औद्योगिक और सरकारी अनुसंधान अन्तर्राष्ट्रीय व्यापार और उद्योग के मंत्रिमंडल द्वारा समन्वित होते हैं। पर्यावरणीय जैव प्रौद्योगिकी की दीर्घकाली भू–मण्डलीय अनुप्रयोगों का विकास करना इस एजेन्सी की एक और डी अग्रताएँ हैं। जापानी जैविक उपचारक अनुसंधान 21 वीं सदी में पर्यावरणीय निम्नीकरण प्रतीप करने के तरीकों पर ध्यान दे रहा है। एम आई टी आई का अनुसंधान एजेन्डा बजाय स्थान विशेष परिशोधन के भू–मण्डलीय समस्याओं पर ज्यादा जोर देता है जैसे जलवायु परिवर्तन और मरुस्थलीकरण।

जापानी इस प्रकार अधिक बड़े मुद्दों पर ध्यान केन्द्रित कर रहे हैं। विश्व स्तर पर जैव उपचारण द्वारा पर्यावरणीय समस्याओं से निपटने के लिए उनके द्वारा निम्नलिखित तरीके अपनाए गये हैं–

(क) शैल रासायनिकों के लिए प्रतिस्थापन हाइड्रोजन ईंधन– इन रोगाणुओं की खोज जारी है जो कुछ पदार्थ उत्पन्न करते हैं जो शैल रासायनिकों के लिए प्रतिस्थापन की तरह

कार्य कर सकता है। जैव प्रौद्योगिकी अनुसंधान हाइड्रोजन उत्पादन के लिए यांत्रिक ईंधन की तरह उपयोग के लिए जो शैल रासायनिकों के लिए प्रतिस्थापन की तरह कार्य कर सकता है। जैव प्रौद्योगिकी अनुसंधान हाइड्रोजन उत्पादन के लिए यांत्रिक ईंधन की तरह उपयोग के लिए जो भू मण्डलीय जलवायु परिवर्तन में योगदान न करे यह उसकी मुख्य रूचि है। जापानी अनुसंधायकों के कार्य में एक दखल देना है कि रोगाणुओं का उपयोग इस प्रकार के ईंधन और पदार्थ (जैसे हाइड्रोजन) उत्पन्न करने के लिए हो, जो कार्बन डाई आक्साइड उत्सर्जन न करें और इस प्रकार वायु प्रदूषण कम हो सके। कई संस्थाओं पर अनुसंधायक जिसमें शामिल हैं नेशनल इन्स्टीट्यूट ऑफ बायोसाइंस और ह्यूमन टेक्नोलॉजी और नेशनल इन्स्टीट्यूट फोर रिर्सोसेज एण्ड एन्वारनमेन्ट,दोनों सुकुबा में इन साफ-आतशी ईंधन के स्रोत की तरह हाइड्रोजन उत्पादन शैवाल की खोज में हैं।

(ख) भू-मण्डलीय ऊष्णता का उत्क्रमण– एक अत्याधिक दूर-गामी जापानी प्रयास है, भूमण्डलीय ऊष्णता विपरीत करने की। हाइड्रोजन और अन्य ईंधन के अतिरिक्त जो भू-मण्डलीय जलवायु परिवर्तन में योगदान नहीं करेगा,साथ-साथ यह प्रयत्न भी जारी है कि जैव उपचारण तंत्र को विकसित करने के लिए प्रयत्न किया जाए कि वातावरण में कार्बन आधारित जीवाश्म ईंधनों के जलने से पहले से उत्सर्जित कार्बन डाई आक्साइड हटा दिया जाये। इसके अतिरिक्त कार्बन डाई आक्साइड का निष्कासन जो जीवाश्म ईंधन को जलने के कारण वातावरण को प्रदूषित कर रहा है।

वह जैव उपचारण का अत्यंत चमत्कारिक प्रमाण होगा। अतिरिक्त कार्बन डाई आक्साइड ग्लोबी ऊष्णता में योगदान देता है। रोगाणु इन ग्रीन हाउस गैस को पर्याप्त निष्कासित कर सकते हैं और इसमें से कुछ कार्बन डाई आक्साइड को विभिन्न कार्बनिक संयुक्तों में परिवर्तित करते हैं। पुनर्योगज डीएनए प्रौद्योगिकी अधिक उपयोग की होगी। इस प्रकार के प्रयत्नों में नई विभेद के सूक्ष्मजीवियों को उत्पन्न किया जा सकेगा जो सैद्धान्तिक तौर पर यह कार्य अधिक योग्यता से करेगा।

जापान में समुद्री जैव प्रौद्योगिकी प्रयोगशाला कमैशी में शैवाल विलग किये गये जो कार्बन डाई आक्साइड को कार्बोहाइड्रेट में 40 सेन्टीग्रेड पर स्थलीय हरित पादपों के मुकाबले 10 गुना शीघ्र परिवर्तित करते हैं। इस प्रकार के शैवाल जैवरिएक्टर में शक्ति संयंत्रों के निकट उगाए जा सकते हैं जहाँ ये वायु से कार्बन डाई ऑक्साइड निष्कासित करेगा जो शक्ति संयंत्र पर जीवाश्म ईंधन जलाने से निकलती है।

इसके अलावा, इन ग्रीन हाऊस गैस के स्वांगीकरण द्वारा उत्पादित कार्बनिक संयुक्त सम्भवत: कार्बन-डाइ-आक्साइड और जल में जैव निम्नीकृत द्वारा परवर्ती होते हैं फिर से वायु को यह गैस वापिस मोचित हो जाती है। इस प्रकार के शैवाल और अन्य रोगाणुओं को उपयोग करके सफलतम जैविक उपकारक कार्यक्रम हो सकता है। इसके लिए निर्भर करेगा इस प्रकार के रोगाणु की खोज पर जो लिग्नीन या अन्य बहुलक संयुक्त उत्पन्न करें। जैवनिम्नीकरण के प्रतिरोधी हो जैसे कि मूल जीवाश्म ईंधन थे। इस प्रकार के रूपांतरण, वातावरण में कार्बन डाई आक्साइड के वर्धन को कम करके कार्बन को अचल करेंगे।

जापानी अनुसंधायक समुद्री जैवप्रौद्योगिकी प्रयोगशाला, कामेशी पर जीवरिएक्टरों में कुछ शैवाल वृद्धित कर रहे हैं। शैवाल क्लोरोकोकम लिट्टोरेल, कामेशी घाटी से विलग किया गया और प्रयोगशाला में सफलता से वृद्धित किया गया जो कार्बन डाई आक्साइड के उच्च स्तरों को

सहन कर सकता है, इसे पॉलिसेकेराइड में परिवर्तित करता है। उसी प्रयोगशाला में एक और शैवाल प्रेसीनोकोकम केप्सुलेट्स पर अध्ययन किया गया जो अधिक मात्रा में कोशिका बाह्य श्लेष्मक पॉलिसेकेराइड उत्पन्न करता है। चूँकि यह शैवाल वातावरण से कार्बन डाई आक्साइड हटाने की क्षमता रखता है और पॉलिसेकेराइड की व्यवसायिक अनुप्रयोगिता के कारण इस शैवाल का अध्ययन किया जाता है।

रोगाणुओं का एक और समूह, समुद्री फोरैमिनीफेरा भी कार्बन डाई आक्साइड से कार्बन को कैल्सियम कार्बोन्ट में परिवर्तित कर सकता है। यह प्रक्रम प्रवाल भित्ति, निर्माण में होता है, सामान्य जीव भूरसायन कार्बन चक्र से कार्बन निष्कासित करता है जो कार्बनिक संयुक्तों और कार्बन डाई आक्साइड के बीच कार्बन परिसंचरित करता है। इस प्रकार का उपचार अत्यधिक मात्रा में कैल्सियम उपभोग करता है, जो अपना स्वयं का प्रतिघात पर्यावरण पर डालता है। इन सीमाओं के बावजूद भू-मण्डलीय प्रदूषण समस्याओं पर आक्रमण रूख अपनाने से प्रयत्न सफल हो सकते हैं। इस प्रकार की जापानी युक्तियाँ यदि विकसित होंगी तो जैव प्रौद्योगिकी के उपयोगों में अन्तर्राष्ट्रीय ज्ञान की वृद्धि होगी।

(ग) जैव निम्नीकरणीय प्लैस्टिक– रोगाणु द्वारा उत्पादित पॉलिहाइड्रोक्सीब्युटरेट से निर्मित जैवनिम्नीकरणीय प्लैस्टिक पहले ही विकसित हो चुकी हैं और आई सी आई द्वारा विक्रय किए जाते हैं यूनाइटेड किंगडम में।

ये आई सी आई के जैवनिम्नीकृत प्लैस्टिक पूरे विश्व में घटिया थैला में उपयोग किए जाते हैं जो लैंडफिल्स में जैवनिम्नीकरण करते हैं, जापान में तथा अन्यत्र सूक्ष्मजन्तुओं पर अध्ययन किए जा रहे हैं। जो इस प्रकार के जैवनिम्नीकरणीय बहुलक उत्पादित करते हैं जो ठोस अपशिष्ट बनाते हैं।

साईतमा में भौतिक तथा रासायनिक अनुसंधान के संस्थान (रीकेन संस्थान) के बहुलक रसायल विभाग में योशीहारू दोई के निर्देश के अनुसंधायकों ने जीवणु का विभेद विलग किया, एल्कालिजीन्स यूट्रोफस जो 3 और 4 हाइड्रोक्सीब्यूटरेट के सहपॉलिएस्टर उत्पादित करता है। इस जीवाणु को कोशिकाएँ इसके जीवभार का 80 प्रतिशत उत्पादित करती हैं जैसे ये बहुलक करते हैं, जब 1, 4 ब्यूटेनडाइओल या आर-ब्यूटीरोलेक्टोन पर वृद्धित किए जाते हैं।

(घ) जैवविगंधकन– जापानियों ने औद्योगिक वायु उत्सर्जन से अकार्बनिक सल्फर हटाने के लिए सूक्ष्मजैविक तंत्रों को भी विकसित किया है। डोवा-खनन द्वारा विकसित बायो -एसआर तंत्र व्यवसायिक उपयोग के लिए लगाया गया। औद्योगिक रेचक गैस हाइड्रोजन सल्फाइड युक्त अम्लीय फेरिक सल्फेट विलय से होकर निकलती है जो सल्फाइड को तात्विक सल्फर में उपचयन करती है। फेरिक आयन को फेरस आयन में अपचायक करती है।

लौह और सल्फर उपचायक जीवाणु, थायोबेसिलस फेरोऑक्सीडेन्स फेरिक सल्फेट विलय पुनर्योजित करता है। जीवाणु जीवरिएक्टर में वृद्धित किया जाता है, 2 और 3 pH के बीच में। NKK कार्पोरेशन टोकयो, की वाणिज्य सुविधा पर गैस में हाइड्रोजन सल्फाइड की सांद्रता 400 से 2000 पीपीएम तक की सीमा से 10 पीपीएम से भी कम तक निम्न हुई। इस प्रकार 90 प्रतिशत सल्फाइड जो अन्यथा वातावरण में चला जाता तो सल्फर की तरह ग्रहण होता है।

संयुक्त राज्य में भी वुडलैंड में ऊर्जा जैवतंत्र, टेग्जास इसी प्रकार का तंत्र कार्बनिक सल्फर निष्कासित करने के लिए विकसित कर रहा है जिसमें जीवाश्म ईंधन से संयुक्त होते हैं। जीवाणु रोडोकोकस ईंधन में डाइबेन्जोथायोफीन्स और अन्य ऑर्गेनोसल्फर संयुक्तों को जैवनिम्नीकृत

करता है। जैवविगंधकन शोधित ईंधन उत्पन्न करता है जो जलने पर सल्फर ऑक्साइड उत्सर्जन उत्पन्न नहीं करता है। इस प्रक्रम का उपयोग निम्न सल्फर डीजल ईंधन उत्पन्न करने के लिए किया जा सकता है जो साफ वायु एक्ट का सल्फर डाई आक्साइड वायु उत्सर्जन स्तर पूरा कर सकता है।

1990 से जीवरसायन उद्योग के विकास के लिए जापानी सरकार की नीति है कि उद्योग तंत्र भूमण्डलीय पर्यावरण की परिरक्षा, अपशिष्ट उपचार और प्राकृतिक सम्पदाओं के संरक्षण उद्योग के लिए कार्य करें।

नीति जीव रसायन उद्योग से सूक्ष्मजन्तुओं के व्यवहार कुशल कार्यों को उपयोग करने की माँग करती है जो उन्हें पर्यावरण के लिए कल्याणकारी मित्र बना सके। इस नीति के अन्तर्गत उद्योग और विश्वविद्यालयों के साथ मिलकर कार्य करने हेतु एम आई टी आई ने कई राष्ट्रीय प्रयोगशालाओं में अनुसंधान परियोजनाएँ शुरू की हैं। इन परियोजनाओं में शामिल हैं जैवप्रौद्योगिकी तंत्रों को भूमण्डलीय पर्यावरणीय परिवर्तनों से लड़ने हेतु इस तरह विकसित किया जाय कि सक्षम हो।

(ङ) मरुस्थल निर्माण का उत्क्रमण– अभी 4–5 मिलियन वर्ग किलोमीटर (ग्रह के कुल भूमि का क्षेत्रफल 35 प्रतिशत) मरुस्थलीकरण द्वारा विभिन्न मृदाओं से जल के हनन के कारण ग्रसित है। मरुस्थल का निर्माण का उत्क्रम कर सके इसके लिए सूक्ष्मजीव उत्पन्न करने के प्रयत्न किए जा रहे हैं।

इस प्रकार के जैविक तंत्र जैव बहुलक जैसे उत्पाद उत्पन्न करते हैं जो जल प्रतिधारित बड़े, भूदृश्य पर परिघटना उत्क्रमी करके कर सकते हैं, जापान में एमआईटीआई पोषित कार्यक्रम में जीवाणु एल्केलीजीन्स लेटस का उपयोग शुरू किया, जो अतिरिक्त जैव अवशोषक उत्पन्न कर सके, जो एक पॉलिसेकेराइड है ग्लेकोस और ग्लूकुरोनिक अम्ल का बना हुआ जो जल में अपने भार से हजार गुना ज्यादा अवशोषित और धारण कर सकता है। इस योग्यता का क्षेत्र में परीक्षण करना बाकी है।

भविष्य का दृष्टिकोण– उपरोक्त विवरण दर्शाता है कि विभव अनुप्रयोगों के साथ प्रदूषित पर्यावरण परिशोधन और अपशिष्ट उपचार करने में जैव उपचारण एक आशाजनक भविष्य है। भौतिक परिशोधन तरीकों के मुकाबले, स्वस्थाने जैव उपचारण अत्यधिक कम खर्चीला है और कम पर्यावरणीय क्षोम करता है। यह निर्माण प्राचलन पद्धतियों, ईंधन उत्पादन और संयोजन, व्यष्टियों के अपशिष्टों के व्यवस्था के तरीके, उत्पादों के मूल्य, और पर्यावरणीय गुणता को बदल सकता है।

इसके अलावा, कई अनुप्रयोगों में जैव उपचारण प्रभावी तरीके से कार्य में लगाने के लिए दोनों भावी आर और डी और सरकारी नीतियों की स्वच्छन की आवश्यकता होती है, विशेषकर आनुवंशिक अभियांत्रिक जन्तुओं के मोचन में, वैज्ञानिक साथ ही साथ राजनैतिक तौर पर एक विवादित मुद्दा है।

अधिकतर यूरोपीयाई देशों के साथ संयुक्त राज्य और जापान में नियमन हैं जो आनुवंशिक अभियांत्रिक सूक्ष्म जन्तुओं के जानबूझकर मोचन पर रोक लगाता है। इसके अलावा, इन्हें अंतर्विष्ट जैवरिऐक्टर में उपयोग करना संभव हो सकता है। जैव उपचारण के अत्यधिक सफलतम अनुप्रयोग जैसे एग्जॉन वाल्डेज तेल अधिप्लावन द्वारा संदूषित तट रेखाओं का उपचार, देशज सूक्ष्मजन्तुओं पर और साधारण पर्यावरणीय रूपांतरण जैसे पोषण अनुप्रयोगों और वातन पर

विश्वास करता है। जैव उपचारण के नए और उभरते अनुप्रयोग संयुक्त राज्य अमेरिका के मुकाबले जापान और यूरोप में भिन्न हैं। संयुक्त राज्य अमेरिका में अनुसंधान संदूषित स्थनों के जैविक उपचारक के लिए मूल्य–प्रभावी उपचारों के विकास के योगदान का वादा करते हैं। यह नई जैव प्रौद्योगिकी संदूषित मृदाओं और जल को पुनः प्रयोग के लिए परिशोधन हेतु योग्य बनाती है।

कई यूरोपीय देशों में वर्तमान जैविक अपशिष्ट उपचार प्रौद्योगिकियाँ वायु और औद्योगिक अपशिष्ट नालों से हानिकारक अविषाक्त निष्कासन के लिए नए क्षेत्रों तक विस्तृत करते हैं। यदि हाल ही के झुकाव संतत रहे, नीदरलैंड और जर्मनी संभवतः अपशिष्टों के जैव उपचार में इस सदी के अन्त तक विश्वव्यापी नेता बन जाएँगे।

जापानी अनुसंधान उन्नत भू–मण्डलीय पर्यावरणीय गुणता के लिये अन्वेषण तथा ऊर्जा आत्मनिर्भरता के लक्ष्य को योग्य रूप से जोड़ सकते हैं। ग्लोबी उष्णता कम करने के लिए उनके प्रयत्न, यदि सफल हो गये तो इसके दूर तक प्रभाव होंगे। जापानी कार्यक्रम पेट्रोलियम को जैविक उत्पादित हाइड्रोजन से पुनःस्थापन करने हेतु और गैसोलिन शक्तिमय ऑटोमोबाइल को कारों से पुनःस्थापन करने के कार्यक्रम जो हाइड्रोजन को जलाते हैं तथा वातावरण में कार्बन डाई आक्साइड के भावी निर्माण को अत्यधिक कम करते हैं। सूक्ष्मजीव द्वारा उत्पादित हाइड्रोजन ईंधन में परिवर्तन प्रदूषण निवारण के लिए जैव उपचारण का महान् नया उपयोग होगा जो न केवल पेट्रोरसायन और स्वाचालित यंत्र उद्योगों में बल्कि विश्वव्यापी अर्थव्यवस्था में भी क्रांति लाएगा।

पादप उपचारण-पादपों द्वारा पर्यावरण शोधन की जैव प्रौद्योगिकी– सूक्ष्म/जन्तुओं की भारी धातुओं, जैसे CO, Ca, Zn, Mn Cu, Pb, Ni, Hg, Ag, इत्यादि अंतर्ग्रहण और संचित करने की योग्यता की जानी मानी है। भिन्न जीवाणु, कवक, (यीस्ट, द्विरुपी साथ ही तांतुक), जैसे सैकेरोमाइसीज, रोडोटोरूला, ओरीयोबेसीडियम, ओफ्योस्टोमा, एस्परजीलस, राइजोपस, और ट्राइकोडर्मा, कुछ शैवाल और डायटम जैसे थेलोसिओसीरा स्यूडोनाना में इस प्रकार की योग्यता है तथा उनकी जैवप्रौद्योगिकी विभवता के लिए बहिःस्राव निराविषीकरण के कारकों की तरह पढ़े जाते है।

इसका पहले ही इस अध्याय में जैविक उपचारक के अन्तर्गत विस्तार से वर्णन कर दिया है। संवहन पादपों में, कुछ जलीय अपतृण जैसे– साल्विनिया, लेमना, एजोला, एकोर्निया की जातियाँ, प्रतृण तथा वृक्ष जातियाँ भी भारी धातुओं और अन्य अविषाक्त को अपनी कोशिकाओं में सह्य, अन्तर्ग्रहण और संचित भी कर सकते हैं। सूक्ष्मजन्तुाओं के अलावा पादपों का भी पर्यावणीय परिशोधन के विभव के लिए अध्ययन किया जाता है।

हरे पादप प्रकृति के न केवल फुफ्फुस हैं जिसमें अद्वितीय योग्यता है प्रकाशसंश्लेषण द्वारा अशुद्ध वायु शुद्धीकरण की आक्सीज मोचन द्वारा जीवमण्डल में वायुवीय जीवन प्रतिपालित करने हेतु अपितु यह अभी हाल ही में निरूपित किया है कि ये खतरनाक अपशिष्ट स्थलों के शोधन में अति उपयोगी हैं।

वनस्पति संदूषित वाह को निस्पंद कर सकती है और किसी दिन खतरनाक औद्योगिक और अन्य अपशिष्ट स्थलों के उपचार में प्रयुक्त किए जा सकते हैं। यद्यपि पादप उपचारण का लम्बा इतिहास है परन्तु इसके औद्योगिक अनुप्रयोग नए हैं। पादपों का उनकी संदूषित मृदा परिशोधन की योग्यता और यहाँ तक की उनकी क्षितिज पर आनुवंशिक अभियांत्रिकी उपजातियों का भी

परीक्षण किया जा रहा है। "पादपों के उपयोग द्वारा नगरपालिका या औद्योगिक अपशिष्टों से संदूषित मृदा या भूजल से खतरनाक पदार्थों की पुनःप्राप्ति का प्रक्रम पादप उपचारण कहलाता है। पादप उपयोग द्वारा मृदा और औद्योगिक अपशिष्टों से विषाक्तों के निष्कासन पर प्रयोगात्मक क्षेत्र परीक्षण के कुछ उदाहरण नीचे दिए गए हैं।"

मृदा से भारी धातुओं की पुनःप्राप्ति– जैव उपचारण के अन्तर्गत पहले ही संक्षिप्त में विवरण दिया गया है कि हरे पादप जैसे भारतीय सरसों ब्रेसिका जनसीया का विशेष विभेद भारी धातुओं को संचित कर सकता है जबे क्रोमियम संदूषित मृदा में वृद्धित होता है। इस पादप के रूपांतरित विभेद दर्शाए गए हैं जो उनके जीवभार का 40 प्रतिशत तक भारी धातुओं की तरह संचित करता है, जैसे सीसा और क्रोमियम।

संयुक्त राज्य अमेरिका में न्यूजर्सी के राज्य में अनुंसधायकों ने 1994 में क्षेत्र जाँच किए और निरूपण किया कि पादप सुरक्षित रूप से क्रोमियम संदूषित मृदा लिबर्टी स्टेट, पार्क, न्यूजर्सी के निकट स्थल पर उग सकते हैं। थोड़ी मात्रा में क्रोमियम पादपों द्वारा ग्रहण कर लिया जाता है और मृदा से निष्कासित हो जाता है।

पादप फिर शस्य कर दिए जाते हैं और धातु पुनः प्राप्त होते हैं। इन भारतीय सरसों पादपों का उपयोग बर्ट डी० एन्सले फाइटोटेक कॉर्पोरेशन, मेनमाऊथ जन्कशन न्यूजर्सी, संयुक्त राज्य अमेरिका में इल्या रस्किन तथा उनके सहयोगियों के साथ मिलकर रटगर्स विश्वविद्यालय न्यूब्रनसविक, न्यूजर्सी, संयुक्त राज्य अमेरिका द्वारा विकसित किया गया। इस प्रकार की रूपांतरित ब्रासिका द्वारा धातु अन्तर्ग्रहण इष्टतम करने के परीक्षण पहले ही इन अनुसंधान केन्द्रों में उन्नति पर हैं। यह संभव है कि निकट भविष्य में इस प्रकार के पादप तंत्र विभिन्न स्थलों पर धातु संदूषित मृदा के परिशोधन के लिए प्रभावी रूप में उपयोग में लिए जा सकते हैं।

इस प्रकार का अन्य अध्ययन स्कॉट कनीनगम वरिष्ठ अनुसंधायक द्वारा डुपोन्ट में किया गया है। इन्होंने पहले ही पादपों पर सीसा संदूषण हटाने हेतु इस प्रकार के अध्ययन के लिए डुपोन्ट में क्षेत्र परीक्षण जारी कर दिए हैं। इसमें ऐल्किल सीसा के लिए निर्माण स्थल, रेमिन्गटन सीसा आधारित गोली और सीसा आधारित विस्फोटक साथ ही सीसा पेन्ट और सीसा पाइप शामिल हैं। उनके अनुसार सीसा 'अनुलगनी' होता है तथा पादप में समाक्ष होना कठिन होता है, तथा "पादपों का प्रयोग अपशिष्ट उपचार तंत्र की तरह इसके शैशव में है।" कनीनगम के अनुसार, प्रयोगात्मक सम्भावनाएँ दिखाई देती हैं यदि पादपों की आनुवंशिक अभियांत्रिकी सूक्ष्मजीवियों या प्राणी यकृत से एन्जाइम के लिए जीन मिल जाय तो उन चीजों के आणविक बंध भंग कर सके।

उनके द्वारा किए गए क्षेत्र परीक्षणों में सीसा अंतर्ग्रहण उस मात्रा तक नहीं पहुँचा जो स्थल परिशोधन के लिए भावी सफलता की आशा रखता हो। उन्हें आशा है कि वे 1 से 3 प्रतिशत धातु अंश सहित 20 टन के पादप प्रति एकड़ प्राप्त कर लेंगे। वे उसे पाने का दावा किये है परन्तु कुछ समय के लिए पादप प्रयुक्त किए गए संरक्षक की तरह, स्वस्थाने स्थायीकरण के लिए, जिससे कि स्थान कंक्रीट खंड की तरह नहीं परन्तु खेत की तरह दिखाई दे। जबकि सूक्ष्मजन्तु कार्बनिक बंधों को भंग करते हैं,पादप स्वतः अपने मूलतंत्र द्वारा धातु ग्रहण करता है और अपनी कोशिकाओं में संदूषकों को अलग-अलग रखता है।

उपयोगी पादप अयस्क दृश्याशों या संदूषित क्षेत्रों में उगे हुए पाए जा सकते हैं। पादप की एक प्रजाति एक सुविधाजनक भण्डार से आई। उदाहरण के लिए वृक्ष की एक प्रजाति, सिबर्शिया

एक्यूमीनेटा (सेपोटेसी), स्थानीय न्यू केलीडोनीया का अपने शरीर के शुष्क भार का 20–25 प्रतिशत तक निकैल संचित करता है। पादप नीला हरा लैटेक्स (सैप) स्तावण करता है।

ऊर्जा के अरूढ़ स्रोत

कोयला, खनिज तेल, प्राकृतिक गैस और नाभिकीय खनिज अनवीकरणीय है और इन्हें एक दिन खत्म हो जाना है। इसके अतिरिक्त, इनका उपयोग अपरिवर्तिन रूप से पर्यावरणीय प्रदूषण की समस्याओं से जुड़ा है। लकड़ी का बड़े पैमाने पर उपयोग वनोन्मूलन कर सकता है। इसके अतिरिक्त, ऊर्जा के रूढ़ स्रोत के केन्द्रिकृत तंत्र, में अवसंरचना और प्रबंधन के निर्माण में अत्यधिक व्यय आता है।

अब विकेन्द्रीकरण की ओर प्रवृत्ति है। यह स्थानीय लोगों को अधिक प्रारम्भिक कदम प्रदान करेगा जो उनकी आवश्यकताओं और सम्पदाओं को निर्धारित कर सके और युक्ति की योजना बनाए जो उन्हें अच्छी तरह स्वीकार्य है। 1970 के दौरान हुई ऊर्जा संकट ने वैज्ञानिकों को ऊर्जा के उन वैकल्पिक स्रोतों को जो नवीकरणीय हों और प्रदूषण मुक्त हों उत्पन्न करने के लिए मजबूर किया।

रूढ़ ऊर्जा स्रोतों के तीव्रता से अवक्षय के कारण, विश्व के सभी देश अरूढ़ ऊर्जा स्रोतों, जैसे– डेन्ड्रोथरमल, सौर, वात, महासागरी (ज्वारीय), भूतापीय उष्मा, जीवभार, कार्य और प्राणी अपशिष्ट एवं मानवीय मल विकसित करने को मजबूर हुए। ये सभी स्रोत नवीकरणीय और सस्ते हैं। भारत में रूढ़ प्रौद्योगिकी द्वारा ऊर्जा के लिए विभव प्रयोग का दायित्व शक्ति विभाग। केन्द्रीय विद्युत अधिकारी और राज्य सरकारों के साथ हैं, अरूढ़ ऊर्जा स्रोतों का विभाग; सक्रियता से आर तथा डी विकिरण शीलता में लगा है। अरूढ़ प्रौद्योगिकी के कार्य करने की पद्धति का ज्ञान विकसित करने में व्यस्त है। अरूढ़ स्रोत विकेन्द्रीकृत ढंग में निश्चित क्षेत्र में शक्ति संवर्धन कर सकती है। उनका विभव असल में स्थानीय उपयोग के लिए होता है।

भारत में ऊर्जा संकट– भारत में आर्थिक विकास के मार्ग में ऊर्जा की कमी एक बहुत बड़ी समस्या है। ऊर्जा की कमी का प्रभाव सम्पूर्ण अर्थतंत्र में परिलक्षित होता है। देश के लगभग 5 लाख 76 हजार गाँवों में से 1983 तक मात्र 56 प्रतिशत गाँवों में विद्युत की सुविधा प्रदान की गयी थी, परन्तु इन गाँवों में विद्युत आपूर्ति अत्यंत अनियमित रहती है। विद्युत आपूर्ति अनियमितता के कारण सिंचाई पर कुप्रभाव पड़ता है। जहाँ नहरी सिंचाई की सुविधा नहीं है वहाँ किसान नलकूप से सिंचाई जल प्राप्त करने को सम्पूर्ण अर्थतंत्र में परिलक्षित होता है। देश के लगभग 5 लाख 76 हजार गाँवों में से 1983 तक मात्र 56 प्रतिशत गाँवों में विद्युत की सुविधा प्रदान की गयी थी, परन्तु इन गाँवों में विद्युत आपूर्ति अत्यंत अनियमित रहती है। विद्युत आपूर्ति अनियमितता के कारण सिंचाई पर कुप्रभाव पड़ता है।

जहाँ नहरी सिंचाई की सुविधा नहीं है वहाँ किसान नलकूप से सिंचाई जल प्राप्त करने को बाध्य हैं। बिना सिंचाई के हरित क्रांति प्रौद्योगिकी अर्थात् उन्नत किस्म के बीजों से फसल उत्पादन बढ़ाना संभव नहीं है। गंगा मैदान में, विशेषतया: मध्य गंगा मैदान में अच्छे किस्म के भूमिगत जल का विशाल भण्डार है। इस जल का उपयोग सिंचाई एवं शुद्ध पेयजल के लिए किया जा सकता है, परन्तु विद्युत के अभाव में नलकूपों को इच्छानुसार चलाया जाना संभव नहीं हो पाता।

फलस्वरूप, किसान भूमिगत जल को डीजल चालित पम्पसेटों की मदद से सिर्फ सिंचाई हेतु सीमित उपयोग कर पाते हैं, क्योंकि डीजल मँहगा पड़ता है। परिणामस्वरूप फसल की संभाव्य उत्पादकता का अल्पांश ही प्राप्त होता है।

यदि विद्युत की पर्याप्त मात्रा में उपलब्धता होती एवं भूमिगत जल का समुचित उपयोग हो पाता तो गंगा मैदान की उर्वर मिट्टी से समुन्नत, उच्च उत्पादकता वाले बीजों का उपयोग करके विविध फसलों का सम्यक उत्पादन करना संभव होता। प्रसिद्ध कृषि वैज्ञानिक स्वामीनाथन के अनुसार सिर्फ गंगा मैदान की सम्भाव्य खाद्य उत्पादन क्षमता 150 करोड़ टन है, जबकि इस समय देश में कुल खाद्यान्न उत्पादन मात्र 19.5 करोड़ टन है। विद्युत के अभाव के कारण ही छोटे नगरों एवं गाँवों में नल प्रवाहित शुद्ध पेयजल की आपूर्ति नहीं हो पाती। प्रदूषित जल पीने की विवशता के कारण अधिसंख्य लोग नाना प्रकार की जल जनित बिमारियों के शिकार होते हैं। हरियाणा, पंजाब, केरल तथा तमिलनाडु में लगभग शत प्रतिशत गाँवों में विद्युत आपूर्ति है। यद्यपि यह कितनी नियमित है, कहना कठिन है।

परिणामत: हरियाणा एवं पंजाब जैसे अर्द्धशुष्क प्रदेश भूमिगत जल का सिंचाई हेतु उपयोग करके देश के अन्न भण्डार की भूमिका निभा रहे हैं।

दूसरी ओर, उड़ीसा, बिहार तथा असम जैसे राज्यों में 30-45 प्रतिशत गाँवों में ही नाममात्र को विद्युत आपूर्ति उपलब्ध है जबकि राजस्थान, उत्तर प्रदेश, पश्चिमी बंगाल तथा मध्य प्रदेश में 45-50 प्रतिशत गाँवों में विद्युत आपूर्ति है। यही कारण है कि उड़ीसा, बिहार, असम खाद्यान्न के उत्पादन में काफी पिछड़े हैं। 1961-81 ई. के मध्य में खाद्यान्न उत्पादन की औसत वृद्धि 2.2 प्रतिशत वार्षिक की तुलना में पंजाब, हरियाणा एवं गुजरात में, जहाँ क्रमश: 100, 100 एवं 77 प्रतिशत ग्राम विद्युतकृत हैं, 4.0 से 6.3 प्रतिशत की वार्षिक वृद्धि हुई। ध्यान देने की बात है कि ये राज्य अपेक्षाकृत शुष्क एवं अर्द्धशुष्क क्षेत्रों में स्थित है जहाँ सिंचाई के बिना सफल उत्पादन सम्भव नहीं है।

पर्याप्त विद्युत आपूर्ति के अभाव में औद्योगिक उत्पादन में भी अपेक्षित वृद्धि नहीं हो पाती। प्राय: ग्रीष्म ऋतु में जब घरेलू विद्युत की माँग बढ़ जाती है, जबकि जलविद्युत उत्पादन के लिए जल प्रदान करने वाले जलाशयों में जल का आयतन बहुत कम हो जाता है, कारखानों एवं नगरों में भी विद्युत आपूर्ति प्राय: भंग हो जाती है। कभी-कभी यह समस्या इतनी विकट हो जाती है कि विद्युत आपूर्ति की अवधि को कई महीनों तक न्यूनाधिक सीमित करना पड़ता है।

इसके परिणामस्वरूप कई कारखाने बन्द हो जाते हैं, जिससे उनका उत्पादन कम हो जाता है एवं उत्पादन लागत बढ़ जाती है। ऊर्जा की बढ़ती माँग की आपूर्ति के लिए प्रथम पंचवर्षीय योजना से अब तक विद्युत उत्पादन क्षमता में निरन्तर वृद्धि के प्रयास होते रहे हैं। सम्प्रति कूल स्थापित विद्युत क्षमता 97000 MW है।

नगरपालिका संबंधित व्यर्थ जल और औद्योगिक अपशिष्टों का उपचार– पादप अपशिष्टों से विषैले प्रदूषक प्रच्छादन करने में सक्षम नहीं हो सकते। कुछ पादपों के मूल और प्रमूल, कई प्रकार के सूक्ष्म जन्तुओं, विशेषकर जीवाणु और कवक की वृद्धि के लिए एक अच्छा आवास प्रदान करते हैं। ये सूक्ष्मजीवी संदूषित व्यर्थ जल और औद्योगिकी अपशिष्टों जिनमें

क्लोराइड, ब्रोमाइड,सल्फेट इत्यादि हों, के उपचारण में अत्यधिक प्रभावी होते हैं। सूक्ष्मजीवी चरम अवस्थाओं तुषार और पृष्ठीय हिमीकरण और उष्ण ग्रीष्म, साथ ही चरम pH और अवायुवीय अपचायक अवस्थाओं में भी सक्रिय रहते हैं। पृथ्वी पर प्रत्येक पादप अपने मूल के चारों और स्वयं के सूक्ष्मजीवी ग्रहण करते हैं तथा सूक्ष्मजीवी वर्धन मूल के साथ स्वयं को अनुकूल करने में सक्षम होते हैं।

संयुक्त राज्य अमेरिका में पादपों की योग्य जातियाँ कृत्रिम रूपरेखित प्रयोगात्मक कच्छ तंत्र में व्यर्थ जल के उपचार में पादपों के विभव का अध्ययन करने हेतु वृद्धित की जाती है। इस प्रकार का एक पादप व्यर्थ जल तंत्र नवीनतम, पर्यटक आकर्षण है जो मग्नोलिया में एल्बीमारले के दो ब्रोमीन संयंत्रों के व्यर्थ जल के उपचार के लिए रूपरेखित किया गया है। एल्बीमारले के मैग्नोलिया दक्षिण ब्रोमीन सुविधाएँ एरकनसास में हैं, पर्यटक वहाँ पर निर्मित रसायन देखने नहीं आते अपितु कच्छीय पादपों के प्रयोग क्षरा यह व्यर्थ जल उपचार तंत्र देखने आते हैं। व्यर्थ जल तंत्र की दक्षिण इकाई 54 एकड़ कृत्रिम कच्छ सेज पादपों से भरी है, जैसे– सिरपस लेकुस्ट्रीस, मेडेन, ईख और टाइफा लेटीफोनिया। प्रत्येक कच्छ इकाई 2000 फीट लम्बी, 180 फीट चौड़ी और 12 से 18 इंच गहरी होती है जिसमें 40,000 पादप होते हैं। उच्च दृष्टि के लिए 30 एकड़ झंझाकारी जल को बाँध बनाकर इकट्ठा किया जाता है जो उपयोग में आता है। रेखित कच्छ जो पूर्व नेशनल ऐरोनोटिक्स एण्ड स्पेस एडमिनिस्ट्रेशन संयुक्त राज्य अमेरिका द्वारा बनाया गया है। उसमें वैज्ञानिक वर्षा जल वाह और असंपर्की प्रक्रम जल को उपचारित करते हैं।

कच्छ वही कार्य करता है जो यांत्रिक व्यर्थ जल उपचार संयंत्र करता है किन्तु $2 मिलियन से कम थोड़ा खर्च से और निम्न प्राचलन मूल्य पर करता है। यांत्रिक तंत्र को उतनी विद्युत की आवश्यकता होती है जितनी पूरे नगर को, जबकि कच्छ में केवल मॉनीटरन उपस्कर के लिए केवल एक केश शुष्कक की जितनी ऊर्जा चाहिए उतनी आवश्यकता होती है। बिल वोल्वेरटन, पूर्व नासा अनुसंधान अध्यक्ष और वोल्वेरटन पर्यावरणीय सेवाओं के संस्थापक का पिकायुन मिसुरी संयुक्त राज्य अमेरिका ने यह एल्बीमारले के दो कच्छ तंत्रों को रेखित किया। इन्होंने शैल नरकुल निस्यंद बनाने में सहायता की, यह डेगुसा थिओडोर, अलास्का, संयुक्त राज्य अमेरिका ने यह एल्बीमारले के दो कच्छ तंत्रों को रेखित किया।

इन्होंनें शैल नरकुल निस्यंद बनाने में सहायता की, यह डेगुसा थिओडोर, अलास्का, संयुक्त राज्य अमेरिका में 1980 में बना। वोल्वेरटन, जो नासा से 1989 में अवकाश प्राप्त हुए, ने अंतर्कक्ष वायु, नगरपालिका से सम्बन्धित व्यर्थ जल और औद्योगिक अपशिष्ट के उपचार के लिए पादप तंत्र रूपरेखित किए। यह प्रौद्योगिकी अपशिष्टों के जैव उपचार में प्रयुक्त होती है वोल्वेरटन पहले जीवमण्डल 2 के भी सलाहकार हैं जिसमें लोग पर्यावरण में बंद कर रखे गये थे। पादप उपचारक अधिक अंतर्कक्ष वायु उपचार में रोगी इमारत सिंड्रोम की समस्याओं से व्यवहार में और औद्यिगिक क्षेत्र में प्रोत्साहक और चुनौतीपूर्ण है।

एल्बीमारले का पहला कच्छ दक्षिण संयंत्र पर निस्पंदन और वर्षाजल वाह और असम्पर्क प्रक्रम का जल 1993 से सफाई कर रहा है। संयुक्त राज्य अमेरिका में साफ जल एक्ट की बढ़ती माँग के साथ व्यवहार करने के लिए तंत्र एक सस्ता विकल्प है। दक्षिण संयंत्र की सफलता पर आधारित दूसरी इकाई 1995 की शुरुआत में एल्बीमारले की मैग्नोलिया पश्चिम सुविधा पर स्थापित हुई। यह दूसरी, इकाई जो पहली के लगभग एक–चौथाई अमाप की है, ने प्रचालन 1995 में अक्टूबर के शुरू में किया।

प्रत्येक कच्छ तंत्र में तीन क्षेत्र होते हैं। वाह और शीतल जल पानी की झील में घुसता जहाँ pH और तापमान उच्चावचन समकारी है। झील दो समान्तर कच्छों में जल मोचित करती है। उच्च वृष्टि के लिए झंझाकारी जल बांध बनाकर द्रोणी प्रयुक्त होती है। कच्छ पादप उपचारण के कच्छ पादप उपचारण के जैव उपचार प्रक्रम का हृदय है।

पादप, बलरश सीरपस स्प० मेडैन ईख, और केटटेल्स टायफा स्प० परिशोधन प्रक्रम के लिए पर्यावरण बनाते हैं, जबकि सूक्ष्म जन्तु विशेषकर, जीवाणु इन सेज के मूल और प्रमूल पर रहने वाले संदूषकों (क्लोराइड, ब्रोमाइड, सल्फेट इत्यादि) को भंग करते हैं जो तंत्र में खुलते हैं। नया कच्छ प्रदूषकों पर हमला करने के लिए सूक्ष्म जन्तुओं के अत्यधिक आदर्श विभेद के प्राकृतिक वरण के साथ अपने आप स्थापित होना शुरू हो जाता है। यह फिलहाल विकासी अवस्था में है और उसकी प्रभाविता संभवतः समय के साथ बढ़ेगी । कच्छ अभियांत्रिक है प्राकृतिक कच्छ की तरह कार्य करने के लिए जो गरहे छिद्रों और उथले क्षेत्रों से रूपरेखित है। तंत्र प्रतिदिन हजारों से कई गैलन तक इतना अधिक घटे-बढ़े। यह गम्भीर दैवयोग से बहाव वहन कर सकता है। यदि टैंक ट्रक स्थल पर बह जाए, कच्छ उपचार करेगा। इन प्राकृतिक तंत्रों की समस्या यह है कि हमारे पास चीजों को रोकने के लिए घुंडियाँ नहीं हैं। एल्बीमारले ने इसी प्रकार की सुविधा, बेटन रोग, हाऊसटन, और ओरेनजबर्ग में, संयुक्त राज्य अमेरिका में एस.सी. में ,फेलुये (बेल्जियम) और थान (फ्रांस) में स्थापित करने का इरादा किया है।

ऊर्जा के रूढ़ स्रोतों में कोयला, पेट्रोलियम और प्राकृतिक गैस मुख्य स्रोत हैं। ये वाणिज्य ऊर्जा के विश्व उत्पादन का लगभग 90 प्रतिशत है, जल विद्युत और नाभिकीय शक्ति केवल 10 प्रतिशत है। संख्याएँ इस प्रकार हैं- तेल-39.5 प्रतिशत, कोयला- 30.3 प्रतिशत, प्राकृतिक गैस- 19.6 प्रतिशत, जलविद्युत- 6.7 प्रतिशत, नाभिकीय- 3.9 प्रतिशत।

विकसित विश्व में वाणिज्य ऊर्जा उपभोग पिछले 3-4 दशकों के दौरान वृद्धि हुआ है। ऊर्जा के कुल विश्व उपभोग का 80 प्रतिशत से अधिक उनके द्वारा (विश्व जनसंख्या का केवल 30 प्रतिशत) किया जाता है। इसके विपरीत, ऊर्जा का 20 प्रतिशत विकासशील और सामाजिक देशों, जो विश्व जनसंख्या का 70 प्रतिशत हैं के द्वारा उपभोगित किया जाता है।

भारत में ऊर्जा संरक्षण– जैसा पहले इंगित किया गया है ऊर्जा किसी पारिस्थितिकी तंत्र का संचालक है और ऊर्जा ही आर्थिक विकास का भी प्रेरक है। अतएव ऊर्जा संरक्षण का सविकास हेतु मौलिक महत्त्व है। यही कारण है कि पूरे विश्व में ऐसे ऊर्जा तंत्र के विकास पर बल दिया जा रहा है, जो पर्यावरण को कुप्रभावित न करे। यह ऊर्जा संरक्षण का मूलाधार है- नव्यकरणीय स्रोतों से प्राप्त वैकल्पिक ऊर्जा का अधिकाधिक उपयोग। भारत में इस प्रकार की ऊर्जा की विशेष आवश्यकता है, क्योंकि यहाँ की जनसंख्या 5 लाख 70 हजार गाँवों में बिखरी है। जहाँ ऊर्जा के सतत् नव्यकरणीय स्रोतों की प्रचुरता है, पर उनका विकास नगन्य है जबकि वही स्रोत विकेन्द्रीकृत अर्थव्यवस्था एवं भूवैन्यासिक संगठन से सर्वथा उपयुक्त है। भारत के गाँवों में अव्यापारिक ऊर्जा स्रोत (लकड़ी, कृषिगत अपशिष्ट-पुआल, डंठल, उपले, जन्तु एवं मानव की शारीरिक शक्ति) की ही प्रमुखता है। सम्पूर्ण देश में इन अव्यापारिक ऊर्जा स्रोतों का कुल ऊर्जा उपयोग में अंशदान 48 प्रतिशत आंका गया है।

परम्परागत अव्यापारिक ऊर्जा का अनुपात क्रमशः घटता गया है एवं घटते जाने की सम्भावना है। विभिन्न आर्थिक प्रखण्डों में व्यापारिक ऊर्जा के अन्तर्गत कोयला, पेट्रोल एवं विद्युत

प्रमुख है। उद्योगों में कोयला एवं विद्युत, परिवहन में पेट्रोल-डीजल (83.9 प्रतिशत), कृषि में डीजल (61.8 प्रतिशत) तथा घरेलू उपभोग में मिट्टी तेल (71.2 प्रतिशत) महत्त्वपूर्ण स्रोत हैं। भारत सरकार के ऊर्जा सलाहकार बोर्ड के आकलन के अनुसार 2004-05 ई. तक 45 से 54 करोड़ टन कोयला, 94 करोड़ टन पेट्रोल तथा 501-592 अरब किलोवाट घण्टा विद्युत (1,38,000 मेगा वाट स्थापित क्षमता) की आवश्यकता थी।

इस माँग की पूर्ति हेतु आवश्यक उत्पादन (पेट्रोल की अधिकतम उत्पादन क्षमता 5.0 करोड़ टन प्रतिवर्ष मानकर विद्यमान उत्पादन 2.6 करोड़ टन) हेतु 450,000 करोड़ रुपये व्यय करने की आवश्यकता पड़ेगी। देश के ज्ञात भण्डारों के अनुसार अधिकतम 5.8 करोड़ टन पेट्रोल का वार्षिक उत्पादन की सम्भव है। अतएव शेष पेट्रोल के लिये आयात पर निर्भर रहना होगा जिसके लिये विदेशी मुद्रा अर्जन एक विकट समस्या होगी। सीईए द्वारा दिसम्बर 87 में किये गये प्रक्षेपण के अनुसार विद्युत ऊर्जा की 2004-05 ई. तक की जरूरतें पूरी करने के लिए 1,74,1910 मेगावाट की स्थापित क्षमता होनी चाहिए। जलावन की लकड़ी गैर व्यापारिक ऊर्जा स्रोतों में प्रमुख है। इसकी जरूरत 2004-05 ई. तक 259 मिलियन टन हो गई। वनाच्छादित क्षेत्रफल में वृद्धि की विद्यमान धीमी गति को देखते हुए इसकी आपूर्ति भी असम्भव लगती है।

ऊर्जा उत्पादन में वृद्धि के अन्य स्रोत, जैसे-ज्वारीय, भूतापीय, गैसीफिकेशन, पेट्रोप्लान्टेशन आदि परीक्षण स्तर से आगे नहीं बढ़ सके हैं। प्रथम दो अत्यन्त सीमित क्षेत्र में क्रमशः समुद्रतट तथा पर्वतीय क्षेत्रों में ही विकसित किए जा सकते हैं। गैसीफिकेशन हेतु लकड़ी की आवश्यकता होगी जिसका अभाव पहले से ही है। भारत सरकार के ऊर्जा सलाहकार बोर्ड के 1985 ई. में किये गये आकलन के अनुसार 2006-07 ई. तक विभिन्न राज्यों में जलावन हेतु जितनी लकड़ी की आवश्यकता होगी, उसकी बंजर भूमि पर वृक्षारोपण द्वारा आपूर्ति कुछ ही राज्यों (राजस्थान, हिमाचल प्रदेश, जम्मू काश्मीर, मध्य प्रदेश, गुजरात एवं महाराष्ट्र) में सम्भव है। पश्चिमी बंगाल, बिहार, उड़ीसा तथा आन्ध्र प्रदेश में उपलब्ध सम्पूर्ण भूमि पर वन रोपण से ही आवश्यकता पूर्ति सम्भव है। उत्तर प्रदेश एवं तमिलनाडु में इसकी आपूर्ति वनरोपण द्वारा नहीं हो सकती। अस्तु ईंधन के वैकल्पिक स्रोत ढूँढ़ना अनिवार्य है। पंजाब, हरियाणा तथा केरल में घोर कमी रहेगी जिसकी आपूर्ति कृषिगत अवशिष्ट पदार्थों की कंड़ियाँ बनाने से ही सम्भव होगी।

ऊर्जा संकट, विशेषतया: पेट्रोल की कमी से उत्पन्न संकट से उबरने की एक अन्य सम्भावना ऐसे पौधों की खेती में निहित है जिनसे एल्कोहॉल प्राप्त किया जा सकता है। ऐस 386 किस्म के पौधों की पहचान की गयी है जिनमें हाइड्रोकार्बन मिलता है। गन्ना, चूकन्दर, ज्वार, शकरकन्द आदि फसलें इनमें शामिल हैं। 1990-91 ई. में 2.2 करोड़ टन पेट्रोल, केरोसिन तेल एवं ईंधन तेल की माँग थी। इतनी मात्रा में पेट्रोल की माँग की पूर्ति 4,200 करोड़ लीटर एल्कोहॉल से हो सकती है। चुकन्दर से प्रति हैक्टेयर 2-3 हजार लीटर पेट्रोल प्राप्त हो सकता है। चुकन्दर की खेती उत्तर प्रदेश-बिहार के मैदानी क्षेत्र में की जा सकती है। परन्तु यहाँ खाद्यान्न एवं चीनी के उत्पादन हेतु फसलों एवं एल्कोहॉल हेतु फसलों में द्वन्द्व खड़ा हो जाता है। उत्तर प्रदेश (बरेली) एवं महाराष्ट्र में दो चीनी मिलों को गैसोहोल उत्पादन हेतु लाइसेंस सरकार ने दी है।

ऊर्जा की बढ़ती माँग की आपूर्ति हेतु विविध नव्यकरणीय साधनों से ऊर्जा उत्पादन के

प्रयास के साथ ही ऊर्जा उपयोग में तकनीकी विधियों से कुशलता वृद्धि द्वारा बचत करना कम महत्त्वपूर्ण नहीं है। देश में त्रुटिपूर्ण उपकरणों एवं तकनीकों के चलते ऊर्जा की खपत आवश्यकता से अधिक होती है।

भारत महासागरीय तापीय ऊर्जा रूपान्तरण और तंरग ऊर्जा पर कार्य उग्रता से कर सकता है, जो सुदूर महासागरीय द्वीपों और तटीय नगरों में शक्ति आवश्यकता को पूरा करने में लम्बा साथ देगा। देश पहले ही ज्वारीय ऊर्जा समुपयोजन से अनुभव प्राप्त कर कर चुका है। केन्द्रीय विद्युत प्राधिकार और गुजरात विद्युत बोर्ड ने कच्छ की खाड़ी में ज्वारीय संयंत्र की स्थापना के लिए अध्ययन स्थल निकाले हैं। भारत में ओटीईसी विभव अति उत्तम है और विश्व के कुछ बेहतरीन स्थान भारतीय मुख्य भूमि से अलग स्थित है और लक्षद्वीप और अंडमान और निकोबार द्वीपों के निकट है। भारत के चारों ओर कुल ओटीईसी विभव 50,000 mW के आसपास है जो देश की वर्तमान कुल संस्थापित शक्ति उत्पादन धारिता की लगभग 150 प्रतिशत है।

ज्वारीय शक्ति उत्पादन ज्वारीय क्रिया से समुद्री स्तर के उछाल और गिरावट के काम में लाने पर निर्भर करता है। छोटे ज्वारीय शक्ति संयंत्र चीन और तत्कालीन यूएसएसआर में बनाए गए। ज्वारीय शक्ति का सबसे महत्त्वपूर्ण अनुप्रयोग विद्युत उत्पादन में है। 1996 में, फ्रांस ने पहला मुख्य ज्वारीय विद्युत संयंत्र निर्मित किया। भारत में, ज्वारीय ऊर्जा के समुपयोजन के लिए प्रत्याशित स्थान कच्छ की खाड़ी, कैम्बे और सुन्दरवन हैं। कच्छ में, फ्रेंच सहायता प्राप्त हुई है। अन्य योग्य स्थान लक्षद्वीप द्वीपों और अंडमान और निकोबार द्वीप के पास हैं। इन दोनों जगहों पर, तट के निकट 1,000 मीटर गहराई पर शीतल जल स्तरित (20 सेन्टीग्रेड या कम) होता है।

वातावरण शुद्धिकरण में यज्ञ की महत्ता

हमारे प्राचीन मनीषियों ने मनुष्य के व्यक्तिगत एवं सामाजिक जीवन के लिए जो व्यवस्था निर्धारित की थी, वह हमारे पूर्ण युक्ति एवं वैज्ञानिक थी उनके अनुसार चलते हुए प्रत्येक व्यक्ति के सर्वांगीण विकास के साथ-साथ सब प्रकार के भौतिक सुख एवं आध्यात्मिक आनन्द की उपलब्धि के अवसर थे।

बीच के युग में वह व्यवस्था बुरी तरह छिन्न-भिन्न कर दी गयी और उसके साथ ही हमारे पतन और दुःखों का क्रम आरम्भ हो गया। महर्षि दयानन्द सरस्वती ने अपनी अगाध विद्या तथा दीर्घकालीन साधना के बल पर उस व्यवस्था के सूत्रों को सम्बन्द्ध करके फिर हमारे लिए प्रस्तुत कर दिया। उस व्यवस्था का सम्पूर्ण निर्देशन भी ग्रंथों में उपलब्ध है। यह बात अलग है कि सामाजिक जीवन का अंग बना पाना अभी तक संभव नहीं हो पाया है।

यज्ञ वेदी

मनुष्य जीवन के प्रत्येक पहलू को अपने में समाविष्ट करने वाली उस व्यवस्था का एक भाग है- पंच महायज्ञों की अनिवार्यता। ब्रह्मयज्ञ, देवयज्ञ, पितृयज्ञ, अतिथि यज्ञ तथा बलिवैश्वदेव यज्ञ इन पाँच महायज्ञों को प्रतिदिन करने

का विधान किया गया है तथा इन्हें यथाशक्ति कभी भी न छोड़ने का निर्देश है। इन पाँच महायज्ञों को करते रहने पर ही मनुष्य समाज की सुखपूर्ण स्थिति निर्भर है। किन्तु आज हम अपने अज्ञान और आलस्य के कारण ऋषियों की इस कल्याणकारी व्यवस्था को छोड़ बैठे हैं। आर्य समाज की विचारधारा से अनुप्राणित कुछ बुद्धिशील लोग इन यंज्ञों के महत्त्व को समझते हैं, किन्तु कई कारणों से इनमें भी अधिकांश लोग इन सभी यंज्ञों को नियमपूर्वक नहीं कर पाते। इनमें से देवयज्ञ, आर्यसमाज के भवनों में सामुहिक रूप से सप्ताह में एक दिन हो जाता है, जिसकों न समझकर कुछ लोग अनेक आक्षेप किया करते हैं, देव यज्ञ के साथ जो अग्नि में घी तथा अन्य सुगंधित रोगनाशक तथा पुष्टीकारक पदार्थों के हवन की प्रक्रिया जुड़ी हुई है। उस पर विशेष रूप से अल्पगति लोगों की कुदृष्टि पड़ती है। उनका सबसे बडा आक्षेप यही है कि इन घी तथा मूल्यवान पदार्थों को अग्नि में डालकर क्यों नष्ट किया जाता है। देवयज्ञ के आध्यात्मिक तथा वैज्ञानिक लाभों को एक ओर रखकर यदि केवल घी तथा अन्य सुगन्धित रोगनाशक द्रव्यों को जलाने की प्रक्रिया पर ही निष्पक्ष दृष्टि से विचार किया जाए तो यह स्पष्ट हो जाता है कि इन घी आदि द्रव्यों को जलाने के भी एक महान् लाभ है, और यदि केवल यहीं लाभ यज्ञ का हो तो भी आज मनुष्य को अधिकाधिक मात्रा में हवन करना चाहिए। सबसे पहले तो यह ध्यान रखना चाहिए कि घी आदि पदार्थ जलाने से नष्ट हो जाते हैं? यह दृष्टि ही अवैज्ञानिकी है। यह प्रत्यक्ष अनुभूत तथ्य है कि अग्नि के सानिध्य से पदार्थ नष्ट नहीं होते अपितु हजारों गुणा शक्तिशाली होकर वायुमण्डल में फैल जाते हैं। मनुष्य अपने शरीर से निरूतर गन्दगी फैलाता है।

प्रदूषण रहित पूजा

जहां सामुहिक रूप से मनुष्य रहते है वहां जल तथा वायु का प्रदूषित होना स्वाभाविक है, अतः जितनी मात्रा में हम प्रदूषण फैलाते हैं उतनी मात्रा में जल तथा वायु को शुद्ध करने का दायित्व भी हमारा है। हमारे शरीर को शुद्ध रहने के लिए पोषक तथा रोग रहित भोजन की आवश्यकता है, उससे कहीं अधिक आवश्यकता स्वच्छ तथा रोगरहित जलवायु की है। अग्नि में घी आदि द्रव्यों का हवन करने से जल तथा वायु शुद्ध एवं रोग रहित ही नहीं अपितु वे पोषक तथा रोगनाशक भी हो जाते है।

आज के युग में हमने जो औद्योगिक साम्यता विकसित की है उसका यह दुष्परिणाम सामने आया है कि धरती के सब देशों के महानगरों में पीने हेतु रोगाणु रहित तथा सांस लेने के लिए स्वच्छ वायु सुलभ नहीं है। सोचिये कि तम्बाकु जैसी स्वास्थ्य के लिए हानिकारक वस्तु को उत्पन्न करने के लिए इतनी भूमि घेर रखी हैं। इससे अधिक जमीन पर चाय का उत्पादन किया जाता हैं। क्योंकि चाय का प्रयोग तम्बाकु से अधिक व्यापारिक स्तर पर हो रहा हैं। यदि इस पृथ्वी पर चाय और तम्बाकु का उत्पादन बन्द करके फलों और वृक्षों का उत्पादन किया जाये तो धरती से भुखमरी को समाप्त किया जा सकता हैं। उस जमीन पर कुछ भी परिश्रम न करके प्राकृतिक रूप से उगने वाली घास को ही होने दिया जाये तो इससे पशुओं को खाने के लिए भी और हवन के लिये भी प्राप्त दुध-घी प्राप्त हो जाएगा। विश्व के वैज्ञानिक बढ़ते हुए प्रदूषण से चिंतित है तथा इसे समाप्त करने के उपाय सोच रहे हैं। इसके लिए अग्निहोज से बढ़कर और कोई उपाय नहीं हैं। विश्व के सभी वैज्ञानिक मिलकर बहुत सोच-विचार और अनुसंधान के बाद जो कोई भी उपाय सोचेगें, उनमें किसी न किसी रूप में अग्नि के साथ प्रदूषण नाशक पदार्थों का सहयोग अवश्य सम्मिलित करना पड़ेगा, और इस तरह का वह अग्निहोज का ही बदला रूप होगा। किन्तु यह स्मरण रखना चाहिए कि ऐसा कोई उपाय खोजकर वे केवल प्रदूषण को दुर कर सकेगें, जोकि अग्निहौम का एक बहुत छोटा अनायास ही प्राप्त होने वाला लाभ हैं, यद्यपि आज के प्रदूषित युग में यह भी एक महान् लाभ हैं किन्तु हम बलपूर्वक कहना चाहते हैं कि दुनिया की किसी भी वैज्ञानिक प्रयोगशाला में वह दिव्य भावना कभी भी उत्पन्न नहीं की जा सकेगी, जो अग्निहौम करते समय यजमान के मन में 'इदं न ममं' के उच्चारण के साथ उत्पन्न होती हैं।

अग्निहौम केवल वायु शुद्धि के लिए नहीं किया जाता यह तो इसका गौण लाभ हैं। अग्निहौम के साथ बहुत गहन और द्विव्य आध्यात्मिक तथा समाज वैज्ञानिक प्रक्रिया जुड़ी हुई हैं। अग्निहौम में बोले जाने वाले मंत्रों और क्रियाओं का अभिप्राय समझ लेने पर यह बात स्पष्ट हो जाती है।

□□□

10

तत्वों की रासायनिक भाषा

संकेत (प्रतीक), सूत्र तथा समीकरण रसायनशास्त्र की भाषा है। रसायन विज्ञान को समझने के लिए तथा उसका प्रचार करने हेतु यह आवश्यकता हुई कि उसे किसी प्रकार संक्षिप्त रूप में प्रदर्शित किया जा सके। इसीलिए तत्वों को उनके संकेत के रूप में, यौगिकों को उनके सूत्र के रूप में तथा अभिक्रियाओं को समीकरण के रूप में लिखा जाने लगा।

तत्वों के संकेत- जब किसी तत्व के पूरे नाम के स्थान पर उसका जो संक्षिप्त रूप प्रयोग किया जाता है, उसे उस तत्व का संकेत या प्रतीक (Symbol) कहते हैं।

सन् 1813 में बर्जिलियन ने रसायन में संकेतों की एक नई प्रणाली निकाली जो आज भी प्रचलित है। यह तीन मुख्य बातों को ध्यान में रखकर बनायी गई थी।

(i) तत्व को उसके नाम के पहले अक्षर से प्रदर्शित किया जाना चाहिए, जैसे-

हाइड्रोजन (Hydrogen)	H
सल्फर (Sulphur)	S
ऑक्सीजन (Oxygen)	O
कार्बन (Carbon)	C

(ii) यदि कई तत्वों के नाम एक ही अक्षर से प्रारम्भ होते हों तो एक तत्व को प्रथम एक अक्षर से तथा अन्य सभी तत्वों को दो अक्षरों से प्रदर्शित किया जाता है।

कार्बन (Carbon) C	कैडमियम (Cadmium) Cd
क्लोरीन (Chlorine) Cl	क्रोमियम (Chromium) Cr

(iii) कुछ तत्वों के संकेत उनके लैटिन नाम के आधार पर दिये गये हैं।

अंग्रेजी	लैटिन नाम	संकेत
पोटैशियम	केलियम (Kalium)	K
आयरन	फेरम (Ferum)	Fe
गोल्ड	ऑरम (Aurum)	Au

(iv) प्रारम्भ में तत्वों के नामकरण का कोई वैज्ञानिक आधार या सिद्धांत नहीं था। तत्वों के नाम देवता, तत्व के विशेष गुण, खनिज पाये जाने वाले स्थान (हीलियन की सूर्य के वर्णमंडल में उपस्थिति, कैलीफोर्नियम का कैलीफोर्निया शहर के नाम पर) रखे गये। प्रारम्भ में 103 तत्वों तक के नाम इसी प्रकार दिये गये। परन्तु इनके पश्चात् खोजे गये तत्वों के नाम आई. यू. पी. ए. सी. (IUPAC) पद्धति के अनुसार दिये गये जिनका आधार परमाणु क्रमांक है। परमाणु क्रमांक 104 वाले तत्व का नाम उननिक्वाड्रम (Unnilquadrum) रखा गया। यह नाम

संख्या 104 को दर्शाता है। (1=Un, 0=nil, 4= quadrum)

तत्वों की रासायनिक भाषा

तत्वों के परमाणु रासायनिक आबंधों द्वारा जुड़कर आयनिक अथवा सहसंयोजी यौगिकों का निर्माण करते हैं। तत्वों को उनके संकेतों द्वारा प्रदर्शित करते हैं। इसी प्रकार यौगिकों को संक्षिप्त निरूपण द्वारा प्रदर्शित करते हैं, जिसको सूत्र कहते हैं। किसी यौगिक के सूत्र से पता चलता है कि (अ) उसमें कौन-कौन से संघटक परमाणु हैं, तथा (ब) प्रत्येक संघटक तत्व के परमाणुओं की संख्या कितनी है अर्थात् यौगिकों के सूत्र उनके रासायनिक संघटन प्रदर्शित करते हैं।

किसी यौगिक के विद्ययमान तत्वों के परमाणुओं को संकेतों द्वारा प्रदर्शित किया जाता है तथा परमाणुओं की संख्याओं के पादांकों को उनके संगत संकेतों के नीचे दाईं ओर लिखते हैं। इसमें हाइड्रोजन के पादांक (2) तथा ऑक्सीजन के पादांक (1) को संकेत के नीचे दाईं ओर लिखते हैं। चूँकि 1 को लिखने की प्रथा नहीं है अत: जल के सूत्र को H_2O द्वारा प्रदर्शित करते हैं। सूत्रों को लिखने के लिए कभी-कभी कोष्ठक का भी प्रयोग करते हैं। उदाहरणार्थ, $Ca(OH)_2$ यहाँ पर कोष्ठक में दो हाइड्रॉक्सिल समूह विद्यमान हैं जो हाइड्रॉक्सिल समूह के पादांक 2 को व्यक्त करते हैं जो एक कैल्सियम समूह द्वारा जुड़े होते हैं अर्थात् एक हाइड्रॉक्सिल समूह में एक ऑक्सीजन और एक हाइड्रोजन परमाणु संयुक्त हैं।

विभिन्न तत्व, रासायनिक आबंधों द्वारा जुड़कर यौगिक बनाते हैं। तत्वों के संयोजकता इलेक्ट्रॉन सायोदारी या स्थानांतरण द्वारा सहसंयोजी अथवा आयनिक यौगिक बनाते हैं। यह सब तत्वों के इलेक्ट्रॉनिक विन्यास पर आधारित होता है। किसी सहसंयोगी या आण्विक यौगिक का रासायनिक सूत्र उसमें उपस्थित अणुओं के संघटकों को दर्शाता है। आयनिक यौगिकों का रासायनिक सूत्र उसमें उपस्थित आयनों के अनुपातों और सूत्र इकाई को प्रदर्शित करता है।

सरल यौगिकों के नाम और रासायनिक भाषा

सरल आण्विक और आयनिक यौगिक साधारणत: द्वि-अंगी यौगिक होते हैं अर्थात् वे दो विभिन्न तत्वों से मिलकर बनते हैं। किसी द्वि-अंगी यौगिक का सूत्र लिखते समय अधिक विद्युत ऋणी तत्व को बाएँ तरफ लिखते हैं। उदाहरण के लिए, जब धातु किसी अधातु के साथ जुड़ती है तो धातु का तत्व का संकेत बाईं ओर तथा अधातु तत्व का संकेत दाई ओर लिखते हैं। यौगिकों का नाम लिखते समय पहले तत्व का नाम उसी प्रकार तथा दूसरे अधिक विद्युत तत्व को अंत में बदलकर आइड लिखते हैं।

आणविक यौगिकों के सूत्र

सहयोजक आबंध द्वारा बनते हैं, आणविक यौगिक कहलाते हैं। किसी परमाणु के इलेक्ट्रॉनों की वह संख्या जो दूसरे परमाणुओं के इलेक्ट्रॉनों के साथ साझेदारी करके सहसंयोजक आबंध निर्मित करने में उपयुक्त होती है, उसे परमाणु की संयोजकता कहते हैं। उदाहरणार्थ, कार्बन परमाणु अपने चार संयोजकता इलेक्ट्रॉनों की साझेदारी कर सकता है और क्लोरीन परमाणु अपने एक संयोजक इलेक्ट्रॉन की साझेदारी कर सकता है। दूसरे शब्दों में कार्बन की

संयोजकता चार तथा क्लोरिन की संयोजकता एक है। इसका अर्थ यह है कि कार्बन और क्लोरीन के बीच यौगिक के बनने में कार्बन के एक परमाणु के चार इलेक्ट्रॉन, चार क्लोरीन परमाणुओं के चार इलेक्ट्रॉनों के साथ सायोदारी करते हैं अर्थात्, प्रत्येक कार्बन परमाणु चार क्लोरीन परमाणुओं के साथ संयोग करता है। इसलिए इस यौगिक का सूत्र CCl_4 होता है। आणविक यौगिक के रासायनिक सूत्र लिखने के लिए, हम संघटक तत्वों और उनकी संयोजकता को नीचे दिखाए ढंग से लिखते हैं और फिर जुड़ने वाले तत्वों की संयोजकता को आपस में क्रास कर देते हैं।

द्वि–अंगी आणविक यौगिकों के नामकरण

द्वि–अंगी आण्विक यौगिकों के नाम लिखते समय हम आणविक यौगिक के बाईं ओर लिखे जाने वाले तत्व के नाम का संकेत पहले लिखते हैं तथा दाईं तरफ लिखे जाने वाले तत्व का नाम अंत में बदलकर आइड लिखते हैं, जैसे- ऑक्सीजन, क्लोरीन एवं सल्फर के नामों को बदकर ऑक्साइड क्लोराइड एवं सल्फाइड कर देते हैं। उदाहरण के लिए, HCl का नाम हाइट्रोजन क्लोराइड एवं MgO को मैग्नीशियम ऑक्साइड लिखते हैं।

जब यौगिक में किसी तत्व के एक से अधिक परमाणु होते हैं, तो उनकी संख्या को व्यक्त करने के लिए एक संख्यात्मक पूर्वलग्न मोनो, डाइ, ट्राइ इत्यादि लगाते हैं, जैसा सारणी में दिखाया गया है।

परमाणुओं की संख्या	पूर्वलग्न	उदाहरण	
1	मानो	कार्बन मोनोक्साइड	CO
2	डाइ	कार्बन डाइऑक्साइड	CO_2
3	ट्राइ	फॉस्फोरस ट्राइक्लोराइड	PCl_3
4	टेट्रा	कार्बन टेट्राक्लोराइड	CCl_4
5	पेंटा	डाइनाइट्रोजन पेंटाक्साइड	N_2O_5

पूर्वलग्न ग्रीक भाषा से संबंध रखते हैं। पूर्वलग्न के आखिर में – ओ या –ए को दूसरे स्वर अर्थात् –ओ या –ए, से पहले हटा देते हैं अर्थात् मोनोक्साइड, पेंटाक्साइड। संख्यात्मक पूर्वलग्न और तत्व के नाम के बीच स्थान नहीं छोड़ते हैं। द्वि–अंगी आणविक यौगिकों में पूर्वलग्न का प्रयोग आवश्यक है, क्योंकि दो समान अधातुएँ कई यौगिक बना सकती हैं।

यौगिक में जब हाइड्रोजन प्रथम तत्व होता है तो हाइड्रोजन से पहले पूर्वलग्न नहीं लगाते हैं चाहे उसकी संख्या कितनी भी हो। उदाहरणार्थ, H_2S का नाम हाइड्रोजन सल्फाइड है न कि डाइहाइड्रोजन सल्फाइड।

कुछ द्वि–अंगी आणविक यौगिकों को उनके साधारण नामों से जाना जाता है। उदाहरण के लिए H_2O जो कि वास्तव में हाइड्रोजन मोनोक्साइड है, उसे सामान्यत: जल के नाम से जाना जाता है। इसी प्रकार यौगिक NH_3 जो कि वास्तव में नाइट्रोजन ट्राइऑक्साइड है, उसे अमोनिया के नाम से जाना जाता है।

आयनिक यौगिकों के सूत्र

आयनिक यौगिकों के सूत्र में विद्यमान उनके आयन (धनायन एवं ऋणायन) सरल पूर्ण संख्या अनुपात को दिखाते हैं। कुल धनावेश और कुल ऋणावेश बराबर होते हैं। आयनिक यौगिक सूत्र लिखते समय धनायन का संकेत या सूत्र लिखते हैं। इसे मैग्नीशियम क्लोराइड के सूत्र लिखकर समझाया गया है। मैग्नीशियम क्लोराइड में हम पहले धनायन का संकेत उसके बाद ऋणायन का संकेत लिखते हैं।

$$Mg^{2+}CI^{-}$$

चूँकि धनावेशों और ऋणावेशों को बराबर करना है इसलिए हम CI^{-} आयन की संख्या को 2 कर देते हैं। इसका अर्थ यह है कि द्वि धनावेश वाला एक Mg^{2+} एक ऋणावेश वाले दो क्लोराइड आयन CI^{-} के साथ जुड़ता है, जिससे आवेश उदासीन हो जाते हैं। इसी प्रकार मैग्नीशियम क्लोराइड का सूत्र $MgCI_2$ प्राप्त होता है। ध्यान रहे कि सूत्र में आयनों का आवेश नहीं दर्शाया गया है।

दूसरे प्रकार से आयनिक यौगिकों का सूत्र लिखने के लिए आयनों के धनावेशों तथा ऋणावेशों को आपस में क्रास करके उनकी संख्या को बराबर किया जाता है।

तत्व	Mg	CI
आवेश	+2	-1

इस प्रकार हम आवेश बराबर कर जाँच–पड़ताल कर सकते हैं।

Mg	=	+2
2CI	=	-2

ऐसे द्वि–अंगी यौगिक जिनमें एक ऋणायन तथा एक धनायन होता है, सबसे सरल आयनिक यौगिक होते हैं। उदाहरण के लिए, सोडियम क्लोराइड (NaCI), इसमें Na^{+} और CI^{-} आयन होते हैं।

जब एक से अधिक तत्वों के परमाणु आपस में जुड़कर एक सामान्य धनावेश या ऋणावेश आयन बनाते हैं, वे आयन बहुपरमाणविक आयन कहलाते हैं। हम सामान्यतः बहुपरमाणविक आयनों को ऋणावेशित पाते हैं। अब हम ऐलुमिनियम आयन और सल्फेट आयन द्वारा बने यौगिक का सूत्र लिखते हैं।

1. पहले धनायन का संकेत तत्पश्चात् ऋणायन का सूत्र लिखा जाता है।

$$AI^{3+} \qquad (SO_4^{2-})$$

2. आयनों के आवेशों को आपस में क्रास करके लिखते हैं। ये परमाणु अथवा परमाणुओं के समूह के पादांक बन जाते हैं।

AI^{3+}	(SO_4^{2-})
3	2

आवेश के संतुलन को हम निम्न प्रकार से जाँच सकते हैं।

$2 \times Al^{3+} = +6$

और $3 \times (SO_4^{2-}) = -6$

इसलिए एलुमिनियम सल्फेट का सूत्र $Al_2(SO_4)_3$ है।

रसायन के माप

साधारणतः किसी वस्तु की लम्बाई को सेंटीमीटर या मीटर में, भार को ग्राम या किलोग्राम में तथा आयतन को मिलीलीटर या लीटर में व्यक्त करते हैं। प्रत्येक प्रकार के माप में एक दी हुई भौतिक मात्रा की किसी एक निर्धारित मानक से तुलना की जाती है। इस निर्धारित मानक को माप की इकाई कहते हैं। यदि कोई छड़ 4 मीटर लम्बी है तो इसका अर्थ यह है कि यह छड़ लम्बाई की मापक इकाई मीटर से चार गुना अधिक लम्बी है । अतः माप का परिमाण व्यक्त करने के लिए हमें दो प्रकार की जानकारी की आवश्यकता है- (1) अंक, और (2) इकाई। उपरोक्त उदाहरण में 4 अंक है तथा मीटर इकाई।

सार्थक अंक

यदि गणना योग्य वस्तुओं की गिनती की जाए तो पूर्णतया परिशुद्ध संख्या में की जा सकती है, जैसे कक्षा में यदि 50 विद्यार्थी हैं तो यह उनकी परिशुद्ध संख्या है। कक्षा में से हम एक पूर्णतया सही संख्या में विद्यार्थी कम कर सकते हैं और कक्षा में बचे विद्यार्थियों की एकदम सही संख्या भी बता सकते हैं। लेकिन यही बात हम किसी विद्यार्थी की ऊँचाई के बारे में नहीं कह सकते। यदि उसकी ऊँचाई 160 सेमी नापी गई है तो सेन्टीमीटर के चिन्ह लगा फीता या स्केल यही बता सकता है कि ऊँचाई 160 सेमी से अधिक और 161 सेमी से कम है। यदि मिलीमीटर के चिन्ह लगे हो तो सबसे निकट मिलीमीटर तक नापा जा सकता है, इससे आगे नहीं। ऐसा इसलिए है कि विद्यार्थियों की संख्या विविक्त चर है और ऊँचाई का नाप सतत् चर।

दूसरे शब्दों में, सतत् चर का माप केवल उतना ही परिशुद्ध हो सकता है जितना माप का उपकरण शुद्ध है। किसी मापन को हम जिन अंकों की सहायता से प्रकट करते हैं वे सभी सार्थक अंक कहलाते हैं। ये उस राशि का प्रतिनिधित्व करते हैं जिस स्थान पर उन्हें संख्या में रखा गया है। उदाहरण के लिए, संख्या 265 यह प्रदर्शित करती है कि इसमें दो शतक, छः दशक तथा पाँच इकाई मौजूद हैं। अतः ये तीनों अंक सार्थक अंक हैं। शून्य अंक भी एक सार्थक अंक होता है, केवल उस स्थिति में नहीं जब वह किसी संख्या का प्रथम अंक हो। उदाहरणार्थ, राशि 4.3790 ग्रा और 4.0073 ग्रा में शून्य सार्थक है लेकिन राशि 0.0039 किग्रा में तीनों शून्य सार्थक अंक नहीं हैं, वे केवल दशमलव बिन्दु की स्थिति का स्थान निर्धारित करते हैं। यदि मात्रक का उपयुक्त विकल्प हो तो उनको हटाया भी जा सकता है।

उदाहरणार्थ, 0.0039 किग्रा के स्थान पर 3.9 ग्रा भी कह सकते हैं और इससे जिस मात्रा के लिए 0.0039 किग्रा कहा गया था उससे कोई अन्तर नहीं पड़ेगा। 4.3790 और 4.0073 राशियों में पाँच सार्थक अंक हैं लेकिन 0.0039 राशि में केवल दो सार्थक अंक हैं।

निश्चित और अनिश्चित अंक

माप पूर्णतया परिशुद्ध हो सकती है जैसे विद्यार्थियों की संख्या या उसमें कुछ अनिश्चितता रह सकती है, जैसे विद्यार्थी की ऊँचाई। लिखने की पद्धति में इस जानकारी को सम्मिलित कर लेना उपयोगी होता है। वैज्ञानिक इस पर सहमत हैं कि किसी माप को व्यक्त करने वाली राशि की संख्या में वे सब अंक जो निश्चित हैं और अंत का एक वह अंक जो अनिश्चित है, सम्मिलित करने चाहिए।

यदि किसी व्यक्ति की ऊँचाई तीन भिन्न ढंग से बताई गई है, जैसे, 160 सेमी, 160.0 सेमी और 160.00 सेमी तो सामान्यतया ये एक समान ही लगती हैं लेकिन वैज्ञानिक दृष्टि से इनका अर्थ भिन्न होगा। इन तीनों संख्याओं में क्रमशः तीन, चार और पाँच सार्थक अंक हैं। संख्या 160 में संख्या 1 और 6 निश्चित है लेकिन 0 अनिश्चित है, 0 केवल सबसे समीप का अनुपात है। साधारणतया यह मान लिया जाता है कि सबसे समीप के अनुपात में 1 का कम या अधिक अन्तर हो सकता है।

अतः 160 सेमी का अर्थ हुआ कि वास्तविक मान 159 और 161 सेमी के मध्य में है। इससे यह भी ज्ञात होता है कि स्केल अधिक सुग्राही नहीं है। संख्या 160.0 में चार सार्थक अंक हैं। यह वह संख्या प्रदर्शित करती है जो 159.9 और 160.1 के मध्य में है। इस दशा में तीसरा अंक 0 भी निश्चित अंक है अर्थात् इस माप में उपयोग किया गया स्केल और भी अधिक परिशुद्ध है। यह आवश्यकता है कि माप का परिमाप मापने की परिशुद्धता को सही प्रतिबिम्बित करे। किसी परिस्थिति में जितने सार्थक अंक संभव हो सकते हैं, उनमें अधिक सार्थक अंक बतलाना भ्रम उत्पन्न करना है और उनसे कम सार्थक अंक बताना कुछ जानकारी को दबा लेना है, जो कदाचित उपयोगी हो सकती थी।

किसी माप का परिणाम व्यक्त करते समय या किसी नापी हुई मात्रा में सार्थक अंकों की गणना करते समय नीचे दिये नियमों का ध्यान रखना चाहिए–

1. संख्या के प्रारम्भ के शून्यों को छोड़कर सभी अंक सार्थक हैं। इस प्रकार 181 सेमी, 0.181 सेमी इन सब संख्याओं में तीन सार्थक अंक हैं।

2. किसी संख्या के दशमलव बिन्दु के दाहिनी ओर के शून्य सार्थक हैं, 181 सेमी, 181.0 सेमी 181.00 सेमी में क्रमशः तीन, चार और पाँच सार्थक अंक हैं।

3. उपरोक्त नियमों में यह मान लिया गया है कि संख्याओं को वैज्ञानिक अंकन पद्धति द्वारा व्यक्त किया जा रहा है। इस अंकन पद्धति में संख्याओं को $N \times 10^n$ की तरह लिखा जाता है। उदाहरणार्थ, 170 सेमी में तीन सार्थक अंक अन्तर्निहित हैं। अतः इसे 1.70 × 102 सेमी लिखा जा सकता है।

लेकिन यदि नाप केवल दो ही सार्थक अंकों तक परिशुद्ध है तो 170 सेमी को 1.7 × 102 सेमी लिखा जाना चाहिए। इसे निम्न उदाहरण से और भी स्पष्ट किया जा सकता है। 1200 ग्राम भार को तीन प्रकार से व्यक्त किया जा सकता है–

(1) यदि तोलते समय प्रयुक्त की गई तुला की सुग्रहिता 10 ग्राम है तो 1200 ग्राम

भार को 1.200×10^3 ग्राम के रूप में व्यक्त किया जायेगा तथा सार्थक अंक चार होंगे।

(2) यदि प्रयुक्त की गई तुला की सुग्रहिता 10 ग्राम है तो 1200 ग्राम भार को 1.20×10^3 ग्राम के रूप में व्यक्त किया जायेगा तथा सार्थक अंक तीन होंगे।

(3) यदि प्रयुक्त की गई तुला की सुग्रहिता 100 ग्राम है तो 1200 ग्राम भार को 1.2×10^3 ग्राम के रूप में लिखा जायेगा तथा सार्थक अंक दो होंगे।

रासायनिक गणनाएँ और सार्थक अंक

अनेकों बार किसी एक प्रयोग में ही एक से अधिक मापन किये जाते हैं अथवा विभिन्न मापों का उपयोग कर गणनाएँ की जाती हैं। मापन की सभी संख्याओं की परिशुद्धता एक-सी होना भी संभव नहीं हैं। अत: गणना में विभिन्न संख्याओं को जोड़ने, घटाने, गुणा, भाग आदि करते समय प्राप्त परिणाम की सार्थक अंकों की संख्याओं का निर्धारण निम्न नियमों के आधार पर किया जाता है–

(1) अन्तिम अंक हटाना (निकटन) – गणना करते समय कभी-कभी ऐसे अन्तिम अंक या अन्त के कुछ अंकों को छोड़ देना आवश्यक होता है जिनसे त्रुटिपूर्ण परिणाम प्राप्त होते हैं। जब हटाया जाने वाला अंक 5 से कम हो तो उसे हटा कर शेष मान वैसे ही लिख दिया जाता है। जैसे 4.762 से अन्तिम अंक हटाने पर 2.76 प्राप्त होगा। जबकि हटाया जाने वाला अंक 5 से अधिक हो तो हटाने पर शेष बची संख्या के अन्तिम अंक में एक जोड़कर लिख देते हैं। जैसे 4.757 से अन्तिम अंक हटाने पर 4.77 प्राप्त होगा।

परन्तु यदि हटाया जाने वाला अंक 5 हो तथा उससे पहले रखे जाने वाला अंक विषम हो तो इस अंक को एक बढ़ा कर सम कर देते हैं। लेकिन यदि पूर्व वाला अंक सम हो तो उसे बिना किसी परिवर्तन के ज्यों का त्यों रहने देते हैं। उदाहरण के लिए 5.24355 तथा 5.24365 में से अन्तिम अंक 5 को हटाने पर दोनों ही स्थितियों में 5.2436 प्राप्त होगा।

यदि अन्त के एक से अधिक अंक हटाने हों तो एक-एक करके अंक हटाने की अपेक्षा एक साथ सारे अंक हटा दिये जाते हैं। उदाहरण के लिए 8.12549 से अन्तिम दो अंक हटाने पर 8.125 तथा तीन अंक हटाने पर 8.12 प्राप्त होंगे।

(2) जोड़ना व घटाना – योग एवं घटाने की क्रियाओं में प्राप्त परिणाम में उतने ही दशमलव अंक होने चाहिए जितने कि प्रयुक्त संख्याओं में निम्नतम दशमलव अंकों वाली संख्या में होते हैं। अत: दी गई राशियों को सामान्य रूप से जोड़कर अथवा घटाकर प्राप्त परिणाम में आवश्यकता अनुसार अन्तिम अंक हटा लिए जाते हैं।

अन्तर्राष्ट्रीय मात्रक पद्धति

पूर्व में संसार के विभिन्न देशों में मुद्रा, तोल, नाम आदि के अनेक मात्रक रहे हैं। इन मात्रकों में बहुत भिन्नता थी। जैसे भारत में तोल के लिए छटांक, पाव और सेर होता था। इंगलैण्ड में तोल के लिए ग्रेन, औंस और पाउण्ड का चयन था। अन्य देशों में तोल के लिए मिलीग्राम, ग्राम व किलोग्राम था।

सन् 1960 में अन्तर्राष्ट्रीय स्तर पर मात्रकों के लिए एक विशेष प्रणाली निर्धारित की गई जिसे अन्तर्राष्ट्रीय मात्रक पद्धति कहते हैं। इस पद्धति को विश्व के सभी वैज्ञानिकों ने स्वीकार किया है।

Sl फ्रेंच भाषा के Systeme International d Units (जिसका अर्थ है International System of Units) का संक्षिप्त रूप है।

अन्तर्राष्ट्रीय मात्रक पद्धति में सात मूल मात्रक हैं जिनसे अन्य सब व्युत्पन्न प्राप्त होते हैं। मानक पूर्वलग्न लगाकर मूल मात्रकों को घटाया-बढ़ाया जाता है।

यह कहा जा चुका है कि अन्तर्राष्ट्रीय मात्रक पद्धति को सभी देशों के वैज्ञानिक स्वीकार कर चुके हैं और प्रयोग में ला रहे हैं, लेकिन फिर भी इन मात्रकों का सर्वदा ही उपयोग नहीं हो रहा है। विशेषतया, रसायनज्ञ आदि सभी कई पुराने मात्रकों का उपयोग करते हैं। तापक्रम के लिए केल्विन के स्थान पर सेल्सियस का उपयोग किया जाता है (K कि साथ डिग्री (°) का संकेत नहीं लगाया जाता)। इसका एक कारण यह भी है कि यदि रसायन में अन्तर्राष्ट्रीय मात्रकों का शत-प्रतिशत उपयोग किया जाए तो लाखों मानों, परिमाणों और राशियों को इन मात्रकों में परिवर्तन करना होगा जो एक दुष्कर कार्य है।

विमीय विश्लेषण

सात मूल मात्रकों से क्षेत्रफल, आयतन, दाब, बल आदि जैसे कई व्युत्पन्न प्राप्त हो जाते हैं। मात्रकों के आधार पर मात्राओं के आधार-पद प्राप्त करने पर ऐसी मात्राओं के मात्रक सरलता से प्राप्त हो जाते हैं। इस प्रकार यदि किसी मैदान की लंबाई-चौड़ाई मीटर (m) में व्यक्त की जाती है तो उसका क्षेत्रफल मीटर^2 (m^2) में व्यक्त किया जायेगा। वेग (दूरी/समय) के लिए मात्रक m/s या ms^{-1} मीटर प्रति सेकंड होगा। कुछ सामान्य व्युत्पन्न सारणी में दिये गये हैं।

रूपान्तरण घटक

कुछ SI Units को पुराने या अन्य मात्रकों में परिवर्तन करने कीं आवश्यकता पड़ जाती है। इसके लिए कुछ सामान्य रूपान्तरण घटक नीचे दिये जा रहे हैं-

1 वायुमंडलीय दाब = 760 मिमि Hg = 1.01325×10^6 डाइन सेमी$^{-2}$

= 1.01325 KNM^{-2}

1 कैलोरी (तापीय रासायनिक)= 4.184 J

1 कूलॉम्ब = 2.9979×10^9 esu = 1 ऐम्पीयर सेकण्ड

1 अर्ग = 2.3901 10^{-8} कैलोरी = 10^{-7} J

1 द्रव्यमान इकाई = 1.660 10^{24} अर्ग

RT = 2.495 KJ mol-1 = 208.4 सेमी-1

(T= 300K)

1. परमाण्वीय गुणों में आवर्तिता:

तत्वों के रासायनिक गुण मुख्यत: उनके बाह्यतम कोश के इलेक्ट्रॉनीय विन्यास पर

निर्भर करते हैं। परमाणु क्रमांक के परिवर्तन के कारण एक आवर्त और वर्ग के तत्वों के भौतिक और रासायनिक गुणों में नियमित परिवर्तन होता है। गुणों में यह नियमित परिवर्तन आवर्तित कहलाता है। तत्वों के कुछ प्रमुख गुणों, जैसे आयनन विभव, इलेक्ट्रॉन बन्धुता एवं विद्युतऋणता में आवर्तिता का वर्णन यहाँ नहीं किया जायेगा।

आयनन विभव

जब किसी परमाणु को ऊर्जा दी जाती है तो उसका बाह्यतम इलेक्ट्रॉन प्रथम, द्वितीय, तृतीय या अन्य किसी भी उत्तेजित अवस्था में उत्तेजित हो जाता है। ऊर्जा की उचित मात्रा दी जाये तो बाह्यतम कोश से एक इलेक्ट्रॉन पूर्णतया पृथक होकर परमाणु को धनायन में परिवर्तित कर देता है। ऊर्जा की यह मात्रा आयनन विभव अथवा आयनन ऊर्जा कहलाती है। इसे निम्न प्रकार से परिभाषित किया जा सकता है:

"किसी तत्व के विलगित एक मोल गैसीय परमाणुओं के बाह्यतम कोश के सबसे ढीले बंधे इलेक्ट्रॉन को पूर्णतया पृथक करने के लिए आवश्यक ऊर्जा उस तत्व का आयनन विभव कहलाती है।"

सामान्यत: परमाणुओं में से केवल एक ही नहीं, बल्कि दो, तीन या अधिक इलेक्ट्रॉनों का हटाना संभव है। किसी परमाणु से एक इलेक्ट्रॉन को पृथक करने के लिए आवश्यक ऊर्जा प्रथम आयनन विभव कहलाता है। इसी प्रकार दूसरे व तीसरे इलेक्ट्रॉन को पृथक करने के लिए आवश्यक ऊर्जा क्रमश: द्वितीय व तृतीय आयनन विभव कहलाती है।

आयनन विभव के मान इलेक्ट्रॉन वोल्ट या कि.जूल्स में प्रकट किये जाते हैं। प्रथम इलेक्ट्रॉन को पृथक करने के पश्चात दूसरा इलेक्ट्रॉन पृथक करना अधिक कठिन है, क्योंकि–

(1) प्रथम इलेक्ट्रॉन हटा लेने से प्रभावी नाभिकीय आवेश में वृद्धि होती है।

(2) उदासीन परमाणु M की अपेक्षा धनायन M^+ का आकार छोटा होता है। इसी

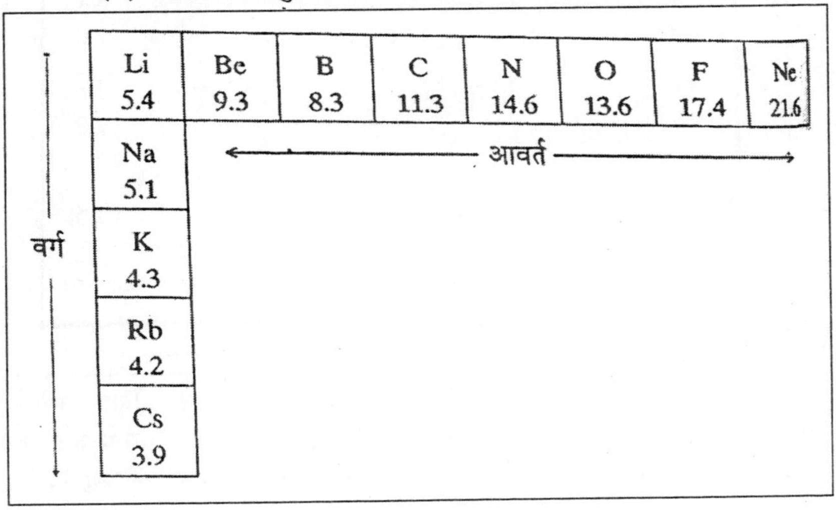

प्रकार तीसरे, चौथे, पाँचवें इलेक्टॉन को हटाने में क्रमबद्ध अधिक ऊर्जा की आवश्यकता होती है। अत: आयनन विभव के मानों में निम्न क्रम होगा-

प्रथम आ. वि ८ द्वितीय आ. वि ८ तृतीय आ. वि

सामान्यत: आवर्त सारणी में तत्वों के आयनन विभव के मान आवर्त में बांये से दांये तथा वर्ग में नीचे से ऊपर जाने पर बढ़ते हैं। आयनन विभव के मान अनेक कारकों जैसे, परमाणु आकार, नाभिकिय आवेश परिरक्षण प्रभाव, कक्षकों का भेदन प्रभाव आदि पर निर्भर करते हैं।

आवर्त सारणी के वर्ग-1 व द्वितीय आवर्त के तत्वों के प्रथम आयनन विभव के मान नीचे दिये गये हैं-

2. इलेक्ट्रॉन बन्धुता

किसी तत्व के परमाणु को धनायन में परिवर्तित करने के लिए आवश्यक ऊर्जा को आयनन विभव कहते हैं। इसके विपरीत एक उदासीन परमाणु में एक इलेक्ट्रॉन जोड़कर उसे ऋणायन में परिवर्तित करने पर ऊर्जा उत्सर्जित होती है, इस ऊर्जा को इलेक्ट्रॉन बन्धुता कहते हैं। इसे निम्न प्रकार से परिभाषित किया जा सकता है-

''किसी तत्व के विगलित एक मोल गैसीय परमाणुओं की निम्नतम ऊर्जा अवस्था में जब एक बाह्य इलेक्ट्रॉन जोड़ा जाता है तो मुक्त हुई ऊर्जा को उस तत्व की इलेक्ट्रॉन बन्धुता कहते हैं।''

Li 1.0	Be 1.5	B 2.0	C 2.5	N 3.0	O 3.5	F 4
Na 0.9						Cl 3.0
K 0.8						Br 2.8
Rb 0.8						I 2.5
Cs 0.7						

वर्ग (↕)

← आवर्त →

इलेक्ट्रॉन बंधुता के मान इलेक्ट्रॉन वोल्ट या किलो जूल्स में प्रकट किये जाते हैं। साधारणत: इलेक्ट्रॉन बनुधता के मान एक वर्ग में ऊपर से नीचे जाने पर धीरे-धीरे घटते हैं, तथा आवर्त में बायें से दायें जाने पर बढ़ते हैं। परन्तु इस सामान्य नियम के अनेक अपवाद हैं।

पॉलिंग के अनुसार एक अणु में किसी परमाणु द्वारा साझित इलेक्ट्रॉन युग्म को अपनी ओर आकर्षित करने की प्रवृत्ति या क्षमता को उस परमाणु की विद्युतऋणता कहते हैं। एक आवर्त में तत्वों की विद्युतऋणता बायें से दायें जाने पर बढ़ती है तथा वर्ग में ऊपर से नीचे आने पर कम होती है। यह सामान्य प्रवृत्ति है यद्यपि इसमें कुछ अपवाद हैं। आवर्त सारणी में फ्लुओरीन की विद्युतऋणता का मान सबसे अधिक है। पॉलिंग ने फ्लुओरीन की विद्युतऋणता 4.0 मान कर अन्य तत्वों की विद्युतऋणता तुलनात्मक दृष्टि से ज्ञात की। इन मानों को विद्युतऋणता की पॉलिंग स्केल कहा गया। उत्कृष्ट गैसों की विद्युतऋणता शून्य होती है। उनके बाह्यतम कोश में इलेक्ट्रॉनों का पूर्ण अष्टक है, अत: उनमें इलेक्ट्रॉन आकर्षित करने की प्रवृत्ति नहीं होती।

पर्यावरण सुधार: सामाजिक सजगता का आधार

पर्यावरण असन्तुलन के प्रति चिन्तित अनेक राष्ट्र के वैज्ञानिक जल, वायु तथा जंगलों के कारण उत्पन्न प्रदूषण को रोकने के उपाय के रूप में वृक्षारोपण, वर्षा वनों का रोपण तथा सामाजिक वानिकी कार्यक्रमों पर विशेष ध्यान देने की बात कह रहे हैं ताकि पारिस्थितिकी-सन्तुलन बनाये रखा जा सके। हमारे देश में भी विगत् बीस वर्ष से वनों की अंधाधुंध कटाई के कारण मौसम, वर्षा, फसल, मनुष्य एवं पशु-पक्षियों पर जो प्रभाव पड़ा है, उसे देखते हुए अवैद्य वृक्ष कटाई पर रोक, वानिकीकरण को प्रोत्साहन तथा सामाजिक वानिकी के कार्यक्रम को देश भर में चलाया जा रहा है ताकि धरती, आकाश और जल, सम्पूर्ण वातावरण के साथ स्वच्छ और जीवनोपयोगी हो सके, किन्तु वातावरण को स्वच्छ, सुन्दर बनाने में नागरिकों की सजगता, सहयोग एवं संरक्षण बहुत आवश्यक है।

समाज में अन्य राष्ट्रीय समस्याओं के साथ नागरिक सजगता नहीं होगी तो किसी भी समस्या का हम निराकरण नहीं कर सकते। विशेषकर उन समस्याओं का जिनका सम्बन्ध पर्यावरण सन्तुलन से है, जैसे हम जनसंख्या वृद्धि पर रोक नहीं लगा सकते तो हमें भुखमरी, गरीबी, अभाव और बेरोजगारी से संघर्ष करना पड़ेग। यदि हम औद्योगिक क्षेत्रों को प्रदूषण से नहीं बचा सकते तो रासायनिक प्रदूषण, वायु, जल एवं स्थल प्रदूषण से उपजे वर्तमान संकट से हम बच ही नही सकते। शहरों को स्वच्छ, सुन्दर, प्रदूषण मुक्त रखने के लिये हमें सामाजिक सजगता लानी होगी और समयबद्ध कार्यक्रम अपनाकर शहरों को वृक्षों का सौन्दर्य देना होगा। इस कार्य में सामाजिक वानिकी के साथ मिलकर काम करना बहुत आवश्यक है। सामाजिक वानिकी कार्यक्रमों को नहीं अपनाते हैं तो ध्वनि तथा वायु प्रदूषण वर्षा का अभाव, ऑक्सीजन की कमी और धरती की गरमाहट को कम करने में हम सफल नहीं हो सकते।

□□□

11

तत्वों में समावयवता

सहसंयोजक बन्धों के दिशात्मक होने के कारण सहसंयोजक यौगिकों में त्रिविम समावयवता की सम्भावना रहती है, क्योंकि एक ही सूत्र के विभिन्न यौगिक त्रिविम में बन्धित परमाणुओं की भिन्न-भिन्न व्यवस्था के कारण भिन्न-भिन्न गुण दर्शाते हैं। जैसे-

सारणी आयनिक और सहसंयोजक यौगिकों के गुणों में तुलना

आयनिक यौगिक	सहसंयोजक यौगिक
1. ये विपरीत आवेशित आयनों से मिलकर बनते हैं, अतः इनमें आयनिक बन्ध होता है।	ये परमाणुओं के मध्य इलेक्ट्रॉन युग्म के साझे से बनते हैं, अतः इनमें सहसंयोजक बन्ध होता है।
2. आयनिक बन्ध दिशात्मक नहीं होते हैं।	सहसंयोजक बन्ध दिशात्मक होते हैं।
3. ये साधारणतः ठोस व क्रिस्टलीय होते हैं।	ये गैस द्रव व ठोस होते हैं तथा कुछ क्रिस्टलीय तथा कुछ अक्रिस्टलीय होते हैं।
4. सामान्यतः कठोर होते हैं।	सामान्यतः मृदु होते हैं। (अपवाद हीरा, सिलीका आदि)
5. इनके गलनांक व क्वथनांक अपेक्षाकृत उच्च हैं।	ये उच्च वाष्पशील तथा निम्न गलनांक व क्वथनांक वाले होते हैं।
6. ध्रुवीय विलायकों में विलेयशील तथा अध्रुवीय विलायकों में अविलेय होते हैं।	ये अध्रुवीय विलायकों में सामान्यतः विलेय होते हैं।
7. ये आयनिक अभिक्रियाएँ दर्शाते हैं जो तीव्र गति से होती हैं।	ये आणविक अभिक्रियाएँ दर्शाते हैं जो सामान्यतः धीमी गति से होती हैं।
8. ये पिघली अवस्था में या जलीय विलयन में विद्युत के चालक होते हैं।	ये विद्युत धारा का चालन नहीं करते (ग्रेफाइट अपवाद है)।
9. ये समावयवता प्रदर्शित नहीं करते हैं।	ये समावयवता प्रदर्शित करते हैं।

सहसंयोजक बन्ध में ध्रुवीय प्रकृति (ध्रुवीय सहसंयोजी बन्ध)

एक ही तत्व के दो परमाणुओं के मध्य बना बंध शुद्ध सहसंयोजक होता है। दोनों परमाणुओं की विद्युत ऋणता समान होने के कारण इनमें इलेक्ट्रॉनों की एक समान साझेदारी होती है तथा बन्ध युग्म दोनों परमाणुओं के नाभिकों के ठीक मध्य में रहता है।

H_2, Cl_2, N_2, O_2 आदि में दो परमाणुओं के मध्य बना बन्ध अध्रुवीय प्रकृति का है। परन्तु विषम परमाणुक अणुओं जैसे- HCl, H_2O, NH_3 आदि में शत-प्रतिशत सहसंयोजक बन्ध नहीं होते हैं।

सहसंयोजक बन्ध द्वारा बन्धित परमाणुओं की विद्युतऋणता असमान होने पर बन्धी इलेक्ट्रॉन अधिक विद्युतऋणीय तत्व की ओर ज्यादा आकर्षित रहते हैं। इसके फलस्वरूप एक परमाणु (प्रबल विद्युतऋणीय तत्व का) कुछ अंशों तक ऋणावेश और दूसरा परमाणु (अपेक्षाकृत विद्युतधनीय) कुछ अंशों तक धनावेश प्राप्त कर लेता है। ऐसे सहसंयोजक बन्ध को ध्रुवीय सहसंयोजक बन्ध कहते हैं और बन्धित परमाणुओं की संयोजकता को ध्रुवीय सहसंयोजकता कहते हैं। HCl ध्रुवीय सहसंयोजक यौगिक का उदाहरण है।

हाइड्रोजन और क्लोरीन दोनों एक-एक इलेक्ट्रॉन का साझा करके HCl अणु बनाते हैं। चूँकि क्लोरीन की विद्युतऋणता हाइड्रोजन की विद्युतऋणता से अधिक होती है, अतः साझे के इलेक्ट्रॉन युग्म को Cl परमाणु अपनी ओर H परमाणु की अपेक्षा अधिक बल से आकर्षित करता है। फलस्वरूप बन्धी इलेक्ट्रॉन Cl परमाणु के अधिक निकट रहते हैं और क्लोरीन परमाणु पर आंशिक ऋणावेश आ जाता है तथा हाइड्रोजन परमाणु पर आंशिक धनावेश आ जाता है।

सहसंयोजक बन्ध में ध्रुवता आ जाने से H - Cl एक ध्रुवीय सहसंयोजक यौगिक होता है। सहसंयोजक बन्ध बनाने वाले परमाणुओं की विद्युतऋणताओं के मान में जितना अधिक अन्तर होगा, वह बन्ध उतना ही अधिक ध्रुवीय होगा। सारणी में विद्युतऋणता में अन्तर, आयनिक लक्षण का प्रतिशत तथा बन्ध की प्रकृति में सम्बन्ध दर्शाया गया है।

संयोजित परमाणुओं की विद्युतऋणता में अन्तर	आयनिक लक्षण का प्रतिशत	बन्ध की प्रकृति
0 - 0	0 - 0	शुद्ध सहसंयोजक
0.0 - 0.8	1 - 15	अध्रुवीय सहसंयोजक
1.0 - 1.6	22 - 47	ध्रुवीय सहसंयोजक
1.7 - अधिक	50 - अधिक	आयनिक

द्विध्रुव आघूर्ण

ध्रुवी सहसंयोजक बन्ध की ध्रुवणता द्विध्रुव आघूर्ण द्वारा व्यक्त की जाती है। ध्रुवी बन्ध में परमाणु पर, उपस्थित आवेश और दोनों परमाणुओं के नाभिकों के मध्य की दूरी के गुणनफल को बन्ध का द्विध्रुव आघूर्ण कहते हैं।

गणितीय रूप से द्विध्रुव आघूर्ण (u) को निम्नलिखित समीकरण द्वारा प्रदर्शित किया जाता है-

द्विध्रुव आघूर्ण को डेबाई इकाई में व्यक्त किया जाता है

$D = 10^{-18}$ से.मी. e.s.u

द्विध्रुव आघूर्ण सदिश राशि है, जिसे एक तीर के चिन्ह द्वारा प्रकट करते हैं तथा तीर का मुँह अधिक विद्युत ऋणी परमाणु की ओर रखते हैं।

$$\mu = \delta \times r$$

द्विपरमाणुक अणुओं का द्विध्रुव आघूर्ण अणु में उपस्थित बन्ध के द्विध्रुव आघूर्ण के मान के समान ही होता है। परन्तु बहुपरमाणुक अणुओं का द्विध्रुव आघुर्ण उनमें उपस्थित सभी बन्धों के द्विध्रुव आघूर्णों के सदिश योग द्वारा प्राप्त किया जाता है। $BeCl_2$, CCl_4, CO_2, और BF_3 अणुओं के द्विध्रुव आघूर्ण शून्य हैं

यद्यपि Be - Cl- C- Cl, C - O और B - F बन्ध ध्रुवीय होते हैं।

इसीलिए इनमें ध्रुवीय बन्ध होते हुए भी अणु अध्रुवीय हैं। SO_2 कोणीय H_2O या पिरैमिडी NH_3 और चतुष्फलकीय CH_2Cl_2 या $CHCl_3$ ध्रुवीय अणु हैं। इनमें व्यक्तिगत बन्ध आघूर्ण असंतुलित रहते हैं।

यहाँ यह बात उल्लेखनीय है कि यद्यपि CCl_4 और CO_2 भिन्न विद्युतऋणता वाले परमाणुओं से बने हैं तथापि ये अध्रुवीय होते हैं। इसका मूल कारण CCl_4 की सममित चतुष्फलकीय ज्यामिति तथा CO_2 की रेखीय ज्यामिति है, जिसके कारण इनके द्विध्रुव आघूर्ण शून्य होते हैं।

CO_2 के दोनों बन्ध आघूर्ण के मान समान किन्तु विपरीत दिशाओं में होने के कारण ये एक–दूसरे को उदासीन कर देते हैं जिससे CO_2 का परिणामी द्विध्रुव आघूर्ण शून्य हो जाता है। इसी प्रकार CCl_4 की अध्रुवीय प्रकृति भी सममित ज्यामिति के आधार पर समझाई जा सकती है।

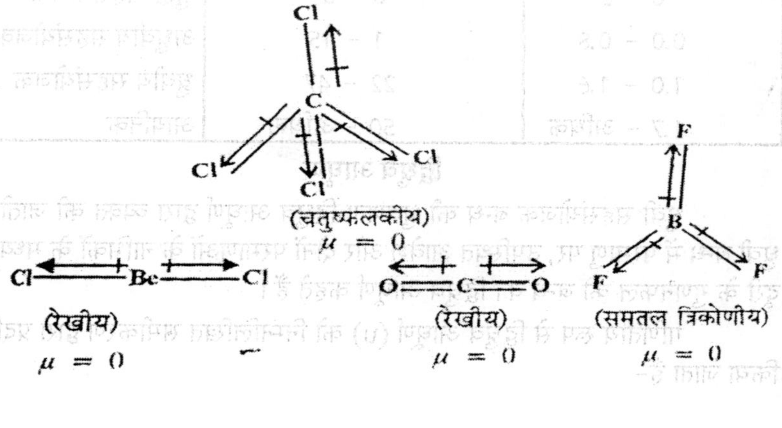

उपसहसंयोजक बन्ध

सहसंयोजकता में साझे के इलेक्ट्रॉन युग्म संयोजन में भाग लेने वाले दोनों ही परमाणुओं के समान साझेदारी द्वारा बनते हैं जबकि उपसहसंयोजकता में संयोजन में भाग लेने वाले परमाणुओं में से एक परमाणु युग्म के दोनों इलेक्ट्रॉन देता है और दूसरा केवल साझा करता है। जो परमाणु अपना इलेक्ट्रॉन युग्म साझे के लिए देता है उसे दाता तथा जो उसे लेकर साझा करता है, उसे ग्राही परमाणु कहते हैं। इसलिए इसे दाताबन्ध भी कहते हैं।

उपसहसंयोजक बन्ध के कुछ उदाहरण नीचे दिये जा रहे हैं-

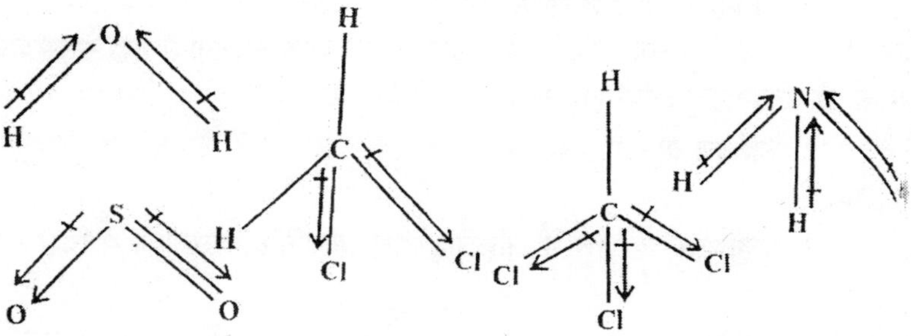

(1) सल्फर डाइऑक्साइड- सल्फर के एक परमाणु व ऑक्सीजन के दो परमाणु के संयोग से सल्फर डाइऑक्साइड का एक अणु बनता है। इसमें सल्फर का परमाणु और ऑक्सीजन का एक परमाणु परस्पर चार इलेक्ट्रॉन का साझा करते हैं। ऑक्सीजन के दूसरे परमाणु का अष्टक पूर्ण करने के लिए सल्फर का परमाणु अपना एक इलेक्ट्रॉन युग्म देता है। इलेक्ट्रॉन युग्म के इस जोड़े पर सल्फर और ऑक्सीजन का समान अधिकार रहता है। इससे स्पष्ट है कि पहला ऑक्सीजन परमाणु सल्फर के परमाणु के साथ द्वि-सहसंयोजक बन्ध द्वारा तथा दूसरा ऑक्सीजन परमाणु, सल्फर परमाणु के साथ उपसहसंयोजक बन्ध से बन्धित रहता है।

(2) O_3 अणु- ओजोन अणु में दो ऑक्सीजन परमाणु दो सहसंयोजक बन्धों से बन्धे हैं तथा एक ऑक्सीजन परमाणु उपसहसंयोजकता से बन्धा है। O_2 अणु का एक ऑक्सीजन परमाणु अपना एक इलेक्ट्रॉन युग्म तीसरे ऑक्सीजन परमाणु को दान करता है। इस इलेक्ट्रॉन युग्म का दोनों ऑक्सीजन परमाणुओं के मध्य साझा होता है। इस प्रकार ओजोन अणु में दो परमाणु आपस में सहसंयोजक बन्ध से तथा तीसरा परमाणु उपसहसंयोजक

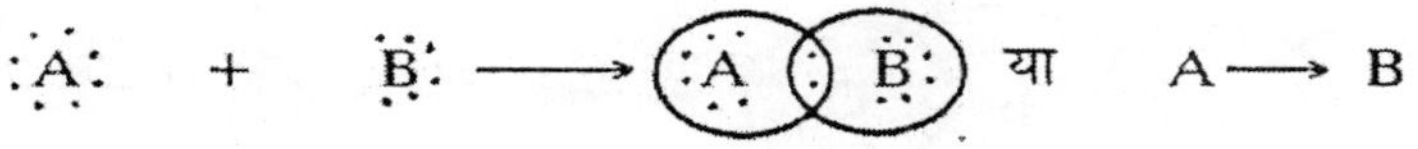

दाता ग्राही उपसहसंयोजक बन्ध

बन्ध से जुड़ा है।

(3) N_2O **अणु**

(4) NH_4 **आयन**

(5) H_2SO_4**अणु**

(6) संक्रमण धातुओं के जटिल यौगिक- इन यौगिकों में दाता अणु*** अथवा आयन अपना इलेक्ट्रॉन युग्म संक्रमण धातु के रिक्त कक्षक में दान कर उपसहसंयोजक बन्ध बनाते हैं।

उपसहसंयोजक यौगिकों के गुण

1. गलनांक व क्वथनांक- चूँकि उपसहसंयोजक बन्ध में आयनिक और सहसंयोजक दोनों ही लक्षण होते हैं, अतः इनके गलनांक व क्वथनांक शुद्ध सहसंयोजक यौगिकों से उच्च परन्तु आयनिक यौगिकों से निम्न होते हैं।

2. चालकता- ये जल में आयनिक नहीं होने के कारण विद्युत के कुचालक हैं।

3. विलेयता- ये जल में अविलेय परन्तु कार्बनिक विलायकों में विलेय हैं।

4. समावयवता- ये बन्ध भी सहसंयोजक बन्ध की तरह दिशात्मक होते हैं। अतः समावयवता दर्शाते हैं।

रासायनिक अभिक्रियाएँ

हम अपने अंदर और अपने आस-पास होने वाले कई रासायनिक परिवर्तनों से

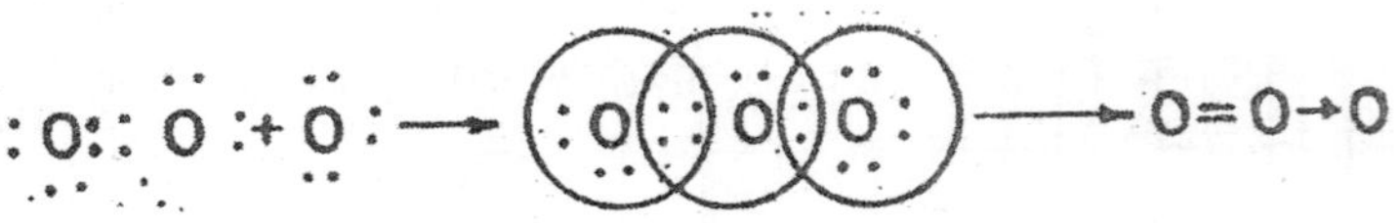

परिचित हैं, जैसे - दूध का दही में बदलना, लोहे की वस्तुओं में जंग लगना और हमारे शरीर में भोजन का पाचन। इन सभी परिवर्तनों में पदार्थ की प्रकृति और पहचान भी बदलती है और हम यह कहते हैं कि रासायनिक अभिक्रिया हुई है। विज्ञान की भाषा में

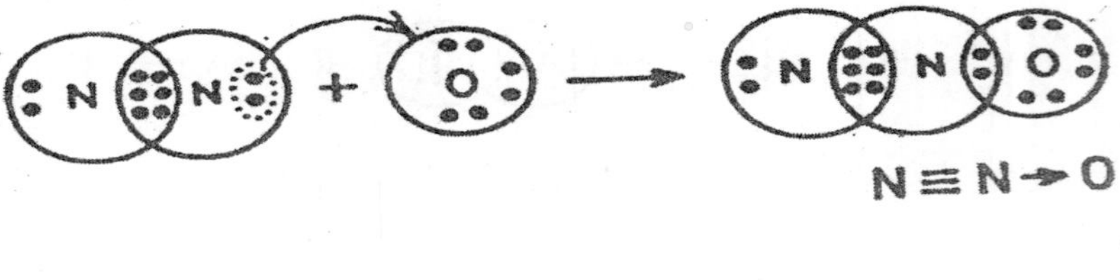

रासायनिक अभिक्रिया को सांकेतिक रूप में रासायनिक समीकरण द्वारा दर्शाते हैं।

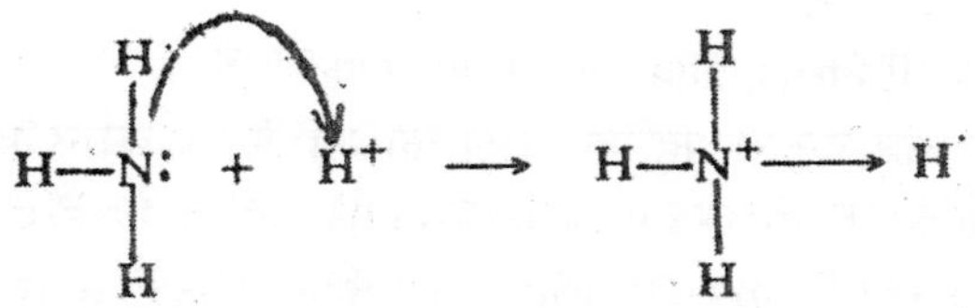

रासायनिक समीकरण में तत्वों के संकेत और यौगिकों के सूत्र होते हैं।

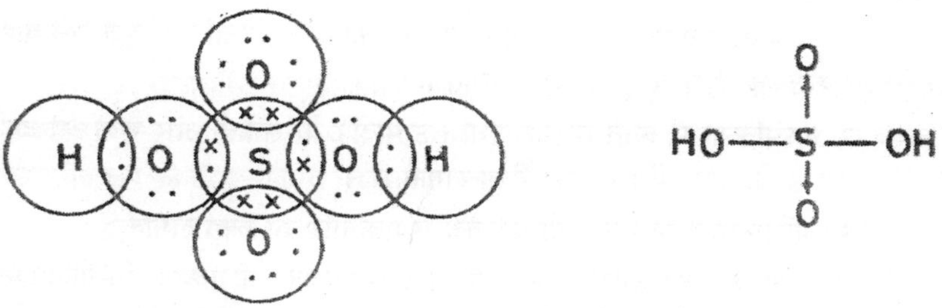

ऐसे द्वि–अंगी यौगिक जिनमें एक ऋणायन तथा एक धनायन होता है, सबसे âÚÜ ¥æ¢ÌçÚ·¤ ØæñçÕ·¤ ·¤ãÜæÌð ãñ´, âæÏæÚ‡æ Ù×·¤ (NaCl) इसमें Na^+ और Cl^- आयन होते हैं।

$$2H_3N: \; + \; Ag^+ \longrightarrow [H_3N \rightarrow Ag \leftarrow NH_3]^+ \text{ या } [Ag(NH_3)_2]^+$$

दाता ग्राही जटिल यौगिक

जब एक से अधिक तत्वों के परमाणु आपस में जुड़कर एक सामान्य धनावेश या ऋणावेश आयन बनाते हैं, वे आयन बहुपरमाणविक आयन कहलाते हैं। हम सामान्यतः बहुपरमाणविक आयनों को ऋणावेशित पाते हैं। अब हम ऐलुमिनियम आयन और सल्फेट आयन द्वारा बने यौगिक का सूत्र लिखते हैं।

1. पहले धनायन का संकेत तत्पश्चात् ऋणायन का सूत्र लिखिए–

Al^{3+} (SO_4^{2-})

2. आयनों के आवेशों को आपस में क्रास करके लिखिए। ये परमाणु अथवा परमाणुओं के समूह के पादांक बन जाते हैं।

इसलिए एलुमिनियम सल्फेट का सूत्र $Al_2(SO_4)_3$ है।

रासायनिक समीकरण

"किसी रासायनिक अभिक्रिया में तत्वों या यौगिकों को शब्दों के स्थान पर उनके सूत्रों तथा संकेतों द्वारा निरूपित करने के उपरांत प्राप्त समीकरण को रासायनिक

समीकरण कहते हैं।''

रासायनिक समीकरण लिखने की विधि

रासायनिक समीकरण लिखने के निम्नलिखित पद हैं-

हम जिंक और तनु सल्फ्यूरिक अम्ल की अभिक्रिया का उदाहरण लेते हैं जिसमें कि जिंक सल्फेट का विलयन तथा हाइड्रोजन गैस उत्पन्न होते हैं। इसे हम शब्द रूप में निम्न प्रकार लिखते हैं। अब हम रासायनिक समीकरण दर्शाने के लिए तत्वों और यौगिकों के क्रमशः संकेत और सूत्र लिखते हैं। रासायनिक समीकरण को लिखने की विधि इस प्रकार है-

1. अभिक्रिया करने वाले पदार्थों (अभिकर्मकों) के संकेतों और सूत्रों को बाईं ओर लिखकर उनके बीच में (+) चिह्न लगाते हैं।

2. अभिक्रिया में बनने वाले पदार्थों (उत्पादों) के संकेतों और सूत्रों को दाईं ओर लिखकर उनके बीच में (+) का चिह्न लगाते हैं ।

3. अभिकर्मकों और उत्पादों के बीच में एक तीर का चिह्न लगाते हैं।

इन तीन पदों का उपयोग करने के बाद, उपरोक्त अभिक्रिया, निम्नलिखित रासायनिक समीकरण द्वारा प्रदर्शित की जा सकती है-

$$Zn + H_2SO_4 \qquad\qquad ZnSO_4 + H_2$$

रासायनिक अभिकरण में अभिकर्मकों और उत्पादों की भौतिक अवस्थाओं का भी उल्लेख किया जाता है। अभिकर्मकों और उत्पादों के चिह्नों या सूत्रों के साथ कोष्ठक में संकेत चिह्न g, l, s, aq लिखते हैं। ये संकेत क्रमशः गैसीय, द्रव, ठोस तथा जलीय अवस्था को दर्शाते हैं।

$$Zn(s) + H_2SO_4(aq) \qquad\qquad ZnSO_4(aq) + H_2(g)$$

गैसीय उत्पादों को (↑)चिह्न द्वारा भी प्रदर्शित करते हैं। अवक्षेप के बनने को (↓)चिह्न द्वारा प्रदर्शित करते हैं (अभिक्रिया के समय जल में कई बार अघुलनशील या अल्पघुलनशील पदार्थ बनते हैं तथा विलयन से बाहर हो जाते हैं)। NaCl एवं $AgNO_3$ की अभिक्रिया में AgCl का सफेद अवक्षेप उत्पन्न होता है।

$$NaCl(aq) + AgNO_3(aq) \qquad\qquad AgCl(\downarrow) + NaNO_3(aq)$$

जब तक भौतिक अवस्थाओं का उल्लेख आवश्यक न हो तब तक उन्हें साधारणतया रासायनिक समीकरण में सम्मिलित नहीं किया जाता है। कभी-कभी अभिक्रिया के तापक्रम, दाब और उत्प्रेरक को समीकरण में तीर के ऊपर और / या तीर के नीचे दिते हैं, जैसे कि-

$$CO(g) + 2H_2(g) \quad \overset{340\ atm}{\qquad\qquad} \quad CH_3OH(1)$$

रासायनिक समीकरण वास्तविक रासायनिक अभिक्रिया को प्रदर्शित करते हैं

जिसमें अभिकर्मक और उत्पाद ज्ञात होते हैं। ये केवल गणितीय समीकरण नहीं होती हैं।

रासायनिक समीकरण को संतुलित करने की विधि

आइए निम्न रासायनिक समीकरणों पर विचार करें-

$$Zn + H_2SO_4 \qquad ZnSO_4 + H_2 \qquad (1)$$

$$Na + H_2O \qquad NaOH + H_2 \qquad (2)$$

समीकरण (1) में दोनों और के विभिन्न तत्वों के परमाणु बराबर हैं। समीकरण (2) में हाइड्रोजन की संख्या बराबर नहीं है (बाईं ओर 2 तथा दाईं ओर 3 हाइड्रोजन परमाणु हैं)।

समीकरण (1) एक संतुलित रासायनिक समीकरण है जबकि समीकरण (2) संतुलित नहीं है। यह रासायनिक समीकरण की मूलभूत रूपरेखा को दर्शाती है। रासायनिक समीकरण में दोनों ओर तत्वों के परमाणु बराबर होने चाहिए (द्रव्यमान के संरक्षण का नियम)। रासायनिक समीकरण की इस रूपरेखा में तीर के दोनों ओर तत्वों के परमाणुओं को बराबर करना ही संतुलित करना कहलाता है।

रासायनिक समीकरण को संतुलित करने में कई पद होते हैं। इन पदों को निम्नलिखित समीकरण के उदाहरण द्वारा समझाते हैं-

$$Fe + H_2O \qquad Fe_2O_3 + H_2$$

पद-(1) इस असंतुलित समीकरण में उपस्थित विभिन्न तत्वों के परमाणुओं की संख्या की जाँच करते हैं।

तत्व	अभिकर्मकों में परमाणुओं की संख्या	उत्पादों में परमाणुओं की संख्या
Fe	1	2
H	2	2
O	1	3

पद- (2) समीकरण को संतुलित करने के लिए पहले एक तत्व को लेते हैं। अधिकतम परमाणुओं की संख्या वाले यौगिक से प्रारंभ करना सरल होता है चाहे वह अभिकर्मक हो या उत्पाद।

इस यौगिक में भी अधिकतम परमाणुओं वाले तत्व को लेते हैं। इन परिचर्चा का उपयोग कर हम Fe_2O_3 का चयन करते हैं और उसमें ऑक्सीजन तत्व को लेते हैं।

ऑक्सीजन परमाणुओं को संतुलित करने के लिए-

ऑक्सीजन के परमाणु	अभिकर्मकों में	उत्पादों में
आरंभिक	$1(H_2O)$	$3(Fe_2O_3)$
संतुलित करने के लिए	1×3	3×1

परमाणुओं की संख्या बराबर करने के लिए हम सूत्र के बाईं ओर गुणांक लगाते हैं। गुणांक एक पूर्ण संख्या है जिसका बीज गणितीय समीकरणों में उपयोग करते हैं। यह ध्यान रखें कि गुणांक लगाते समय सूत्र के पादांक को नहीं बदलते हैं, अर्थात् ऑक्सीजन परमाणुओं को संतुलित करने के लिए हम गुणांक 3 इस प्रकार लगाते हैं- $3H_2O$ न कि H_2O_3 या $(H_2O)_3$।

अब आंशिक संतुलित समीकरण को इस प्रकार से लिखते हैं-

$$Fe(s) + 3H_2O(g) \qquad Fe_2O_3 + H_2(g)$$

पद (3)- आंशिक संतुलित समीकरण को संतुलित करने के लिए दूसरा तत्व लेते हैं। अब हम हाइड्रोजन परमाणुओं को संतुलित करते हैं-

हाइड्रोजन के परमाणु	**अभिकर्मकों में**	**उत्पादों में**
आरभिक संतुलित करने के लिए	$6\ (3H_2O)$ 6×1	$2(H_2)$ 2×3

हाइड्रोजन परमाणुओं को बराबर करने के लिए हम उत्पाद के ** में 3 को गुणांक के रूप में लगाते हैं। अब हम समीकरण को इस प्रकार से लिख सकते हैं -

$$Fe(s) + 3H_2O(g) \qquad Fe_2O_3(s)+3H_2(g)$$

पद (4)- अब तीसरे तत्व को संतुलित करने के लिए लेते हैं। उपरोक्त समीकरण की जाँच करने पर आप देखेंगे कि केवल एक तत्व संतुलित होने से रह गया है अर्थात आयरन।

लोहे के परमाणु	**अभिकर्मकों में**	**उत्पादों में**
आरभिक संतुलित करने के लिए	$1(Fe)$ 1×2	$2(Fe_2O_3)$ 2×1

Fe को बराबर करने के लिए हम अभिकर्मक में गुणांक 2 को लगाते हैं।

$$2Fe + 3H_2O \qquad Fe_2O_3 + 3H_2$$

अब समीकरण में दोनों ओर एक तत्व के परमाणुओं की संख्या बराबर है। समीकरण संतुलित करने के इस बारंबार प्रयास को तीर-तुक्का अथवा जाँच व सफलता विधि कहते हैं, क्योंकि हम समीकरण को संतुलित करने के लिए लगातार केवल पूर्ण निम्नतम संख्या गुणांक का प्रयोग करते हैं। अब तक हमने द्रव्यमान या पदार्थ संतुलित करने के आधार पर (पदार्थ संतुलन) परमाणुओं की संख्या को बराबर करके रासायनिक समीकरण को संतुलित किया है। कभी-कभी रासायनिक समीकरणों को उनके आयनिक रूप में लिखा जाता है। इन समीकरणों में द्रव्यमान पदार्थ संतुलित करने के साथ-साथ आवेशों को भी संतुलित करते हैं।

कॉपर आयन के 2+ आवेश को उत्पाद के रूप में दोनों हाइड्रोजन आयन के 1+ आवेश द्वारा संतुलित जाता किया है। इस प्रकार, संतुलित रासायनिक समीकरण में

द्रव्यमान के साथ-साथ आवेश भी संतुलित किया जाता है।

विभिन्न प्रकार की रासायनिक अभिक्रियाएँ

रासायनिक अभिक्रियाओं के विभिन्न प्रकार के परिवर्तनों के आधार पर अनेक वर्गों में वर्गीकृत किया गया है। आइए, विभिन्न प्रकार की रासायनिक अभिक्रियाओं के बारे में परिचर्चा करते हैं।

संयोजक अभिक्रियाएँ

संयोजक अभिक्रियाओं में, जैसे नाम द्वारा विदित है, दो या दो से अधिक पदार्थ (तत्व या यौगिक) सरलता से संयोग कर नए पदार्थ निर्मित करते हैं। इस प्रकार की दहन अभिक्रियाएँ संयोजन अभिक्रियाएँ कहलाती हैं। संयोजन अभिक्रियाओं का एक महत्त्वपूर्ण औद्योगिक उपयोग हाइड्रोजन क्लोराइड गैस का उत्पादन है जहाँ हाइड्रोजन और क्लोरीन गैसें परस्पर अभिक्रिया कर हाइड्रोजन क्लोराइड बनाती हैं। हाइड्रोजन क्लोराइड जल में विलय होने के उपरांत हाइड्रोक्लोरिक अम्ल प्रदान करता है। इसके अतिरिक्त दीवारों पर सफेदी करने के लिए बिना बुझे चूने (CaO) के ठोस सफेद टुकड़ों को बड़े ड्रम में डालकर पानी मिला देते हैं। इसमें निम्नलिखित अभिक्रिया के साथ ऊर्जा निकलती है–

$CaO + H_2O$ $Ca(OH)_2$

बिना बुझा चूना बुझे हुए चूने का पानी

(सफेदी)

उपरोक्त अभिक्रिया संयोजन अभिक्रिया का एक महत्त्वपूर्ण उदाहरण है। अभिक्रिया पूरी होने पर प्राप्त साफ विलयन को दीवारों पर सफेदी करने के लिए उपयोग में लाया जाता है।

मैग्नीशियम रिबन की एक पट्टी टाँग्स की सहायता से आग में जलाओ। आग से बाहर करने पर आप देखोगे कि मैग्नीशियम रिबन चकाचौंध ज्वाला के साथ जलता है और एक सफेद पदार्थ मैग्नीशियम ऑक्साइड में बदल जाता है। ऐसा निम्नलिखित संयोजन अभिक्रिया के कारण होता है।

$2\,Mg\,(s) + O_2\,(g) \quad 2\,MgO\,(s)$

अघटन या वियोजन अभिक्रियाएँ

अपघटन अभिक्रियाओं में एक यौगिक टूटकर दो या दो से अधिक सरल पदार्थ उत्पन्न करता है। हम कहते हैं कि यौगिक सरल पदार्थों में अपघटित हो गया है। ये अभिक्रियाएँ संयोजन अभिक्रियाओं के विपरीत हैं। जब ताप, विद्युत अथवा प्रकाश के रूप में ऊर्जा प्रदान की जाती है तो अपघटन अभिक्रियाएँ संपन्न होती हैं। विद्युत धारा प्रवाहित कर जब हम पदार्थ को अपघटित करते हैं तब यह प्रक्रम विद्युत (Electrolysis)अपघटन कहलाता है। Electro का अर्थ विद्युत तथा lysis का अर्थ है

टूटना। जब अम्लीय जल कुछ (बूँदें अम्ल मिली हुई) में विद्युत धारा प्रवाहित करते हैं तब वह हाइड्रोजन और ऑक्सीजन गैस में अपघटित हो जाता है।

$$2H_2O(1) \xrightarrow{\text{विद्युत धारा}} 2H_2(g) + O_2(g)$$

जब पदार्थ गर्म करने पर अपघटित होता है तो वह तापीय अपघटन कहलाता है। उदाहरण के लिए चूने के पत्थर ($CaCO_3$) को अधिक गर्म करने पर वह कैल्सियम ऑक्साइड (CaO) तथा कार्बन डाइऑक्साइड (CO_2) में अपघटित हो जाता है।

$$CaCO_3(s) \xrightarrow{\text{गर्म करने पर}} CaO(s) + CO_2(g)$$

चूने का पत्थर

एक परखनली में लैड नाइट्रेट का चूर्ण लो और आग में गर्म करो। आप देखोगे कि परखनली से भूरे रंग का धुआँ निकलता है। इसमें निम्नलिखित अभिक्रिया होती है-

$$2\,Pb(NO_3)_2(s) \rightarrow 2PbO(s) + 4\,NO_2(g) + O_2(g)$$

लैड नाइट्रेट — लैड ऑक्साइड — नाइट्रोजन डाइऑक्साइड — ऑक्सीजन

उपरोक्त अभिक्रिया में भूरे रंग का धुआँ नाइट्रोजन डाइऑक्साइड गैस (NO_2) बनने के कारण होता है। धातुक्रमीय प्रक्रमों में, धातुओं के निष्कर्षण में सामान्यतः अपघटन अभिक्रियाएँ उपयोगी होती हैं। उदाहरण के लिए, जिंक के निष्कर्षण में जिंक का अयस्क ($ZnCO_3$) गर्म करने पर अपघटित हो जाता है।

$$ZnCO_3(s) \rightarrow (ZnO(s) + CO_2(g)$$

जिंक कार्बोनेट — जिंक ऑक्साइड — कार्बन डाइऑक्साइड

विस्थापन अभिक्रियाएँ

विस्थापन अभिक्रियाएँ में किसी यौगिक के तत्वों को उससे अधिक सक्रिय तत्व विस्थापित कर देता है या निकाल देता है। ये अभिक्रियाओं सामान्यतः विलयन रूप में होती हैं।

$$Zn(s) + CuSO_4(aq) \rightarrow (ZnO(s) + CO_2(g)$$

$$Pb(s) + CuSO_4(aq) \rightarrow PbSO_4(aq) + Cu(s)$$

इनमें जिंक और लैड जो अधिक सक्रिय धातु हैं, कम सक्रिय धातु कॉपर को कॉपर सल्फेट विलयन में से विस्थापित कर देते हैं।

दो परखनलियों में लगभग 5 mL कॉपर सल्फेट विलयन लो। उनमें से एक परखनली में लोहे की किलें डालो तथा उसमें होने वाले परिवर्तनों का प्रेक्षण करो। इसकी दूसरी परखनली के विलयन से तुलना करो। कुछ समय पश्चात् आप देखोगे कि लोहे कि

कीलें भूरे वर्ण की होने लगती हैं और कॉपर सल्फेट का नीला वर्ण हल्का होने लगता है। इस प्रक्रम में निम्नलिखित रासायनिक अभिक्रिया होती है:

$$Fe(s) + CuSO_4(aq) \rightarrow FeSO_4(aq) + Cu(s)$$

इसी प्रकार, चूँकि कॉपर सिल्वर (चाँदी) से अधिक सक्रिय है अत: सिल्वर के परिष्करण में सिल्वर नाइट्रेट विलयन में से सिल्वर को कॉपर धातु द्वारा विस्थापित कर पुन: प्राप्त करते हैं:

$$Cu(s) + 2AgNO_3(aq) \rightarrow Cu(NO_3)_2(aq) + 2Ag(s)$$

द्विविस्थापन अभिक्रियाएँ

विस्थापन अभिक्रियाओं में यौगिक के परमाणुओं या परमाणुओं के समूह का विस्थापन होता है। यहाँ कुछ अभिक्रियाएँ ऐसी हैं जिनमें दो विभिन्न परमाणुओं या परमाणुओं के परमाणुओं के समूह का दूसरे परमाणुओं या परमाणुओं के समूह द्वारा विस्थापन होता है। उदाहरण के लिए निम्नलिखित अभिक्रिया को देखते हैं:

$$BaCl2(s) + Na2SO4(aq) \rightarrow BaSO4(s) + 2NaCl(aq)$$

यहाँ SO_4^{2-} आयन Cl^- को तथा Cl^- आयन SO_4^{2-} को विस्थापित करते हैं क्योंकि इन अभिक्रियाओं में दो रासायनिक स्पीशीज शामील हैं इसलिए इन्हें द्विविस्थापन अभिक्रियाएँ कहते हैं। ये अभिक्रियाएँ सामान्यत: आयनिक यौगिकों में होती हैं।

ऑक्सीकरण तथा अपचयन

आपने ऑक्सीकरण (उपचयन) तथा अपचयन अभिक्रियाओं को ऑक्सीजन या हाइड्रोजन के जुड़ने या हटने के संदर्भ में सीखा है। निम्नलिखित अभिक्रियाओं पर ध्यान दें और इनमें से रासायनिक स्पीशिज को उनके ऑक्सीकरण एवं अपचयन के आधार पर वगीकृत करें।

$$4Na + O_2 \rightarrow 2Na2O \quad (1)$$

$$CuO + H2 \rightarrow Cu + H2O \quad (2)$$

$$MnO2 + 4HCl \rightarrow MnCl2 + 2H2O + 2Cl \quad (3)$$

$$2Mg + O2 \rightarrow 2MgO \quad (4)$$

स्पीशीज Na, H_2, HCl एवं Mg का ऑक्सीकरण हुआ है एवं स्पीशीज O_2, CuO एवं MnO_2 का अपचयन हुआ है। अब आप निम्नलिखित अभिक्रियाओं पर विचार करें:

$$Cu + I_2 \rightarrow CuI_2$$

$$Fe + S \rightarrow FeS$$

इन अभिक्रियाओं में ऑक्सीजन या हाइड्रोजन का जुड़ना या हटाना शामिल नहीं है फिर भी ये ऑक्सीजन-अपचयन अभिक्रियाएँ है। इनमें स्पीशीज को ऑक्सीजन और हाइड्रोजन के ग्रहण या हानि के आधार पर वर्गीकृत नहीं किया जा सकता। इन

अभिक्रियाओं को समझने के लिए इलेक्ट्रॉन के जुड़ने या निकलने के संदर्भ में ऑक्सीकरण और अपचयन होने की एक नई संकल्पना की आवश्यकता है। आइए, अभिक्रिया $Cu + I_2$ CuI_2 के बारे में विचार करें। इस अभिक्रिया को दो पदों में लिखा जा सकता है।

पद– (a)

$$Cu \rightarrow Cu^{2+} + 2e^-$$

पद– (b)

$$I_2 + 2e^- \rightarrow 2I^-$$

इन दोनों पदों को जोड़ने पर हमें निम्न समीकरण प्राप्त होता है–

$$Cu + I_2 + 2e^- \rightarrow CuI_2 + 2e^-$$

पद (a) में, कॉपर परमाणु दो इलेक्ट्रॉन खोकर (Cu^{2+})आयन बनाता है। पद (b) में आयोडीन अणु दो इलेक्ट्रॉन प्राप्त कर आयोडाइड (Cu^{2+}) अणु दो इलेक्ट्रॉन प्राप्त कर आयोडाइड ($2I^-$) आयन में बदल जाता है। अभिक्रिया (a) जिसमें रासायनिक स्पीशीज (Cu) ने इलेक्ट्रॉन दिए, को ऑक्सीकरण अभिक्रिया कहते हैं तथा अभिक्रिया जिसमें (b) रासायनिक स्पीशीज (I_2)ने इलेक्ट्रॉन लिए, को अपचयन अभिक्रिया कहते हैं। रसायन विज्ञान की भाषा में हम कहते हैं कि आयोडीन कॉपर को कॉपर आयन में ऑक्सीकृत करता है तथा स्वयं आयोडाइड आयन में अपचयित हो जाता है उसे ऑक्सीकारक कहते हैं। ऑक्सीकारक अभिकारक अभिक्रिया में स्वयं अपचयित होता है। इसी प्रकार जो पदार्थ दूसरे पदार्थ को अपचयित करता है, उसे अपचायक कहते हैं। अपचायक अभिक्रिया में स्वयं ऑक्सीकृत होता है, कॉपर अपचायक तथा आयोडीन ऑक्सीकारक के रूप में व्यवहार करते हैं।

कॉपर की आयोडीन से अभिक्रिया में आपने देखा कि एक रासायनिक स्पीशीज ऑक्सीकृत तथा दूसरी अपचयित हुई। वास्तव में अभिक्रियाएँ जिनमें ऑक्सीकरण या अपचयन दोनों प्रक्रम साथ–साथ होते हैं। इन अभिक्रियाओं को अपापचय अभिक्रियाएँ कहते हैं।

आइए, अब सिल्वर नाइट्रेट विलयन में से सिल्वर को कॉपर द्वारा विस्थापित करने की अभिक्रिया पर विचार करें।

$$Cu + 2Ag^+ \rightarrow Cu^{2+} + Ag$$

कॉपर सिल्वर आयन को सिल्वर धातु में अपचयित करता है तथा स्वयं कॉपर आयन में ऑक्सीकृत हो जाता है। इस अभिक्रिया में भी आपने देखा कि ऑक्सीकरण और अपचयन दोनों अभिक्रियाएँ साथ–साथ हुई। अपोपचय अभिक्रियाओं के कुछ उदाहरण नीचे दिए गए हैं:

(1) $Fe_2O_3 + 2Al \rightarrow Al_2O_3 + 2Fe$

(2) $Zn + CuSO_4 \rightarrow ZnSO_4 + Cu$

(3) $Fe + S \rightarrow FeS$

(4) $2Na + Cl_2 \rightarrow 2NaCl$

(5) $2H_2S + SO_2 \rightarrow 2H_2O + 3S$

तत्वों में रासायनिक समीकरण

रासायनिक समीकरण- जिस प्रकार परमाणुओं को संकेतों से और अणुओं को अणु सूत्रों से प्रदर्शित करते हैं, उसी प्रकार रासायनिक अभिक्रियाओं को ऐसे समीकरणों द्वारा प्रकट किया जाता है जिनमें अभिकारक और अभिक्रियाफलों के नामों के स्थान पर अनेकअणु सूत्र प्रयोग में लाये जाते हैं। इस प्रकार बना समीकरण रासायनिक समीकरण कहलाता है।

समीकरण का लिखना - रासायनिक अभिक्रिया में भाग लेने वाले अभिकारकों के संकेत या सूत्र बायीं ओर लिखे जाते हैं, उनके बीच में (+) धन चिह्न लगाया जाता है। जबकि अभिक्रिया से बने हुए क्रियाफलों को दायीं ओर लिखा जाता है और उनके बीच में भी + चिह्न लगाया जाता है। अभिकारक और अभिक्रियाफलों के बीच तीर का चिह्न (→) लगा दिया जाता है और दोनों ओर विभिन्न परमाणुओं की संख्या बनाबर कर दी जाती है।

रासायनिक समीकरण की आवश्यक बातें- समीकरण लिखते समय निम्न बातों का ध्यान रखना आवश्यक है-

(1) रासायनिक समीकरण किसी वास्तविक अभिक्रिया को प्रदर्शित करे।

(2) समीकरण संतुलित होना चाहिए, अर्थात् समीकरण के दोनों पक्षों में तत्वों के परमाणुओं की संख्या बराबर होनी चाहिए।

(3) समीकरण में भाग लेने वाले पदार्थ जिस रूप में अभिक्रिया करते हैं, उसी रूप में दिखाना चाहिए अर्थात् समीकरण में भाग लेने वाले पदार्थों को अणु रूप में लिखना चाहिए। जैसे-हाइड्रोजन, नाइट्रोजन, ऑक्सीजन आदि के लिए न लिखकर लिखना चाहिए ।

रासायनिक समीकरण को संतुलित करना - समीकरण के दोनों ओर परमाणुओं की संख्या बराबर करना समीकरण को संतुलित करना कहलाता है, और इस प्रकार बना समीकरण संतुलित समीकरण कहलाता है । समीकरण को संतुलित करने के लिए निम्न दो विधियाँ हैं-

(1) अनुमान विधि द्वारा संतुलित करना - यह विधि निम्नलिखित प्रकार से प्रयोग की जाती है-

(अ) रासायनिक समीकरण का ढाँचा बनाया जाता है।

(ब) बराबर के चिह्न के दोनों ओर एक से तत्वों के परमाणुओं की संख्या गिन ली जाती है।

(स) फिर आवश्यक और अभिक्रियाकलाप अणुओं की ऐसी संख्या ज्ञात की जाती है कि दोनों ओर से प्रत्येक तत्व के परमाणुओं की संख्या बराबर हो जाये।

(2) आंशिक समीकरण द्वारा सन्तुलित करना- कुछ समीकरण, जो बहुत

जटिल होते हैं, जिनमें कोई तत्व दो या दो से अधिक प्रकार के अणुओं में आता है, साधारण परीक्षण से सन्तुलित नहीं किए जा सकते। ऐसे समीकरणों को सरल अभिक्रियाओं में बाँट लिया जाता है जिनको सरलतापूर्वक सन्तुलित किया जा सकता है। इन्हें आंशिक समीकरण कहते हैं। आवश्यकता होने पर आंशिक समीकरणों को उपयुक्त पूर्णांक संख्या से गुणा कर सकते हैं और इस प्रकार जो पदार्थ मुख्य समीकरण में नहीं आते, उन्हें निकाल दिया जाता है। अन्त में आंशिक समीकरणों को जोड़कर अभीष्ट समीकरण प्राप्त कर लेते हैं।

रासायनिक समीकरण से प्राप्त होने वाली सूचनाएँ

(1) रासायनिक समीकरण यह बताता है कि किन–किन पदार्थों की रासायनिक अभिक्रिया से कौन–कौन से पदार्थ बनते हैं।

(2) यह अभिक्रिया में भाग लेने वाले पदार्थों को कम से कम कितने अणु की आवश्यकता है और उनसे कितने अणु पदार्थ प्राप्त हुआ।

(3) यदि तत्व का परमाणु भार ज्ञात है तो अभिकारकों और अभिक्रियाओं की मात्रायें भी ज्ञात हो सकती हैं।

(4) यदि अभिकारक और अभिक्रियाफल गैसें हैं तो समीकरण उनके आयतनों का परस्पर अनुपात भी बताती हैं।

(5) समीकरण द्वारा तत्व की संयोजकता भी ज्ञात कर सकते हैं।

रासायनिक समीकरण के दोष

(1) समीकरण, अभिकारक और अभिक्रियाफल पदार्थों की भौतिक अवस्थायें नहीं बताता, जैसे–क्या वे ठोस रूप में, विलयन में या गैसीय अवस्था में हैं।

(2) समीकरण यह नहीं बताता कि अभिक्रिया होते समय ऊष्मा निकलती है या नहीं।

(3) समीकरण यह नहीं बताता कि अभिक्रिया उत्क्रमणीय है या नहीं।

(4) समीकरण यह नहीं बताता कि अभिक्रिया किन–किन दशाओं में होती है। अर्थात् किसी उत्प्रेरक का प्रयोग होता है या नहीं अथवा अभिक्रिया साधारण ताप पर होती है या उच्च ताप पर।

(5) इससे यह मालूम नहीं पड़ता कि अभिकारकों (यदि विलयन के रूप में हो) की सान्द्रता क्या है।

(6) अभिक्रिया में आवाज होना, विस्फोट होना, आग लगना आदि का ज्ञान समीकरण से ज्ञात नहीं होता है।

(7) अभिक्रिया होने की गति तथा पूर्ण होने का समय ज्ञात नहीं होता है।

परमाणु विध्रुवण

19वीं शताब्दी के अंत से पूर्व ही अनेक रसायनज्ञों को यह मालूम था कि परमाणु को समरूप लचीला गोला समझने की बात केवल एक कहानी है। इस कल्पना से द्रव्य की रचना के संबंध में बहुत कुछ समझ में आता है लेकिन यह सच नहीं हो सकता था। इसके अनेक कारण थे और

इन कारणों की खोज के फलस्वरूप नयी सूचनाएँ प्राप्त हुईं जिनसे परमाणुओं के संबंध में हमारी मान्यताएँ और स्पष्ट तथा विस्तृत हो गयीं।

एक परमाणु गठबंधन की परिभाषा एक परमाणु की वह क्षमता है जिसके अनुसार वह एक उद्‌जन परमाणु या उसके बराबर के परमाणु को पकड़ सकता है। उदाहरणतः ऑक्सीजन का एक परमाणु हाइड्रोजन के दो परमाणुओं को पकड़ सकता है जैसा कि पानी के सूत्र में है। कार्बन को एक परमाणु हाइड्रोजन के चार परमाणुओं को पकड़ सकता है। जैसा कि मीथेन में है। इस प्रकार इसके चार बंधन हैं, क्योंकि प्रत्येक ऑक्सीजन परमाणु के दो बंधन होते हैं। इसलिए कार्बन ऑक्सीजन के दो परमाणुओं को पकड़ सकता है। यह कार्बन डाइ ऑक्साइड बनाता है। नाइट्रोजन का एक परमाणु हाइड्रोजन के तीन परमाणुओं को पकड़ सकता है जैसा कि अमोनिया में है और इस प्रकार इसके तीन बंधन है।

सभी रासायनिक प्रतिक्रियाओं में एक आणविक जाति दूसरी या कई अनेक जातियों में बदल जाती है। उदाहरणतः जब लकड़ी जलती है तब सिल्युलोस का जटिल अणु, जिसमें कार्बन, उद्‌जन व ऑक्सीजन के परमाणु होते हैं। हवा की नमी और अधिक ऑक्सीजन से मिलकर पानी और कार्बन डाइ ऑक्साइड के अणु बनाता है। अणुओं में परमाणुओं का जो बंधन होता है उनके द्वारा विभिन्न अणु बनाने के लिए परमाणुओं के नये बंधनों में बदला जा सकता है।

इस प्रकार परमाणु जब अन्य परमाणुओं के साथ अपने संबंध बदलते हैं तब या तो उन्हें शक्ति की आवश्यकता होती है या फिर वे शक्ति मुक्त करते हैं। यह आरंभिक व अंतिम यौगिकों पर निर्भर करता है। इसलिए कुछ रासायनिक प्रतिक्रियाएँ तभी संभव होंगी जब उन्हें बाहर से गर्मी या बिजली मिलेगी, अन्य प्रतिक्रियाएँ गर्मी या बिजली मुक्त करती हैं। अपनी पृथ्वी पर जितनी भी शक्ति का हम उपयोग करते हैं वह अंततोगत्वा सूर्य से ही प्राप्त होती है। हरे पेड़-पौधे सूर्य के इस प्रकाश को जज्ब कर लेते हैं और इसका उपयोग शक्ति के रूप में करते हैं जिससे वे कार्बन, उद्‌जन के संयोग में ऐसे बंधन हैं जो ढीले हैं और इसलिए उनकी शक्ति विशेषतः अधिक है। यह संयोग गैसोलीन, स्टार्च, लकड़ी व इसी तरह की चीजों में विद्यमान रहता है और जब इनका प्रयोग ईंधन के रूप में किया जाता है तब कार्बन-उद्‌जन संयोग का स्थान कार्बन-ओषजन संयोग ले लेता हैं जो मजबूत होता है और इसलिए उसकी शक्ति कम होती है। इसके साथ-साथ ओषजन अणु में दो ओषजन परमाणुओं का संयोग करने वाली ढीले बंधन का स्थान पानी में ओषजन-उद्‌जन के अति स्थायी बंधन ले लेते हैं। प्रतिक्रिया के पहले तथा बाद के बीच में बंधनों के संयोग के समय शक्ति का अंतर निकलता है और यह हमें मोटर शक्ति तथा गर्मी के रूप में मिलती है। ये तलीय संगठन यानी बंधन क्या हैं? तत्वों का व्यवहार ऐसा है कि उदाहरणतः यदि हम पानी को लें तो हम कह सकते हैं कि ओषजन का एक परमाणु उद्‌जन के दो परमाणुओं को पकड़े हुए है या हम कह सकते हैं कि उद्‌जन के दो परमाणु ओषजन के एक परमाणु को पकड़े हुए हैं। परमाणुओं के बीच बंधनों का पारस्परिक संबंध होता है जब दो परमाणु मिलाये जाते हैं तब हरेक परमाणु निःसंदेह रूप से उनको जकड़ने वाले बंधन में कुछ न कुछ अपना योग देते हैं।

परमाणुओं के तल से विद्युदणु

प्राचीन यूनानियों को इस बात का पता था कि जब अम्बर की कोई छड़ कपड़े या फर से रगड़ी जाती है तब अम्बर विद्युन्मय हो जाता है और उससे कागज या बुरादे के टुकड़े उठाए जा सकते हैं। इसी प्रकार काँच की छड़ें और अन्य कई चीजें जब कपड़ा, रेशम या फर से रगड़ी जाती हैं और कुछ ऋण विद्युत वाली। उनकी इस अवस्था का इस बात से पता चलता है कि विद्युन्मय स्थिति में वे विद्युन्मय अम्बर से आकृष्ट होती हैं।

अम्बर को ऋण विद्युत वाला माना जाता है। अम्बर के लिए ग्रीक का शब्द इलेक्ट्रॉन है जिसे हम विद्युदणु कहते हैं। चीजों के विद्युन्मय होने के गुण को स्थायी या घर्षण विद्युत कहते थे। अनेक वर्ष तक इसे प्रवाहिनी विद्युत से अलग समझा गया था। प्रवाहिनी विद्युत का पता गलवनी तथा वोल्टा ने 18वीं शताब्दी में लगाया था। इसी प्रवाहिनी विद्युत के बारे में हम सामान्यतः जानते है। यह बैटरियों से रासायनिक रूप से बनायी जाती है और तारों में होकर बहती है। तो भी 19वीं शताब्दी की एक बड़ी सफलता यह दिखाना था कि ये दोनों एक ही प्रकार की विद्युत हैं। इसके लिए जो परीक्षण किया गया उससे विद्युत की मूल इकाई विद्युदणु का पता लगा।

जब विद्युतधारा प्रवाहित की जाती है तब नली में कुछ नहीं होता। सामान्यतः नली में जो हवा होती है वह विद्युत–प्रवाह का प्रतिरोध करती है और नली से कोई धारा नहीं बहती। यदि पहले ही नली से वायु निकाल दी जाये, जिससे नली के अंदर वायु–शून्यता हो जाये तो विद्युत नली के खाली लम्बे स्थान में दोनों धातु प्लेटों के छोरों के बीच बहेगी।

जब विद्युतधारा एक धातु प्लेट से दूसरी प्लेट की ओर जाती है तब नली के अन्दर गैस में से कोई चीज वस्तुतः बहती है। यदि जिंक सल्फाइड की परत चढ़ी कोई छोटी काँच की प्लेट नली के अंदर विद्युतधारा के बीच में रख दी जाय तो विद्युत प्रवाहित करते ही जिंक सल्फाइड चमकने लगता है। यदि हम जिंक सल्फाइड की इस चमकती हुई प्लेट को जरा गौर से देखें तो हम देखेंगे कि यह चमक सारी प्लेट पर प्रकाश के छोटे–छोटे कणों से बनी है। यह ऐसा लगता है कि जिंक सल्फाइड के कण में टक्कर लगती है और उससे प्रकाश की चमक उठती है। इसके बाद दूसरा चमकता हैं और फिर तीसरा और ऐसे ही और चमकते हैं। प्रकाश के सब कण एक ही आकार के होते है जिससे यह पता चलता है कि नली से प्रवाहित होने वाली विद्युतधारा एक ही आकार के टुकड़ों से बनी है। जब एक टुकड़ा जिंक सल्फाइड के एक कण से टकराता है तब उससे प्रकाश की चमक उत्पन्न होती है।

एक अंग्रेज भौतिकशास्त्री जे.जे. थामसन ने सबसे पहले यह दिखाया कि यह धारा विद्युन्मय कणों की है। वह इनको तोलने में भी सफल हुआ। यह कुछ रहस्यमय जान पड़ता है लेकिन ऐसा नहीं है। यह तो आप जानते ही हैं कि पिंग–पांग की गेंदों की एक गतिशील धारा को माल ढोने वाली गाड़ियों की धारा की अपेक्षा विचलित करना सरल है। जब कोई गतिशील चीज भारी होती है तब इसको अपने सीधे मार्ग से हटाने के लिए अधिक ताकत की आवश्यकता होती है और यदि यह हल्की हो तो इसको एक सीधी रेखा में बड़ी आसानी से हटाया जा सकता है।

वायुशून्य नली में विद्युन्मय कणों की धारा को विचलित करने के लिए जितनी चुम्बकीय शक्ति की आवश्यकता पड़ी उसे मापने के बाद जे.जे. थामसन उनका भार जानने में सफल हुए।

वे पहले किसी भी ज्ञात चीज से हल्के निकले। यह स्मरणीय है कि उद्जन परमाणु सबसे हल्का कण था। प्रत्येक विद्युन्मय इकाई का वजन एक उद्जन परमाणु का केवल 1/1840वाँ भाग था।

विद्युदणु साधारण पदार्थों में रहते हैं। घर्षण को ले लीजिए। जिस अम्बर को फर से रगड़ा गया है वह ऋण विद्युत वाला है। इसका अर्थ यह है कि अम्बर के तल पर विद्युदणु पैदा हो गये। ये विद्युदणु एक तार के द्वारा तल से हटाए जा सकते हैं और इनको मापा भी जा सकता है। ये वही विद्युदणु हैं जो वायुशून्य नली में धारा तथा बिजली की रोशनी में विद्युतधारा बनाते हैं।

अम्बर में ये विद्युदणु फर की रगड़ से आये। इसके फलस्वरूप अम्बर ऋण विद्युत वाला हो गया और फर धन विद्युत वाला। अनेक पदार्थों से विद्युदणुओं को दूर हटाना आसान नहीं है। हम जब कालीन पर चलते हैं तब हरेक बार ऐसा करते हैं। विद्युदणु कालीन से हटकर शरीर के तल पर इकट्ठे हो जाते है। जब हम धातु की किसी चीज को छूते हैं जो शरीर के तल से विद्युदणुओं को पृथ्वी तक पहुँचा सकती है तब विद्युदणु संपर्क बिंदु पर कूदकर चिनगारी की तरह छूटते हैं और विद्युदणुओं के इसी जमाव से हमें कभी-कभी ऐसे मौकों पर झटका लगता है।

परमाणु का गठन

परमाणु प्रोटॉन व इलेक्ट्रॉन के बने होते हैं। एक प्रोटॉन का वजन 1 इकाई तथा एक इलेक्ट्रॉन का वजन 1/1840 या 0.00054 इकाई होता है। जब इलेक्ट्रॉन का वजन इतना सूक्ष्म होता है तब तत्वों का परमाणु भार पूरी संख्या या पूरी संख्याओं के बराबर क्यों नहीं होता? 19वीं शताब्दी के आरम्भ में जब डाल्टन ने परमाणु सिद्धांत रखा था तब प्राउट ने यह मत प्रकट किया था कि सभी तत्वों के परमाणु उद्जन परमाणुओं के बने होते हैं।

प्राउट की बात को नहीं माना गया, क्योंकि तत्वों के परमाणु भार उद्जन के भार के पूरे गुणक नहीं निकले। यह कोई साधारण अनुमान की बात नहीं थी। सन् 1900 तक परमाणु भारों को रसायन-शास्त्र के किसी भी स्थिरांक से अधिक बारीकी से मापा गया और वे दशमलव के चौथे व पाँचवें स्थान तक ज्ञात थे। वस्तुतः वे पूर्ण संख्या नहीं थे और न वे उद्जन के गुणक थे।

भाग्यवश इस प्रश्न ने वैज्ञानिकों को अधिक तंग नहीं किया, क्योंकि इस समय तक रदर फोर्ड ने परमाणु का केन्द्रीय गठन स्थिर कर दिया और अन्य घटनाओं से इस प्रश्न का उत्तर मिल गया। परमाणु भारों का पूर्ण संख्या न होने का कारण यह है कि रासायनिक रूप से जब तत्व सामान्यतः पृथक् व शुद्ध किये जाते हैं तब वे अकेले तत्व नहीं होते बल्कि मिश्रण होते हैं। फ्रेडरिक सार्डी एक वैज्ञानिक थे। जिन्होंने सन् 1910 में ही आयोनियम, थोरियम तथा सीसे की तीन किस्मों को समझा।

अति साहस के साथ उन्होंने भविष्यवाणी की कि तीनों सीसों के परमाणु भार भिन्न होंगे और थोरियम से बने सीसे का भार साधारण सीसे से अधिक तथा रेडियम से बने सीसे का परमाणु भार साधारण सीसे के परमाणु भार से कम होगा। कासीमिर फाजन्स ने भी स्वतंत्र रूप से इसी आशय की भविष्यवाणी की। दोनों की बात सही निकली।

साधारण सीसे का परमाणु भार 207.2 है। थोरियम–सीसे का परमाणु भार 207.9 तथा रेडियम–सीसे का 206.1 है। ये संख्याएँ परमाणु भार निकालने वाले दो विशेषज्ञों एक अमेरिका के थ्योडार रिचर्ड्स तथा दूसरे जर्मनी के ओ. हीनिग्शमिड ने निकाली थीं और वे एक ही थीं। यही हमें ऐसे तत्व मिले हैं जो रासायनिक रूप से समान हैं लेकिन उनके परमाणु भार भिन्न हैं। यह कैसे संभव है?

□□□

12

तत्वों में रासायनिक बन्ध

उत्कृष्ट गैसों के अतिरिक्त अन्य तत्वों के परमाणु स्वतन्त्र अवस्था में नहीं पाये जाते। उसी तत्व के या भिन्न तत्वों के परमाणुओं के संयाग से अणु बनते हैं, जैसे H_2, N_2, HCl, H_2O, CH_4, NaCl आदि। इस प्रकार बने अणुओं का स्थायित्व प्रत्येक परमाणु के स्वयं के स्थायित्व से अधिक होता है। एक अणु में दो परमाणुओं के मध्य का आकर्षण रासायनिक बन्ध कहलाता है।

अष्टक नियम

उत्कृष्ट गैसों के परमाणु सामान्यत: परस्पर अथवा अन्य परमाणुओं से संयोग नहीं करते हैं। इनके अणु एकपरमाणुक होते हैं और यह इनकी स्थायी अवस्था हैं। उत्कृष्ट गैसों के संयोजकता कोश में आठ इलेक्ट्रॉन होते हैं (हीलियम में दो)।

यह निष्कर्ष निकाला गया कि वह इलेक्ट्रॉनीय विन्यास जिसमें संयोजकता कोश में आठ इलेक्ट्रॉन अथवा हीलियम के समान दो इलेक्ट्रॉन होते हैं, अधिक स्थाई होता है। अत: अन्य तत्व भी इन स्थाई संरचनाओं को प्राप्त करने का प्रयास करते हैं। रासायनिक संयोग द्वारा स्थाई इलेक्ट्रॉन विन्यास प्राप्त करने के लिए परमाणु या तो इलेक्ट्रॉन का आदान-प्रदान करते हैं अथवा साझेदारी करते हैं।

सारणी उत्कृष्ट गैसों का इलेक्ट्रॉनीय विन्यास

परमाणु का इलेक्ट्रॉन ग्रहण कर, त्याग कर या साझा कर अपने संयोजकता कोश में

उत्कृष्ट गैसों	इलेक्ट्रॉनीय विन्यास
He	$1s^2$
Ne	(He) $2s^2\ 2p^6$
Ar	(Ne) $3s^2\ 3p^6$
Kr	(Ar) $4s^2\ 4p^6$
Xe	(Kr) $5s^2\ 5p^6$
F	(F) $1s^2, 2s^2 2p^5$
Cl	(Cl) $1s^2, 2s^2 2p^6, 3s^1 3p^5$
O	(O) $1s^2, 2s^2 2p^4$

इलेक्ट्रॉनों की संख्या आठ कर लेना अष्टक नियम कहलाता है। हाइड्रोजन तथा लीथियम हीलियम की संरचना ग्रहण कर स्थायित्व प्राप्त करते हैं। प्रबल विद्युतधनी तत्व (क्षार धातुएँ तथा मृदा क्षार धातुएँ) एक या अधिक इलेक्ट्रॉन त्याग कर उत्कृष्ट गैस संरचना प्राप्त करते हैं। इसी

सारणी कुछ तत्व व उनके आयनों का इलेक्ट्रॉनीय विन्यास

परमाणु	आयन (उत्कृष्ट गैसः संरचना)
Li $= 1s^2, 2s^1$	$Li^+ = 1s^2$
Na $= 1s^2, 2s^2 2p^6, 3p^1$	$Na^+ = 1s^2, 2s^2 2p^6$
K $= 1s^2, 2s^2 2p^6, 3s^1 3p^6, 4s^1$	$K^+ = 1s^2, 2s^2 2p^6, 3s^2 3p^6$
Mg $= 1s^2, 2s^2 2p^6, 3s^2$	$Mg^{2+} = 1s^2, 2s^2 2p^6$
Al $= 1s^2, 2s^2 2p^6, 3s^1 3p^1$	$Al^{3+} = 1s^2, 2s^2 2p^6$
	$H^- = 1s^2$
F $= 1s^2, 2s^2 2p^5$	$F^- = 1s^2, 2s^2 2p^6$
Cl $= 1s^2, 2s^2 2p^6, 3s^1 3p^5$	$Cl^- = 1s^2, 2s^2 2p^6, 3s^2 3p^6$
O $= 1s^2, 2s^2 2p^4$	$O^{2-} = 1s^2, 2s^2 2p^6$

प्रकार प्रबल विद्युतऋणी तत्व एक या अधिक इलेक्ट्रॉन ग्रहण कर स्थायी संरचना प्राप्त करते हैं।

अष्टक नियम की सीमाएँ

आवर्त सारणी में द्वितीय आवर्त के तत्वों द्वारा बनाये यौगिकों में अष्टक नियम का पूर्ण रूप से पालन होता है। तीसरे तथा अन्य आवर्तों के तत्वों द्वारा भी उनके अधिकतया यौगिकों में अष्टक नियम का अनुसरण किया जाता है, लेकिन ये तत्व कुछ ऐसे भी यौगिक बनाते हैं जिनमें इस नियम का पालन नहीं होता।

फॉस्फोरस पेन्टाक्लोराइड और सल्फर हेक्साफ्लुओराइड ऐसे दो यौगिक हैं। इन यौगिकों में अष्टक के प्रसार का कारण सहसंयोग बन्ध के प्रक्रम में बताया गया है। d- कक्षकों की अप्राप्यता के कारण द्वितीय आवर्त के तत्व ऐसे यौगिक नहीं बना पाते जिनमें अष्टक का प्रसार हो सके। अतः NCl_5 का अस्तित्व नहीं है जबकि PCl_5 बनता है और स्थायी भी है।

CCl_4 का जल-अपघटक नहीं होता जबकि $SiCl_4$ का कमरे के ताप पर ही जल-अपघटन हो जाता है। CCl_4 में कार्बन का अष्टक पूर्ण है, रिक्त d-कक्षक अनुपस्थित है और संयोजकता कोश का और विस्तार नहीं हो सकता। एकांकी इलेक्ट्रॉन युग्म भी अनुपस्थित है।

इन्हीं कारकों से जल CCl_4 से अभिक्रिया नहीं करता। सिलिकन तृतीय आवर्त का तत्व है जिसमें रिक्त d- कक्षकों में इलेक्ट्रॉन स्वीकार किये जा सकते हैं। अतः जल द्वारा सिलिकन पर आक्रमण से $Si(OH)_4$ बनता है। $Si(OH)_4$ अस्थायी है और इसमें से जल के दो अणु निकल जाते हैं और अंतिम उत्पाद SiO_2 प्राप्त होता है।

आयनिक बन्ध

अष्टक पूर्ण करने हेतु जब कोई परमाणु अपने संयोजी इलेक्ट्रॉनों का त्याग करता है अथवा संयोजकता कोश में इलेक्ट्रॉन ग्रहण करता है तो क्रमशः धनायन व ऋणायन बनते हैं।

इस प्रक्रिया में त्यागे गये अथवा ग्रहण किये गये इलेक्ट्रॉन की संख्या को उस तत्व की वैद्युत संयोजकता कहते हैं।

विद्युतधनी तत्वों के लिए इसका मान धनात्मक तथा विद्युत ऋणीय तत्वों के लिए इसका मान ऋणात्मक होता है, जैसे Na की वैद्युत संयोजकता +1 है, Mg की +2 है, F की −1 तथा O की −2 है। विद्युतधनीय तत्व से विद्युतऋणीय तत्व में इलेक्ट्रॉनों के पूर्ण स्थानान्तरण से धनायन व ऋणायन बनते हैं, जिनके अष्टकपूर्ण होते हैं। ये विपरीत आवेशित आयन स्थिर वैद्युत बल से बंधकर आयनिक यौगिक का निर्माण करते हैं।

Na	———	$Na^{+} + e^{-}$
(2,8,1)		(2,8)
Mg	———	$Mg^{2+} + 2e^{-}$
(2,8,2)		(2,8)
$F + e^{-}$	———	F^{-}
(2,7)		(2,8)
$S + 2e^{-}$	———	S^{2-}
(2,8,6)		(2,8,8)
$O + 2e^{-}$	———	O^{2-}
(2,6)		(2,8)
$2Na^{o} - 2e^{-}$	———	$2Na^{+}$
(2,8,1)		(2,8)
$S^{o} + 2e^{-}$	———	S^{2-}
(2,8,6)		(2,8,8)

"धनायन और ऋणायन के मध्य स्थिर वैद्युत आकर्षण बल को आयनिक बन्ध कहते हैं।" अब हम NaCl का उदाहरण लेकर आयनिक यौगिकों के बनने की प्रक्रिया समझते हैं। सोडियम परमाणु का इलेक्ट्रॉनीय विन्यास (2, 8, 1) तथा क्लोरीन परमाणु का (2, 8, 7) है। जब सोडियम और क्लोरिन को पास लाया जाता है तो प्रत्येक सोडियम परमाणु एक इलेक्ट्रॉन त्याग कर एक सोडियम आयन Na^{+} बनता है जबकि प्रत्येक क्लोरीन परमाणु एक इलेक्ट्रॉन ग्रहण करके क्लोराइड आयन Cl^{-} बनाता है। इस प्रकार Na^{+} निकटतम निष्क्रिय गैस Ne का और Cl^{-} निकटमय निष्क्रिय गैस Ar का विन्यास प्राप्त कर लेते हैं।

ये आयन मिलकर NaCl बनाते हैं। ठोस सोडियम क्लोराइड में Na^{+} और Cl^{-} आयन स्थिर वैद्युत आकर्षण बल अथवा आयनिक बंध से बंधे रहते हैं। इसी प्रकार–

आयनिक यौगिकों की विशेषताएँ

आयनिक या वैद्युत संयोजक यौगिकों में निम्न विशेषताएँ होती हैं–

(अ) $MgCl_2$ का बनना निम्न प्रकार से दर्शाया जा सकता हैं–

$Mgo - 2e^{-}$ ———— $Mg^{2+}+$

(2, 8, 2) (2,8)

(क्लोरीन का एक परमाणु)

$Cl^{o} + e^{-}$ ———— Cl^{-}

(2,8,7) (2,8,8)

(क्लोरीन का दूसरा परमाणु)

$Cl^{o} + e^{-}$ ———— Cl^{-}

(2,8,7) (2,8,8)

$Mgo - 2Cl^{-}$ ———— $MgCl_2$

(ब) CaS का बनना निम्न प्रकार से प्रकट किया जा सकता हैं।

$Ca^{o} - 2e^{-}$ ———— Ca^{2+}

(2,8,8,2) (2,8,8)

$S^{o} + 2e^{-}$ ———— S^{2-}

(2,8,6) (2,8,8)

$Ca^{2} - S^{2}$ ———— CaS

(स) Na_2S का बनना निम्न प्रकार से दर्शाया जा सकता हैं।

$2Na^{o} - 2e^{-}$ ———— $2Na^{+}$

(2,8,1) (2,8)

$S^{o} + 2e^{-}$ ———— S^{2-}

(2,8,6) (2,8,8)

$2Na^{+} + S^{2}$ ———— Na_2S

(स) $CaCl_2$ का बनना निम्न प्रकार से दर्शाया जा सकता हैं–

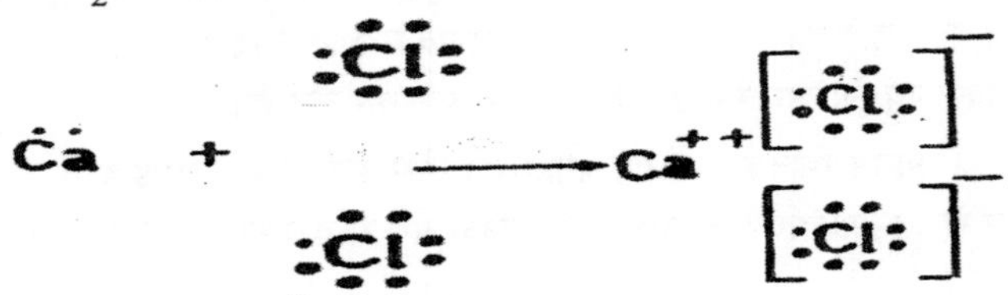

1. भौतिक अवस्था

विपरीत आवेशित आयनों के मध्य प्रबल स्थिर वैद्युत आकर्षण बलों के कारण आयनिक यौगिक साधारणत: सामान्य ताप पर ठोस अवस्था में होते हैं।

2. क्रिस्टल संरचना

आयनिक यौगिक के क्रिस्टल में आयन एक निश्चित व्यवस्थानुसार संकुचित रहते हैं। इस प्रकार की व्यवस्थित क्रिस्टल रचना को क्रिस्टल जालक कहते हैं। भिन्न आयनिक यौगिकों की अलग-अलग प्रकार की क्रिस्टल संरचना होती है। सोडियम क्लोराइड क्रिस्टल में प्रत्येक सोडियम आयन समान दूरी पर स्थित छ: क्लोराइड आयनों से घिरा रहता है। इसी प्रकार प्रत्येक क्लोराइड आयन छ: सोडियम आयनों से घिरा रहता है।

3. गलनांक और क्वथनांक

आयनिक यौगिकों में विपरीत आवेशित आयनों के बीच प्रबल स्थिर वैद्युत आकर्षण बल होता है। इन आयनों को विलग करने के लिए बहुत अधिक ऊर्जा की आवश्यकता होती है। अत: इनके गलनांक उच्च होते हैं और इसीलिए क्वथनांक भी ऊँचे होते हैं।

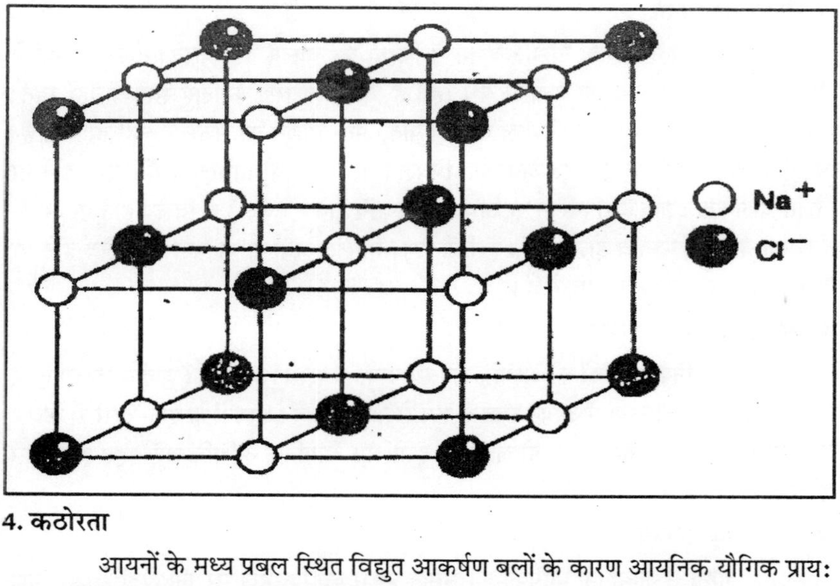

4. कठोरता

आयनों के मध्य प्रबल स्थित विद्युत आकर्षण बलों के कारण आयनिक यौगिक प्राय: कठोर होते हैं। आयनिक आवेश में वृद्धि और आयनों के मध्य दूरी कम होने से क्रिस्टल की जालक ऊर्जा बढ़ती है, जिसके कारण कठोरता भी बढ़ती जाती है।

5. भंगुर प्रकृति

आयनिक यौगिक भंगुर होते हैं। बाहरी बल लगाने पर क्रिस्टल में विकृति आ जाने से समान आवेश वाले आयन समीप आ जाते हैं। तब समान आयनों में प्रतिकर्षण बलों के कारण यौगिक भंगुर हो जाता है।

6. विलेयता

आयनिक यौगिक ध्रुवीय विलायकों में विलेय होते हैं, क्योंकि इनकी विलायकन ऊर्जा (आयनिक यौगिकों को विलायक में विलेय करने पर निकली ऊर्जा) क्रिस्टल की जालक ऊर्जा से अधिक होती है। ये यौगिक अध्रुवीय विलायकों में अविलेय होते हैं।

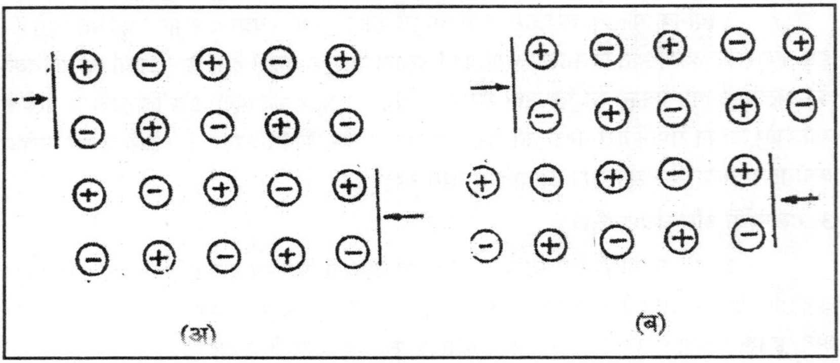

7. वैद्युत चालकता

आयनिक यौगिक ठोस अवस्था में विद्युत का चालन नहीं करते। ठोस अवस्था में आयन प्रबल वैद्युत आकर्षण बलों से बंधे रहते हैं, अत: विचरण के लिए स्वतन्त्र नहीं रहते। विद्युत क्षेत्र लगाने पर आयन गतिशील नहीं हो पाते, अत: विद्युत का संचालन नहीं हो पाता है। परन्तु आयनिक यौगिक संगलित अवस्था (पिघलने पर) या ध्रुवीय विलयन में विलेय होने पर वैद्युत चालकता दर्शाते हैं। पिघलने पर अथवा ध्रुवीय विलायक (जल) में विलेय होने पर आयन विचरण के लिए स्वतन्त्र हो जाते हैं। इसी कारण संगलित अवस्था या जल में विलेय होने पर विद्युत धारा का प्रवाह कर सकते हैं।

8. आयनिक अभिक्रियाएँ

आयनिक यौगिकों की अभिक्रियाएँ सामान्यत: विलयन अवस्था (जलीय विलयन) में होती हैं। विलयन अवस्था में आयन स्वतन्त्र रूप से पाये जाते हैं। आयनों के एक-दूसरे से केवल टकराने से ही अभिक्रिया सम्पन्न हो जाती है। इसीलिए आयनिक अभिक्रियाएँ बहुत शीघ्रता से होती हैं।

9. सम-आकृतिकता

बहुत से आयनिक यौगिकों की समान प्रकार की क्रिस्टल संरचना होती है। इस गुण को समाकृतिकता कहते हैं। समइलेक्ट्रॉनीय आयनों वाले यौगिकों में ही यह गुण पाया जाता है। जैसे- NaF एवं MgO समाकृतिक हैं।

सहसंयोजक बन्ध

दो ऋणविद्युती परमाणुओं के मध्य इलेक्ट्रॉन का आदान-प्रदान संभव नहीं है। दोनों की ही इलेक्ट्रॉन को अपनी ओर खींचने की प्रवृत्ति होती है। ये परमाणु परस्पर इलेक्ट्रॉन की

साझा करके अपना अष्टक पूर्ण करते हैं। सहभाजित इलेक्ट्रॉन युग्म दोनों परमाणुओं के साथ गिना जाता है, जिससे दोनों ही परमाणुओं का अष्टक पूर्ण हो जाता है। दो परमाणुओं के बीच इलेक्ट्रॉन के साझे से बना बन्ध सहसंयोजक बन्ध कहलाता है, तथा इस प्रकार बनने वाले यौगिक सहसंयोजक यौगिक कहलाते हैं। किसी तत्व के द्वारा साझे के लिए दिये गये अयुग्मित इलेक्ट्रॉन की संख्या को उस तत्व की सहसंयोजकता कहते हैं। जैसे क्लोरीन का अणु क्लोरीन के दो परमाणुओं के बीच एक इलेक्ट्रॉन युग्म के साझे से बनता है, इसको लुईस संरचना द्वारा नीचे दिखाया गया है–

प्रत्येक क्लोरीन परमाणु के बाह्यतम कोश में सात इलेक्ट्रॉन होते हैं। स्थायी विन्यास प्राप्त करने हेतु प्रत्येक को एक–एक इलेक्ट्रॉन की और आवश्यकता होती है। दोनों परमाणु अपने

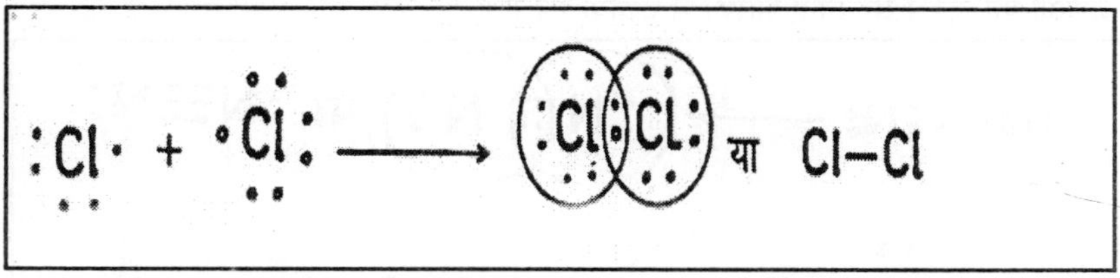

एक–एक इलेक्ट्रॉन का साझा करते हैं जिससे दोनों के बाह्यतम कोश में आठ इलेक्ट्रॉन हो जाते हैं और क्लोरीन का स्थायी अणु बनता है। अत: क्लोरीन की सहसंयोजकता एक है। इसी प्रकार CCl_4 का बनना निम्न प्रकार से समझाया जा सकता है–

द्विक् और त्रिक् बन्ध– कभी–कभी दो परमाणुओं के मध्य एक से अधिक इलेक्ट्रॉन युग्म की साझेदारी होती है। दो इलेक्ट्रॉन युग्मों की साझेदारी से द्विक् बन्ध बनता है जिसे दो सीधी रेखाओं (=) द्वारा दर्शाते हैं।

CO_2 में कार्बन परमाणु में चार संयोजी इलेक्ट्रॉन तथा प्रत्येक ऑक्सीजन परमाणु में छः संयोजी इलेक्ट्रॉन होते हैं। अत: कार्बन परमाणु प्रत्येक ऑक्सीजन परमाणु के साथ दो इलेक्ट्रॉन युग्मों का साझा करके CO_2 का निर्माण करता है और ऐसा करने से कार्बन और ऑक्सीजन दोनों के अष्टक पूर्ण हो जाते हैं।

इसी प्रकार एथीन में कार्बन–कार्बन के मध्य द्विक् बन्ध होता है–

दो परमाणुओं के बीच तीन इलेक्ट्रॉन युग्मों की साझेदारी होने से त्रिबन्ध बनता है

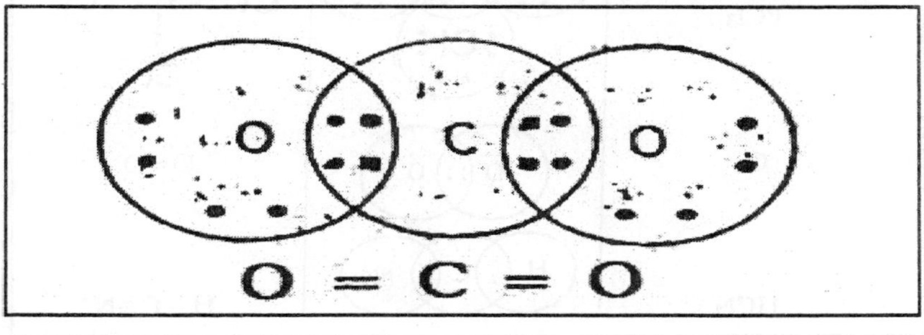

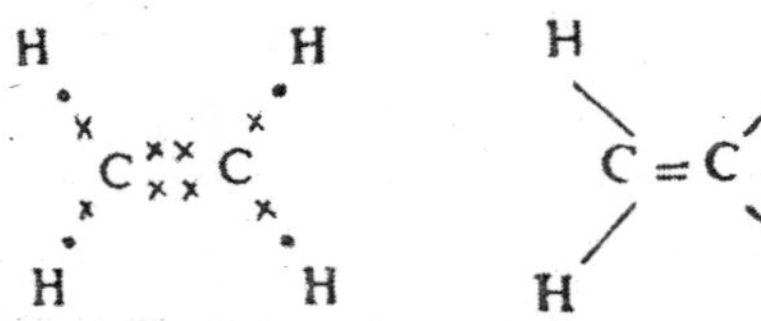

एथीन अणु (द्विक बंध)

जिसे तीन रेखाओं (≡) द्वारा दर्शाते हैं। जैसे N_2 अणु का बनना निम्न प्रकार से दिखाया जा सकता है-

इसी प्रकार एथाइन में भी कार्बन-कार्बन के मध्य त्रिबन्ध होता है- कुछ सहसंयोगी अणुओं की लुइस संरचनाएँ सारणी में दर्शायी गई हैं।

अष्टक का प्रसार तथा सीमाएँ- कुछ यौगिकों में अष्टक नियम पालन नहीं होता है।

अणु	लुइस संरचना	बन्ध संरचना
HCl	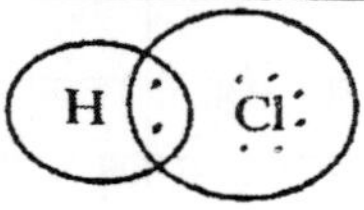	H–Cl
H_2O	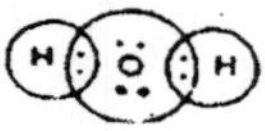	H–O–H
PCl_3	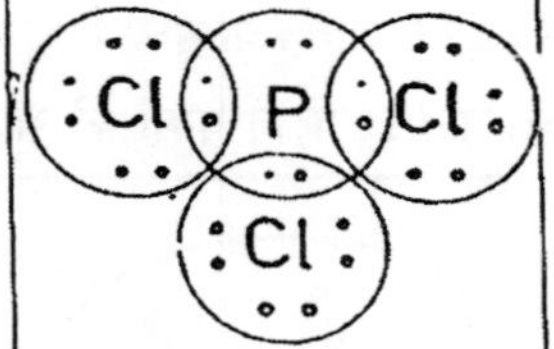	Cl—P—Cl | Cl
O_2	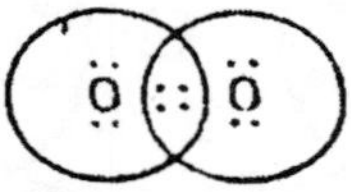	O=O
HCN	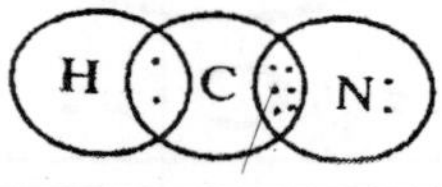	H–C≡N:

फॉस्फोरस पेन्टाक्लोराइड तथा सल्फर हेक्साफ्लुओराइड ऐसे यौगिक हैं जिनमें बन्ध बनाने में आठ से अधिक इलेक्ट्रॉन भाग लेते हैं। इस यौगिकों के केन्द्रीय परमाणु अपने संयोजकता कोश में उपस्थित रिक्त d-कक्षकों का उपयोग कर अपने अष्टक का प्रसार कर सकते हैं। इस तरह वर्ग VA (15), VIA (16), VIIA (17) व शून्य (18) के तत्व अष्टक का प्रसार कर क्रमश: 10, 12, 14

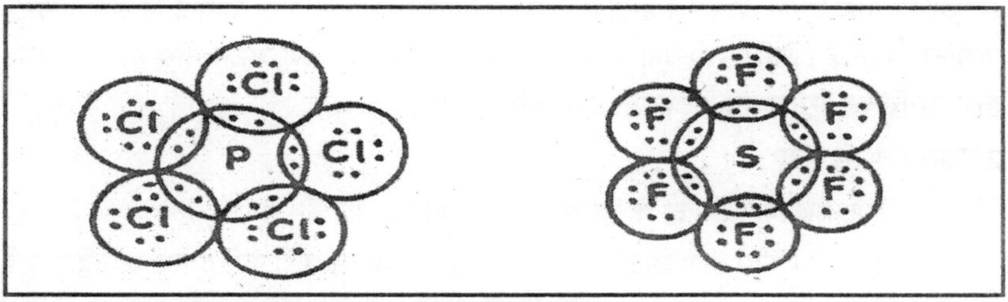

व 16 इलेक्ट्रॉन अपने संयोजकता कोश में समा लेते हैं।

इसी प्रकार संक्रमण धातुओं के यौगिक भी अष्टक नियम का अपवाद हैं। इनमें भी रिक्त d-कक्षक उपलब्ध होने के कारण अष्टक का प्रसार सम्भव है।

अपूर्ण अष्टक वाले यौगिक– अनेक ऐसे यौगिक ज्ञात हैं जिनमें परमाणुओं का अष्टक अपूर्ण रहता है।

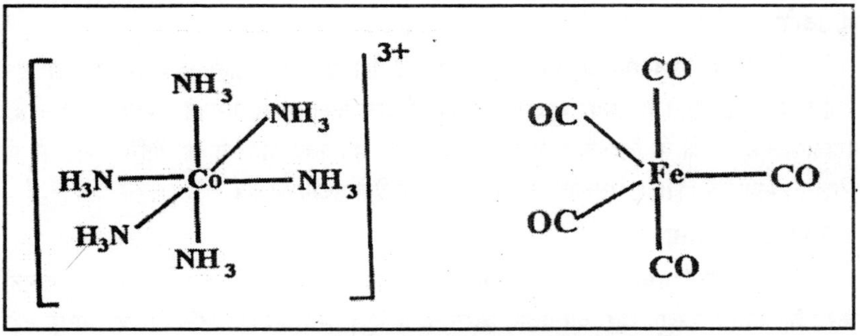

सहसंयोजक यौगिकों की विशेषताएँ

1. भौतिक अवस्था

सहसंयोजक यौगिक सामान्य ताप पर प्राय: गैस, द्रव अथवा मृदु ठोस होते हैं। इनमें

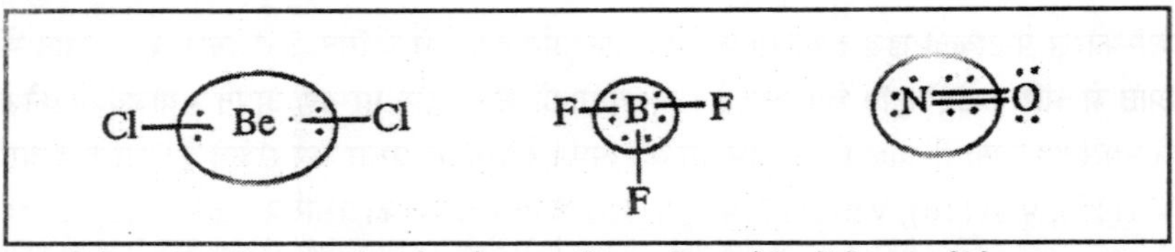

अणुओं के मध्य दुर्बल आकर्षण होता है, अतः ये आयनिक यौगिकों के आयनों के समान पास-पास नहीं रहते हैं। विशिष्ट संरचना के कारण कुछ सहसंयोजक अणु कठोर ठोस होते हैं, जैसे-हीरा, सिलिका, सिलिकन कार्बाइड, ऐलुमिनियम नाइट्राइड आदि।

2. क्रिस्टल संरचना

सहसंयोजक योगिकों के क्रिस्टल तीन प्रकार के होते हैं-

(1) वे जिनमें अणु छोटे होते हैं और वान-डर वाल्स बलों जैसे दुर्बल बलों द्वारा जुड़े होते हैं। चूँकि इन दुर्बल बलों को सरलता से तोड़ा जा सकता है, इसीलिए सहसंयोजक यौगिक मृदु और वाष्पशील होते हैं।

(2) हीरे व सिलिका जैसे पदार्थ, जिसमें प्रत्येक परमाणु दूसरे परमाणु से सहसंयोजक बन्धों द्वारा संयुक्त होकर त्रिआयामी संरचना वाले विशाल अणु का निर्माण करते हैं, अतः ये अत्यधिक कठोर होते हैं।

(3) ग्रेफाइट जैसे पदार्थ जिनमें पृथक् परतें होती हैं। इसकी एक परत दूसरी परत के ऊपर सरकने का परिणाम यह होता है कि ग्रेफाइट चिकना होता है और यह स्नेहक के रूप में काम आता है।

3. गलनांक और क्वथनांक

सहसंयोजक यौगिकों के अणुओं के मध्य दुर्बल वान-डर वाल्स बल उपस्थित होने के कारण इनके द्रवणांक व क्वथनांक निम्न होते हैं, क्योंकि इन बलों को थोड़ी-सी ऊष्मा (ऊर्जा) देकर ही तोड़ा जा सकता है। विशाल अणु इसके अपवाद हैं।

4. विलेयता

सहसंयोजक यौगिक अध्रुवीय विलायकों जैसे-कार्बन टेट्राक्लोराइड, बेन्जीन, टॉलूईन आदि में विलेय होते हैं, मगर ध्रुवीय विलायकों जैसे जल में साधारणतः अविलेय होते हैं। सहसंयोजक पदार्थों के विशाल अणु विलेय नहीं होते हैं। कुछ सहसंयोजक यौगिक जल में भी विलय हो जाते हैं। HCl, ऐल्कोहॉल, शक्कर आदि ऐसे उदाहरण हैं।

5. विद्युत चालकता

संगलित अथवा विलेय अवस्था में भी यौगिक साधारणतः विद्युत धारा का चालन नहीं करते हैं, क्योंकि विद्युत धारा का प्रवाह करने के लिए इनमें मुक्त इलेक्ट्रॉन अथवा आयन नहीं होते हैं। ग्रेफाइट अपवाद है।

6. रासायनिक अभिक्रियाएँ

सहसंयोजक यौगिकों की अभिक्रियाएँ आणविक अभिक्रियाएँ होने से प्रायः धीमी गति

से सम्पन्न होती हैं। इन अभिक्रियाओं में साधारणतः बन्ध विभक्त होता है तथा अन्य समूह का प्रतिस्थापन या योग होता है।

पदार्थों की संयोजकता

किसी तत्व की संयोजकता हाइड्रोजन के परमाणुओं की वह संख्या है, जो उस तत्व के एक परमाणु से संयोग करती है अथवा उसके द्वारा किसी यौगिक में से हटाई जा सकती है। जैसे हाइड्रोजन के दो परमाणु ऑक्सीजन के एक परमाणु से संयोग करके जल (H_2O) बनाते हैं, इसीलिए ऑक्सीजन की संयोजकता दो हुई। नाइट्रोजन का एक परमाणु हाइड्रोजन के तीन परमाणु से संयोग करके अमोनिया (NH_3) बनाता है, इसलिए नाइट्रोजन की संयोजकता तीन हुई।

कुछ तत्व हाइड्रोजन से संयोग नहीं करते हैं। इनकी संयोजकता किसी ज्ञात संयोजकता वाले अन्य तत्व की सहायता से निकाली जा सकती है। क्लोरीन का एक परमाणु हाइड्रोजन के एक परमाणु से संयोग करके हाइड्रोक्लोरिक अम्ल (HCl) बनाता है, यहाँ क्लोरीन की संयोजकता एक है। मैग्नीशियम क्लोराइड ($MgCl_2$) में मैग्नीशियम का एक परमाणु क्लोरीन के दो परमाणु से संयोग करके बना है, और क्योंकि क्लोरीन के एक परमाणु की संयोजकता एक है, इसीलिए मैग्नीशियम की संयोजकता दो हुई।

परिवर्तनीय संयोजकता – कभी-कभी एक ही तत्व विभिन्न यौगिकों में भिन्न-भिन्न संयोजकता प्रदर्शित करते हैं। जैसे – सल्फर 2, 4, 6 तीन प्रकार की संयोजकता दिखाता है।

सल्फर डाइऑक्साइड (SO_2) में सल्फर (S) की संयोजकता चार है। सल्फर ट्राइऑक्साइड (SO_3) में सल्फर की संयोजकता छः है। हाइड्रोजन सल्फाइड (H_2S) में सल्फर की संयोजकता दो है। इसी प्रकार आयरन (Fe) की संयोजकता दो और तीन है। फेरस क्लोराइड ($FeCl_2$) में आयरन (Fe) की संयोजकता दो है। फेरिक क्लोराइड ($FeCl_3$) में आयरन (Fe) की संयोजकता तीन है।

उन धातु यौगिकों के नाम जिसमें धातुयें अपनी साधारण संयोजकता से कम संयोजकता प्रदर्शित करती हैं, साधारणतया 'अस' पर समाप्त होते हैं, और जो धातुयें अधिक संयोजकता प्रदर्शित करती है, उनके यौगिकों के नाम 'इक' पर समाप्त होते हैं। जैसे–

1. क्यूप्रस (Cuprous) यौगिक (Cu_2O) में कॉपर की संयोजकता एक है।
2. क्यूप्रिक (Cupric) यौगिक (CuO) में कॉपर की संयोजकता दो है।

मूलक – एक या एक से अधिक तत्वों के परमाणुओं का वह समूह जो रासायनिक अभिक्रिया में एक परमाणु की भाँति कार्य करता है, मूलक कहलाता है। प्रत्येक यौगिक का अणु दो भागों का बना होता है। यही भाग मूलक कहलाते हैं। विद्युत अपघटन के समय एक भाग ऋणाग्र और दूसरा भाग धनाग्र पर मुक्त होता है। धनाग्र पर मुक्त होने वाला मूलक ऋणात्मक प्रकृति का होता है और यह अम्लीय मूलक कहलाता है। जबकि ऋणाग्र पर मुक्त होने वाला मूलक धानात्मक प्रकृति का होता है और क्षारीय मूलक कहलाता है। जैसे अमोनियम नाइट्रेट (NH_4NO_3) का विद्युत-अपघटन करने पर NH_4^+ मूलक ऋणाग्र पर मुक्त होता है, इसलिए

क्षारीय मूलक है और NH_3^- मूलक धनाग्र पर मुक्त होता है, इसलिए यह अम्लीय मूलक है। संयोजकता की विचारधारा इन पर भी लागू की जा सकती है। जैसे – सल्फ्यूरिक अम्ल (H_2SO_4) में SO_4^{2-} की संयोजकता 2 है, क्योंकि SO_4^{2-} मूलक हाइड्रोजन के 2 परमाणुओं से संयुक्त होता है। इसी प्रकार NO_3^- की संयोजकता 1(HNO_3 में) है, और CO_3^{2-} की संयोजकता 2(HNO_3 में) है ।

यौगिकों के सूत्र

यह संकेतों का वह गठन है जो किसी यौगिक में उपस्थित विभिन्न तत्वों के संगठन को दर्शाता है। सूत्र में किसी तत्व के परमाणुओं की संख्या तत्व के संकेत के बाद पादलिपि में प्रकट की जाती है। जल का सूत्र H_2O है। इससे यह ज्ञात होता है कि जल का एक अणु हाइड्रोजन के दो परमाणुओं तथा ऑक्सीजन के एक परमाणु से मिलकर बना है। सूत्र तीन प्रकार के होते हैं–

(1) मूलानुपाती सूत्र (2) आणविक सूत्र (3) संरचना सूत्र

(1) मूलानुपाती सूत्र – किसी यौगिक मूलानुपाती सूत्र उस यौगिक के एक अणु में उपस्थित तत्वों के परमाणुओं में सरल अनुपात को प्रकट करता है।

मूलानुपाती सूत्र ज्ञात करना

(i) पहले उस यौगिक में उपस्थित प्रत्येक तत्वों की प्रतिशत मात्रा को उसके परमाणु भार से भाग देते हैं।

(ii) इसके बाद, प्राप्त भागफल में से सबसे छोटी संख्या लेकर बाकी भागफलों में फिर भाग देने से जो संख्या प्राप्त होती है, वह उस यौगिक में तत्वों का अनुपात बताती है।

(अ) यदि यह फल पूर्ण संख्या के निकटतम हो तो, उसे पूर्ण संख्या बना लेते हैं। जैसे–2.9 या 2.1 को मान लेते हैं।

(ब) यदि फल 1.3 या 1.5 हों, तब इनको तीन गुना या दुगुना करके पूर्ण संख्या बना लेते हैं।

(2) आणविक सूत्र – वह सूत्र जो यौगिक के अणु में उपस्थित तत्वों के परमाणुओं की सही संख्या का बोध कराता है, आणविक सूत्र या अणुसूत्र कहलाता है। जैसे ऑक्सेलिक अम्ल का आणविक सूत्र $C_2H_2O_4$ है। किसी पदार्थ का आणविक सूत्र उसके मूलानुपाती सूत्र का सरल गुणांक होता है। अतः आणविक सूत्र = n × मूलानुपाती सूत्र जहाँ n =1, 2, 3 आदि।

n का मान निम्न सूत्र से ज्ञात हो सकता है–

$$n = \frac{\text{अणु भार}}{\text{मूलानुपाती सूत्र भार}}$$

(3) संरचना सूत्र – वह सूत्र जो अणु में उपस्थित परमाणुओं का संगठन तथा विन्यास बनाता है, संरचना सूत्र कहलाता है। संरचना सूत्र का आधार पदार्थ के रासायनिक गुण एवं तत्वों की संयोजकता है।

□□□

13

गैर पारम्परिक ऊर्जा

अनादि काल से मानव, ऊर्जा का उपयोग विभिन्न कार्यों जैसे- भोजन बनाने, भवन निर्माण, कृषि, उद्योग आदि में करता आया है। आज के युग में जहाँ औद्योगिक विकास में ऊर्जा का महत्त्वपूर्ण स्थान है, वहीं मानव जीवन को उन्नत बनाने में ऊर्जा महत्त्वपूर्ण साधन के रूप में प्रयुक्त होने लगी है। यही कारण है कि आज किसी देश के विकास को उस देश में प्रतिव्यक्ति द्वारा होने वाली ऊर्जा की खपत से मापा जाता है। विश्व के विकसित देशों, यथा-अमेरिका, जापान और कनाडा में प्रतिव्यक्ति ऊर्जा खपत विकासशील देशों (जैसे भारत, चीन) से 10 से 75 गुणा अधिक है। लगातार बढ़ती जनसंख्या एवं इसके साथ-साथ ऊर्जा के बढ़ते उपभोग ने वैज्ञानिकों एवं योजनाकारों को पारम्परिक ऊर्जा संसाधनों को योजनानुसार उपभोग करने एवं नये-नये ऊर्जा संसाधन विकसित करने के लिये प्रेरित किया है। ऊर्जा संसाधनों को हम दो भागों में बाँटते हैं-

(1) पारम्परिक ऊर्जा संसाधन

(2) गैर पारम्परिक ऊर्जा संसाधन

पारम्परिक ऊर्जा संसाधन को अनवीकरणीय ऊर्जा संसाधन भी कहते हैं। इनमें वे ऊर्जा संसाधन आते हैं जिनकी पुनः स्थापना संभव नही हो, जैसे- कोयला, पेट्रोल, जल, नाभिकीय शक्ति आदि। इन ऊर्जा संसाधनों की मात्रा सीमित है।

गैर पारम्परिक ऊर्जा संसाधनों को नवीकरणीय ऊर्जा संसाधन भी कहते हैं। ये वे संसाधन हैं जिनकी पुनः स्थापना या पुनर्विकास संभव है। अतः गैर पारम्परिक ऊर्जा संसाधनों में सौर ऊर्जा, पवन ऊर्जा, जैव मास, बायो गैस प्रमुख हैं।

सौर ऊर्जा

सूर्य से प्राप्त होने वाली ऊर्जा को सौर ऊर्जा कहते हैं। सूर्य के अंदर का आंतरिक ताप बहुत अधिक रहता है। इस अति उच्च ताप पर सबसे हल्की गैस हाइड्रोजन के नाभिक संलयित होकर हीलियम के भारी नाभिकों में बदलते रहते हैं। इस नाभिकीय अभिक्रिया में अत्यधिक ऊर्जा मुक्त होती है। इसी ऊर्जा को सौर ऊर्जा कहते हैं। सूर्य, ऊर्जा का सबसे बड़ा स्रोत है। सूर्य से पृथ्वी पर प्रतिवर्ष पहुँचने वाली ऊर्जा लगभग 1.6×10^{18} kwh (किलोवॉट घंटा) है। पृथ्वी पर समस्त मनुष्यों द्वारा काम में ली जाने वाली ऊर्जा का मान 7×10^{13} kwh प्रतिवर्ष है। स्पष्ट है कि सूर्य से प्रतिवर्ष खपत की तुलना में 2000 गुना अधिक ऊर्जा प्राप्त होती है। मानव सौर ऊर्जा का उपयोग समुद्र के

पानी से नमक बनाने, कपड़े सुखाने, पानी गर्म करने एवं प्रकाश के रूप में करता आया है। वर्तमान प्रौद्योगिकी के युग में सौर ऊर्जा के व्यापक उपयोग की विभिन्न संभावनाओं का पता लगाया जा रहा है। सौर ऊर्जा को एकत्र कर इससे ऊष्मा एवं विद्युत उत्पादन किया जा रहा है। सौर ऊर्जा को सौर कुकर, सौर तापक व सौर सेल में काम में लिया जाता है।

सौर ऊर्जा का पृथ्वी द्वारा अवशोषण

सूर्य से प्राप्त विकिरणों में दृश्य प्रकाश के अतिरिक्त अन्य अदृश्य विकिरण जैसे पराबैंगनी एवं अवरक्त विकिरण भी सम्मिलित होते हैं। इनमें पराबैंगनी किरणें मानव एवं जीवों के लिये हानिकारक हैं। अवरक्त विकिरणें पृथ्वी को गर्म करती हैं।

पृथ्वी के ऊपरी वायुमण्डल में 1353 वॉट ऊर्जा प्रतिवर्ग मीटर प्राप्त होती है। इस मात्रा को सौर नियतांक कहते हैं। परन्तु पृथ्वी की सतह पर लगभग 690 वॉट ऊर्जा प्रति वर्ग मीटर ही पहुँच पाती है। शेष ऊर्जा कई पृथ्वी पर नहीं आ पाती है। इसका कारण निम्न हैं–

1. सौर विकिरणों का कुछ भाग वायुमण्डल द्वारा अवशोषित कर लिया जाता है।

2. कुछ भाग वायुमण्डल में स्थित कणों से टकरा कर प्रकीर्णित हो जाता है।

3. कुछ भाग प्रकीर्णित होकर वापस अन्तरिक्ष में चला जाता है।

4. कुछ भाग बादलों से परावर्तित हो जाता है।

किन्तु पृथ्वी के कौन से स्थान पर कितनी वॉट सौर ऊर्जा पहुँच पायेगी? यह तथ्य उस स्थान की भौगोलिक स्थिति, मौसम, समय एवं जलवायु पर निर्भर करता है।

प्रकाश संश्लेषण

प्रकाश संश्लेषण इस प्रकार की प्रकिया है, जिसमें हरे पौधे अपना भोजन बनाते हैं। प्रकाश संश्लेषण वह प्रकिया है, जिसमें हर पौधे पानी एवं कार्ब-डाइ-ऑक्साइड जैसे अकार्बनिक पदार्थों को सूर्य प्रकाश की उपस्थिति में कार्बनिक पदार्थ में बदल देते हैं। कुछ अपवादों को छोड़कर यह प्रक्रिया पर्णहरित की उपस्थिति में ही सम्पन्न होती है। पर्णहरित एक पदार्थ है जो हरी पत्तियों में पाया जाता है।

पौधों में जड़ें पृथ्वी से पानी खींचकर पत्तियों में पहुंचाती हैं। पत्तियाँ अपने सूक्ष्म छिद्रों से कार्बन-डाइ-ऑक्साइड गैस का वायुमण्डल से अवशोषण करती हैं। हरी पत्तियों में पर्णहरित रहता है।

सौर तापक

सौर तापक ऐसी युक्तियाँ हैं, जिनके माध्यम से सौर ऊर्जा का उपयोग वायु एवं पानी को गर्म करने, भोजन बनाने आदि में किया जाता है। इस प्रकार के यंत्रों को भिन्न-

भिन्न ताप परासों में अलग–अलग उपयोग के लिये तैयार किया जाता है। 100°C से कम ताप उत्पन्न करने वाले यंत्र वायुगर्म करने, पानी गर्म करने, कृषि उत्पादों को सुखाने एवं इमारतों को गर्म करने में काम आते हैं। जबकि 100°C से 300°C तक ताप उत्पन्न करने वाले यंत्र भोजन बनाने, पानी को लवणमुक्त करने एवं वाष्प पैदा करने के काम आते हैं। राजस्थान के मालेरी (चूरू) में सौर ऊर्जा से खारे पानी को मीठा पानी बनाने वाला यंत्र स्थापित किया गया है। बिड़ला इन्स्टीट्यूट ऑफ साइन्स एण्ड टेक्नोलॉजी द्वारा जयपुर में 50,000 लीटर पानी प्रतिदिन गर्म करने का यंत्र, सोलर वॉटर हीटर लगाया गया है। अब हम सौर वायुतापक एवं सौर जलतापक यंत्रों का वर्णन करेंगे–

सौर वायुतापक

इसमें एक ऊष्मारोधी प्रकोष्ठ होता है, जिसमें एक तरफ से वायु प्रवेश करती है तथा दूसरी तरफ से गर्म वायु बाहर निकलती है। इसके ऊपर काँच लगा होता है इसमें से प्रकाश आता है, जो अन्दर स्थित समान्तर काले काँचों के समूह में से गुजरता है। ये काले काँच अपने ऊपर पड़ने वाले सौर विकिरणों का अवशोषण कर लेते हैं, जिससे अन्दर ताप बढ़ जाता है एवं वायु गर्म हो जाती है।

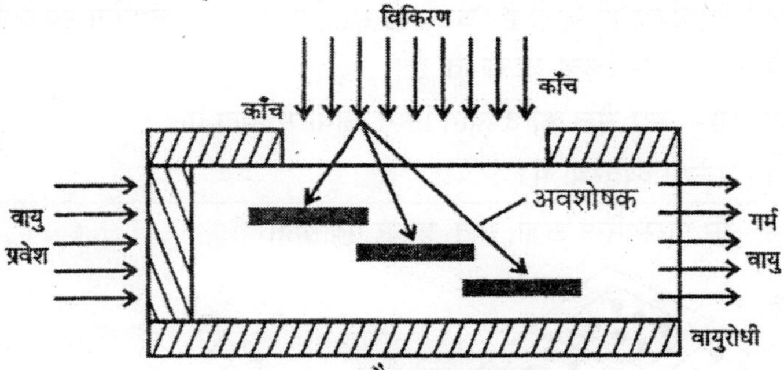

सौर वायु-तापक

सौर जल तापक

इसमें एक वायुरोधी प्रकोष्ठ होता है जिसमें ऊपर साधारण काँच लगा होता है तथा पानी प्रवाह के लिये बहुतसी जल नलियाँ होती हैं। इन नलियों के ऊपर अवशोषक प्लेट लगी होती है। प्रकोष्ठ के ऊपर कई परावर्तक लगे होते हैं। इन परावर्तकों से सौर विकिरण परावर्तित होकर चेम्बर में प्रवेश करते हैं। प्रकोष्ठ में स्थिति अवशोषक इन्हें अवशोषित कर नालियों को गर्म करता है, जिसमें प्रवाहित जल गर्म होता रहता है।

सौर सेल

सौर सेल एक ऐसी युक्ति है जो सौर ऊर्जा को विद्युत ऊर्जा में बदलती है। सौर सेल को प्रकाश वोल्टीय सेल भी कहते हैं, क्योंकि इसका सिद्धांत प्रकाश वोल्टीय

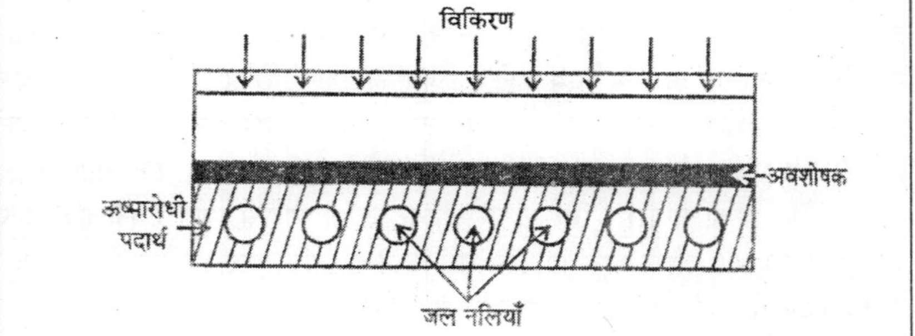

प्रभाव पर कार्य करता है। सौर सेल में सिलिकॉन या जरमेनियम अर्धचालकों का उपयोग होता है। P प्रकार के अर्धचालक एवं N- प्रकार के अर्धचालकों से बनने वाला P-N सन्धि डायोड, सौर सेल बनाने के काम में आता है। जब सौर विकिरण P-N सन्धि डायोड पर आपतित होते हैं, तो सन्धि पर अल्प विभवान्तर उत्पन्न हो जाता है। इस प्रभाव को प्रकाश वोल्टीय प्रभाव कहते हैं। इन छोटे–छोटे अनेक सेलों के समूह को विशेष क्रम में संयोजित कर अधिक वोल्टता प्राप्त कर ली जाती है। इस वोल्टता से दिन के समय बैटरी आवेशित हो जाती है। बेटरी में संग्रहीत ऊर्जा का उपयोग ट्यूबलाइट जलाने या मोटर चलाने में किया जा सकता है।

उपयोग– सौर सेल का उपयोग निम्न कार्यों में होता है–

(1) प्रकाश व्यवस्था में।

गैर पारस्परिक ऊर्जा, स्रोत, प्रकार एवं प्राप्ति

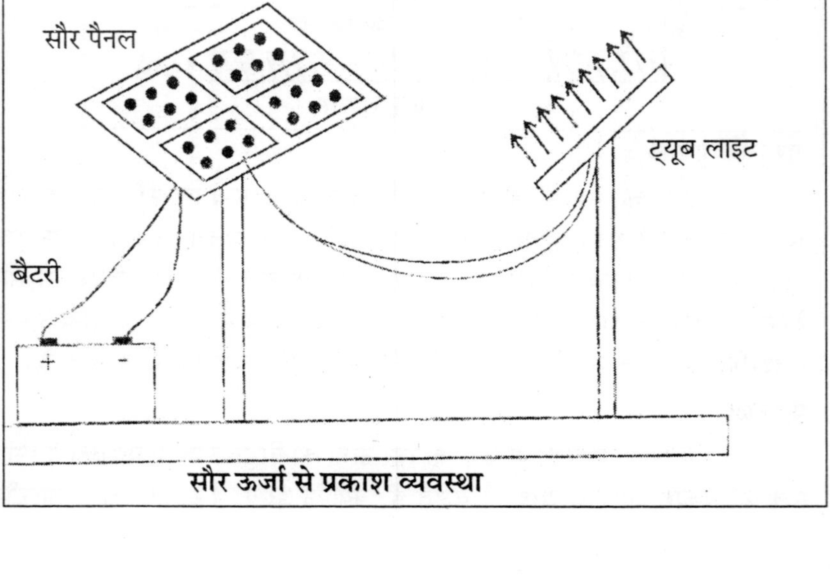

सौर ऊर्जा से प्रकाश व्यवस्था

(2) दूर स्थित गाँवों में, टी. वी. एवं रेडियो चलाने में।

(3) इलेक्ट्रॉनिक घड़ियों, केलक्यूलेटर आदि में।

(4) कृत्रिम उपग्रहों में विद्युत ऊर्जा प्राप्त करने में।

भूतापीय ऊर्जा

भूगर्म में पायी जाने वाली ऊर्जा को भूतापीय ऊर्जा कहते हैं। हम जैसे-जैसे पृथ्वी के धरातल से पृथ्वी के अंदर जाते हैं, गहराई बढ़ने के साथ ताप बढ़ता जाता है। पृथ्वी के अन्दर 10 किलोमीटर गहराई पर ताप 120°C के आस-पास एवं 320 किलोमीटर गहराई पर यह बढ़कर 300°C के करीब हो जाता है। स्पष्ट है कि गहराई बढ़ने पर ताप बढ़ता है। पृथ्वी के गर्भ में पिघला हुआ द्रव मैग्मा है। यह चारों ओर से मिट्टी, पत्थर, जल की विभिन्न परतों से घिरा होता है। जब कभी भी इन परतों से रास्ता मिलता है, यह परतों के मध्य स्थित पानी के सम्पर्क में आ जाता है एवं अपने में उपस्थित तापीय ऊर्जा से जल को पर्याप्त दाब की वाष्प में बदल देता है। इस वाष्प दाब का उपयोग ऊर्जा उत्पादन में किया जा सकता है।

भारत में इस ऊर्जा के उपयोग की व्यापक संभावना है, क्योंकि यहाँ गर्म भूगर्भ स्रोतों के 340 स्थान हैं। यहाँ मणिकर्ण एवं करेश्वर में भूतापीय ऊर्जा के उपयोग की योजना चलाई जा रही है। भूतापीय ऊर्जा की मुख्य विशेषता यह है कि यह प्रदूषण रहित है।

पवन ऊर्जा

पवन ऊर्जा प्रौद्योगिकी के क्षेत्र में एक महत्त्वपूर्ण स्थान रखती है, क्योंकि एक तो यह प्रदूषण से पूर्णतः मुक्त है तथा द्वितीय यह एक ऐसा गैर पारम्परिक ऊर्जा स्रोत है, जो सतत् रूप से उपलब्ध रहेगा। पृथ्वी की भौगोलिक विविधताओं, तापमानों के अन्तर के कारण एवं अन्यान्य कारणों से वायु का प्रवाह कहीं कम तो कहीं अधिक निरन्तर जारी रहता है। जिन स्थानों पर ताप अधिक रहता है वहाँ की वायु हल्की होकर ऊपर उठ जाती है, जिससे उस स्थान पर वायु की कमी हो जाती है। इस कमी की पूर्ति के लिये आसपास की वायु प्रवाहित होकर इस स्थान की ओर चलती है। यह क्रम कहीं कम तो कहीं अधिक, स्थान विशेष के अनुसार चलता रहता है। पवन के प्रवाह के कारण उसमें स्थित गतिज ऊर्जा का उपयोग विद्युत ऊर्जा उत्पादन में किया जा सकता है। पवन ऊर्जा का सीधे रूप में कुएँ से पानी निकालने, गेहूँ पीसने एवं तेल की घाणी चलाने में किया जाता है।

भारत में पवन ऊर्जा की व्यापक संभावनाएँ हैं। यहाँ वायु की गति का राष्ट्रीय औसत 9.4 मीटर/सेकण्ड है। पवन की गति समुद्री किनारों के क्षेत्रों में बहुत अधिक

रहती है, इसलिये इन क्षेत्रों में पवन ऊर्जा का उपयोग सबसे अधिक किया जाता है। गुजरात में कच्छ एवं ओखा, उड़ीसा में पुरी तथा तमिलनाडु में तुतीकोरिन में पवन टरबाइन लगे हैं, जिनसे विद्युत का उत्पादन होता है। भारत में 1000 मेगावॉट से अधिक विद्युत ऊर्जा को पवन से उत्पन्न किया जा रहा है। राजस्थान में प्रथम विद्युत योजना जैसलमेर के निकट अमर सागर में स्थापित की गई है। इसकी क्षमता 2 मेगावॉट है। इसी प्रकार चितौड़ के पास देवगढ़ में सवा दो मेगावॉट का पवन संयंत्र लगाया गया है। इन सभी संयंत्रों से बिजली उत्पादन होता है।

पवन चक्की

पवन चक्की एक ऐसी मशीन है जो पवन ऊर्जा को यांत्रिकी ऊर्जा में बदलती है। पवन चक्कियों का उपयोग गेहूँ पीसने, कुओं से पानी निकालने आदि में किया जाता है।

पवन चक्कियों में बड़ी-बड़ी ब्लेडें होती हैं। ये ब्लेडें बहुत ऊँचाई पर लगी होती हैं। ब्लेडें एक सॉफ्ट पर लगी होती हैं। सॉफ्ट का सम्बन्ध क्रेंक से होता है। क्रेंक का सिरा U आकार का होता है। यह सिरा एक छड़ से सम्बन्धित होता है, छड़ पम्प के पिस्टन से जुड़ी होती है। जब पवन चलती है तो ब्लेडें घूमती हैं। इसके घूमने से U

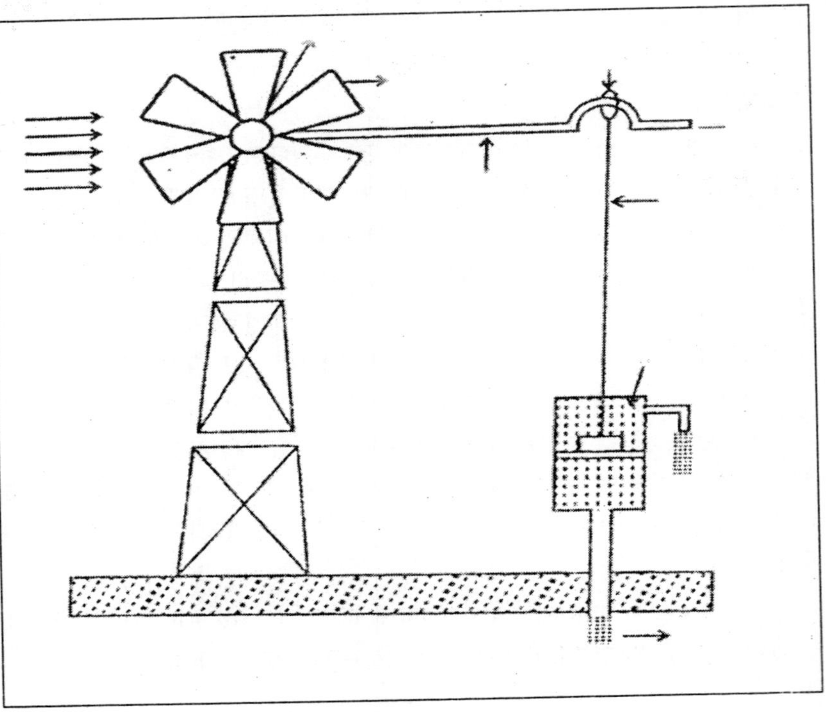

आकार का क्रेंक घूमता है, इसके फलस्वरूप पिस्टन से जुड़ी छड़ ऊपर –नीचे चलती है एवं पम्प से पानी बाहर आ जाता है।

पवन ऊर्जा से विद्युत ऊर्जा

पवन ऊर्जा से विद्युत ऊर्जा पैदा करने के लिये पवन चक्की की क्रेंक का सम्बन्ध डायनामो से कर दिया जाता है। वायु प्रवाह के कारण जब पवन चक्की की ब्लेडें घूमती हैं, तो क्रेंक भी घूमता है। क्रेंक के घूमने के कारण इससे सम्बन्धित डायनामो भी घूमता है। इस डायनामो के घूमने से यांत्रिकी गतिज ऊर्जा विद्युत ऊर्जा में परिवर्तित हो जाती है।

समुद्र की लहरों से विद्युत उत्पादन

समुद्र पानी का अथाह भण्डार है। पानी की विशिष्ट ऊष्मा सबसे अधिक होने तथा पृथ्वी के 70 प्रतिशत भाग पर जल होने के कारण, समुद्र के पानी में अत्यधिक मात्रा में ऊष्मीय ऊर्जा संचित है। इस ऊष्मीय ऊर्जा के अतिरिक्त समुद्र में उठने वाला ज्वार यांत्रिकी ऊर्जा का स्रोत है। इस ज्वारीय शक्ति को हमारे देश में यांत्रिकी एवं विद्युत ऊर्जा

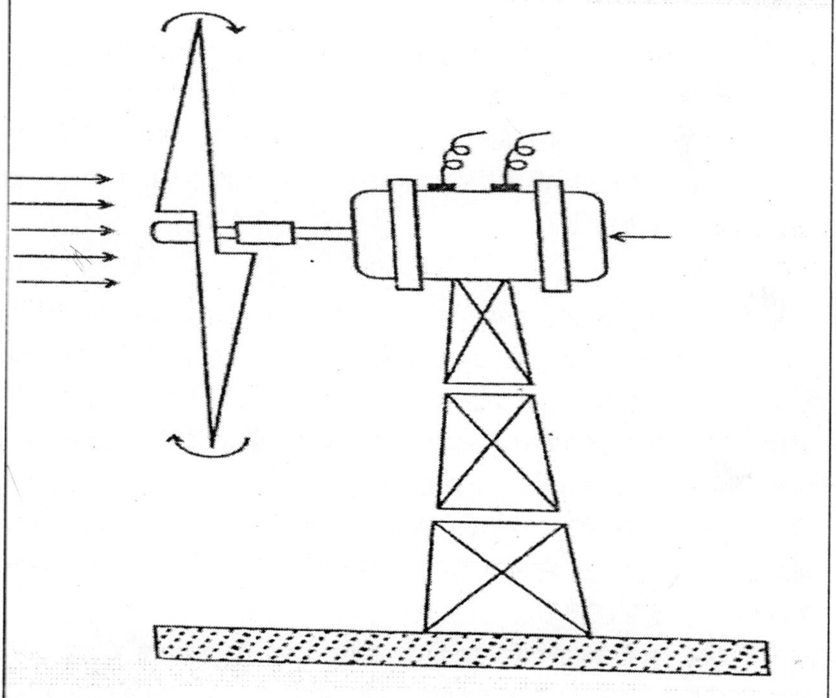

पवन चक्की

उत्पादन में उपयोग किया जाता है। गैर पारम्परिक ऊर्जा संसाधनों में भारत सरकार की योजनाओं में सागर तापीय ऊर्जा रूपान्तरण तथा तरंग ऊर्जा उत्पादन प्रमुख हैं। ज्वारीय ऊर्जाओं का उपयोग यांत्रिकी एवं विद्युत दोनों प्रकार की ऊर्जाओं को प्राप्त करने में किया जाता है। भारत में 7000 किलोमीटर के समुद्री तट की तरंग ऊर्जा की कुल क्षमता 40,000 मेगावॉट मापी गई है। अरब सागर एवं बंगाल की खाड़ी में इस ऊर्जा की सबसे ज्यादा संभावना है। तरंग ऊर्जा का एक संयंत्र तिरूवन्तपुरम के समीप निझिंगम में स्थापित किया गया है, जिसकी क्षमता 250 मेगावॉट है।

जल से विद्युत उत्पादन

जल ऊर्जा, ऊष्मीय ऊर्जा के बाद सबसे बड़ा ऊर्जा स्रोत है। जलाशयों, तालाबों एवं बड़े बाँधों में इकट्ठे पानी को एक सुरंग से नीचे की ओर अत्यधिक दाब से प्रवाहित किया जाता है। अत्यधिक दाब का यह पानी जब टरबाइनों पर गिरता है, तो वह तेजी से घूमता है। इस टरबाइन के घूमने के कारण इससे जुड़ा आर्मेचर घूमता है एवं इसके घूमने से विद्युत उत्पादन होता है। जल से उत्पन्न ऊर्जा को पुनः बिजली या जलविद्युत कहते हैं।

इस प्रकार पानी की स्थिति ऊर्जा को विद्युत ऊर्जा में, टरबाइनों के माध्यम से बदला जाता है। भारत में इस समय 23900 मेगावॉट ऊर्जा का उत्पादन जलशक्ति से किया जाता है। देश में भाखड़ानांगल, दामोदरघाटी प्रमुख जल विद्युत परियोजनाएँ कार्यरत हैं। राजस्थान में कोटा के निकट चम्बल नदी पर राणाप्रताप सागर एवं जवाहर सागर विद्युत केन्द्र कार्यरत हैं।

ईंधन

ऐसे पदार्थ जिनको वायु में जलाने से ऊष्मा प्राप्त होती है, ईंधन कहलाते हैं। ईंधन को हम दो वर्गों में बाँटते हैं। प्रथम वर्ग में वे ईंधन हैं जो प्रकृति से सीधे प्राप्त किये जाते हैं तथा दहन करने से ऊर्जा प्रदान करते हैं, जैसे- लकड़ी, कोयला, कच्चा तेल एवं प्राकृतिक गैस आदि। द्वितीय वर्ग में वे ईंधन जिन्हें प्रकृति से प्राप्त ईंधन से उत्पन्न किया जाता है, जैसे- कोक, चारकोल, डीजल, कैरोसीन, पेट्रोल, एल. पी. जी. आदि। इन्हें द्वितीयक या व्युत्पन्न ईंधन कहते हैं। ईंधनों में ताप उत्पन्न करने वाले तत्व क्रमशः कार्बन, हाइड्रोजन, सल्फर, मैगनीज, एलुमीनियम तथा फास्फोरस हैं। किंतु इनमें मुख्यतः कार्बन एवं हाइड्रोजन होते हैं।

इन ईंधनों का उपयोग उद्योगो में, घरेलू कार्यों में, परिवहन में एवं विद्युत उत्पादन में किया जाता है। ठोस, द्रव एवं गैस के आधार पर इन ईंधनों का हम क्रम से विवेचन करते हैं-

ठोस ईंधन

सभी ठोस ईंधन मुख्यतः हाइड्रोकार्बन हैं। इनमें ऑक्सीजन, नाइट्रोजन, गंधक एवं अन्य वाष्पशील पदार्थ मिले होते हैं। इन ईंधनों में लकड़ी तथा कोयला प्रकृति से सीधे प्राप्त होते हैं जबकि काष्ठ कोयला एवं कोक द्वितीयक ठोस ईंधन हैं।

(1) लकड़ी– प्राचीन काल में लकड़ी ऊर्जा का प्रमुख साधन था। उस समय वन क्षेत्र अधिक था, किन्तु औद्योगिक क्रान्ति के बाद वनों के कटने के कारण वनक्षेत्र घटता गया। वर्तमान में 19.47 प्रतिशत वन क्षेत्र है। वन लकड़ियों की बहुमूल्य प्रजातियों का स्रोत था। किन्तु वन से प्राप्त लकड़ियों का ऊष्मा के रूप में एवं उद्योगों में निरन्तर उपयोग से यह ईंधन अब सीमित मात्रा में रह गया है। लकड़ी में मुख्यतः सेल्युलोज, प्रोटीन तथा रेजीन पदार्थ होते हैं। घरेलू ईंधन के रूप में लकड़ी महत्त्वपूर्ण स्रोत हैं।

(2) कोयला– खनिज कोयले की उत्पत्ति जमीन के अन्दर पेड़-पौधों तथा अन्य वनस्पतियों के अनेक वर्षों तक दबे रहने के परिणामस्वरूप हुई। खनन द्वारा बाहर निकाले गये कोयले में पीट, लिग्नाइट, बिटुमिनस, एन्थ्रेसाइट आदि किस्में प्रमुख हैं। कोयले को इन चार किस्मों में उपस्थित कार्बन की मात्रा क्रमशः 27 प्रतिशत (28-30) प्रतिशत, (78-86) प्रतिशत एवं (94-98) प्रतिशत है। विश्व में कोयला उत्पादक देशों में चीन, संयुक्त राज्य अमेरिका, इंग्लैंड, जर्मनी, पोलैंड, आस्ट्रेलिया एवं भारत प्रमुख देश हैं। भारत में कोयला झारखण्ड, मध्यप्रदेश, उड़ीसा, पश्चिमी बंगाल एवं आंध्रप्रदेश में अधिकांश मात्रा में पाया जाता है।

(3) काष्ठ कोयला– लकड़ी को वायु की सीमित मात्रा में जलाने पर काष्ठ कोयले का निर्माण होता है। इसके लिये लकड़ी के ढेर को मिट्टी से ढक देते हैं। इसके ऊपर कुछ छिद्र बनाये जाते हैं। अब इसे एक ओर से धीरे-धीरे जलाया जाता है, ताकि वाष्पशील पदार्थ एवं नमी अलग हो जावे। अब जो शेष बचता है वह काष्ठ कोयला कहलाता हैं।

(4) कोक– खनिज कोयले (मुख्यतः बिटुमिनस) को उच्च ताप पर गर्म कर भंजक आसवन विधि से कोक का निर्माण किया जाता है। सख्त काँच की परखनली में बिटुमिनस कोयले के टुकड़े लेते हैं। इन्हें उच्च ताप पर गर्म करते हैं। गर्म करने से कोयले में उपस्थित वाष्पशील पदार्थ, जैसे-कोक गैस एवं अमोनिया तथा तरल गाढ़ा पदार्थ कोलतार बाहर निकल जाते हैं। ये पदार्थ परखनली की पतली नली से दूसरी परखनली से भरे पानी में प्रवेश करते हैं जिससे अमोनिया तो पानी में धुल जाती है किन्तु कोल गैस अघुलनशील होने के कारण बाहर आ जाती है। कोलतार परखनली के पेंदे पर जम जाता है। प्रथम परखनली में शेष कोयला, कोक कहलाता है। उक्त विधि भंजक आसवन कहलाती है।

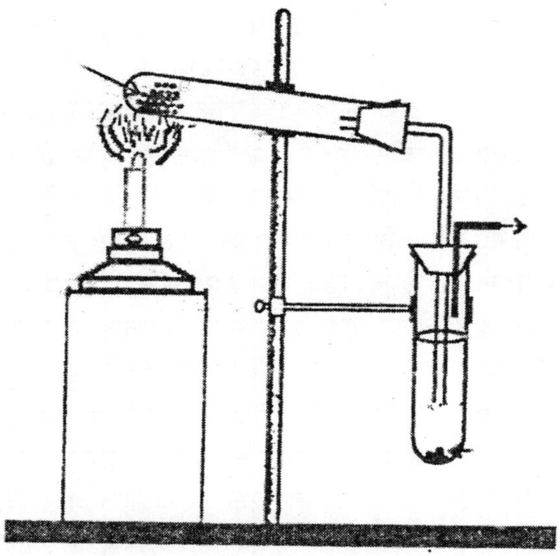

द्रव ईंधन

द्रव ईंधन का मुख्य स्रोत पेट्रोलियम एवं कार्बन हैं। पेट्रोलियम अनेकों हाइड्रोकार्बनों का मिश्रण है। इनके अतिरिक्त इसमें ऑक्सीजन, नाइट्रोजन एवं सल्फर की अल्प मात्रा पायी जाती है। पेट्रोलियम पृथ्वी के गर्भ में जमा पदार्थ हैं, जो सैकड़ों मिलियन वर्षों तक पेड़-पौधों एवं वनस्पतियों के भूगर्भ में दबने के कारण उत्पन्न हुआ है। पेट्रोलियम का प्राकृतिक रूप क्रूड तेल कहलाता है। यह भारी काला द्रव है। तेल उत्पादन देशों में सऊदी अरब, ईरान, इराक, रूस, संयुक्त राज्य अमेरिका, इग्लैंड, मैक्सिको तथा चीन प्रमुख हैं। भारत में आसाम एवं गुजरात प्रमुख तेल क्षेत्र हैं।

गैसीय ईंधन

गैसीय ईंधन में प्रमुखतः कार्बन मोनोऑक्साइड, कार्बन-डाइ-ऑक्साइड, ऑक्सीजन हाइड्रोजन तथा हाइड्रोजन अवयव उपस्थित होते हैं। गैसीय ईंधन की विशेषता यह है कि इसके जलने के बाद अवशिष्ट नहीं बचता है, यह उच्च ताप उत्पन्न करती. हैं तथा धुँआ अत्यन्त बनता है। प्रमुख गैसीय ईंधन निम्न हैं-

(1) प्राकृतिक गैस- प्राकृतिक गैस हाइड्रोकार्बन का मिश्रण है जिसमें 1-4 कार्बन परमाणु हैं, किन्तु इसका मुख्य घटक मैथेन है। इसमें 85 प्रतिशत मेथेन, 10 प्रतिशत ईंधन तथा 5 प्रतिशत अन्य हाइड्रोकार्बन होते हैं। यह पेट्रोलियम के कुओं से निकलती हैं। यह प्रदूषण रहित होने तथा इसका ऊष्मीय मान अधिक होने के कारण ईंधन

के रूप में प्रयुक्त होती हैं। विश्व में अमेरिका, रूस, नीदरलैण्ड प्राकृतिक गैस उत्पादकों के प्रमुख हैं। भारत में असम एवं गुजरात में यह पायी जाती है। राजस्थान में जैसलमेर, बाड़मेर में भी प्राकृतिक गैस के भण्डार प्राप्त होते हैं। प्राकृतिक गैस का उपयोग घरेलू ईंधन के रूप में किया जाता है। ऑटोमोबाइलो में इसे ईंधन के रूप में प्रयुक्त किया जाता हैं। उर्वरक उद्योग में हाइड्रोजन के स्रोत के रूप में प्रयुक्त किया जाता है। उर्वरक उद्योग में हाइड्रोजन के स्रोत के रूप में तथा टायर उद्योग में कार्बन स्रोत के रूप में इसका उपयोग किया जाता है।

(2) प्रोड्यूसर गैस– यह गैस कार्बन मोनो ऑक्साइड एवं नाइट्रोजन का मिश्रण है। रक्त तप्त कोयले पर वायु की नियंत्रितधारा प्रवाहित करने पर यह उत्पन्न होती है। यह सस्ते ईंधन के रूप में प्रयुक्त होती है। जलने पर यह उच्च तापमान उत्पन्न करती है, इस कारण इसका उपयोग काँच बनाने व धातु निष्कर्षण में होता है।

(3) कोल गैस– कोल गैस हाइड्रोजन, कार्बनमोनोऑक्साइड, मेथेन एवं अन्य हाइड्रोकार्बन का मिश्रण है। इसे कोयले से भंजक आसवन विधि से उत्पन्न किया जाता है। यह बुन्सन बर्नरों में प्रकाश उत्पन्न करने तथा धातुकर्म में अपचयन के लिये काम आती है।

(4) तेल गैस– यह गैस सरल एवं असंतृप्त हाइड्रोकार्बनों (मेथेन, एथिलीन, एसीटिलीन) का मिश्रण हैं। इसे पेट्रोलियम या केरोसिन से भंजक आसवन विधि से प्राप्त करते हैं। इसका उपयोग प्रयोगशालाओं में किया जाता है।

आदर्श ईंधन के गुण– आदर्श ईंधन में निम्नलिखित गुण होने चाहिये–

(1) इसका ऊष्मीय मान अधिक होना चाहिये, किन्तु ज्वलन ताप कम होना चाहिये।

(2) ईंधन के जलाने पर विषैली एवं हानिकारक गैस नहीं निकलनी चाहिये।

(3) इसके जलने पर धुआँ एवं अपशिष्ट अत्यल्प मात्रा में बचना चाहिये।

(4) यह आर्थिक दृष्टि से सस्ता एवं सुलभ होना चाहिये।

(5) इसका ऊर्जा घनत्व उच्च होना चाहिये तथा उच्च तापीय स्थिरता होनी चाहिये।

ज्वलन ताप

किसी ईंधन का वह न्यूनतम ताप, जिस पर ईंधन को जलाने पर क्रियाशील दहन प्रारंभ हो जाता है तथा इसके कारण स्वत: ही जलता रहता है, ज्वलन ताप कहलाता है। आदर्श ईंधन का ज्वलन ताप कम होना चाहिये, ताकि आसानी से ज्वलन क्रिया प्रारम्भ हो सके।

ईंधन का दहन

किसी भी पदार्थ का वायु की ऑक्सीजन से जलकर प्रकाश एवं ऊष्मा उत्पन्न करना दहन कहलाता है। सामान्यत: दहन का ईंधन का जलना कहते हैं। दहन एक ऊष्मा क्षेपी अभिक्रिया है, जिसमें अभिक्रिया के दौरान ऊर्जा मुक्त होती है। जब किसी ईंधन के दहन की क्रिया होती है, तो मुक्त ऊष्मा के साथ कार्बन-डाइ-ऑक्साइड तथा जलवाष्प उत्पन्न होती है। दहन के अन्तर्गत ऊर्जा निकलती है। दहन क्रिया तीन प्रकार की होती हैं-

(1) तीव्रदहन- इसमें ईंधन के दहन होने पर अल्प समय में अत्यधिक ऊष्मा व प्रकाश पैदा होता हैं, जैसे- पेट्रोल, मिट्टी के तेल का जलना।

(2) तात्क्षणिक दहन- इसमें दहन के लिये बाह्य ऊष्मा की आवश्यकता नहीं होती हैं, जैसे- सफेद फासफोरस का वायु के सम्पर्क में आने पर स्वत: दहन होना, तात्क्षणिक दहन हैं।

(3) अप्रभावी दहन- इसमें ईंधन की सम्पूर्ण मात्रा अपने उच्चतम स्तर पर ऑक्सीकृत नहीं होती है। इसमें कार्बन-डाइ-ऑक्साईड के स्थान पर कार्बनमोनोऑक्साइड बनता है।

एल्कोहॉल से ऊर्जा

मेथेनॉल तथा एथेनॉल दोनों ऊर्जा के स्रोत हैं। इनका इन्जनों में ईंधन के रूप में उपयोग होता है। पेट्रोल व डीजन इंजनों से भी इनका उपयोग किया जाता है। मेथेनॉल ऊष्मीय मान (4750 किलो कैलोरी/ किलोग्राम) एथेनॉल के ऊष्मीयमान (6400 किलो कैलोरी/ किलोग्राम) की तुलना में कम़ होता है। मेथेनॉल का निर्माण लिग्नाइट से किया जाता है। एथेनॉल का निर्माण गन्ने के रस एवं अनाज से किया जाता है।

जैव संहति

कृषि के अवशेष (सरसों की खली, चावल की भूसी), पशुमल, नगरीय कचरा तथा जलीय पौधों से उत्पन्न सभी ज्वलनशील पदार्थ जैव संहति कहलाते हैं। इनका उपयोग ईंधन एवं विद्युत ऊर्जा उत्पादन के रूप में किया जाता है। जैव संहति एक अपरिमित ऊर्जा स्रोत के रूप में काम आने वाला गैरपारम्परिक ऊर्जा स्रोत है, क्योंकि देश में जैवसंहति कभी भी समाप्त होने वाली नहीं है। जैव संहति का उपयोग गैस बनाने में, बिजली पैदा करने में तथा बायोगैस के निर्माण में किया जाता है। अलवर में सरसों की खल आधारित 30 मेगावॉट का संयंत्र स्थापित किया गया है।

बायोगैस

गैरपरम्परागत ऊर्जा स्रोतों में बायोगैस का प्रमुख स्थान है। ग्रामीण क्षेत्रों में ईंधनों

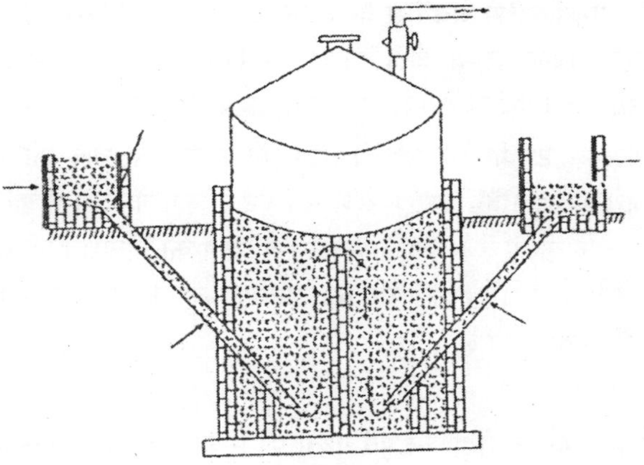

बायोगैस

के रूप में प्रयुक्त लकड़ी के स्थान पर बायोगैस ईंधन का सबसे अच्छा विकल्प है। बायोगैस का मुख्य घटक मेथेन है। बायोगैस में मेथेन (65 प्रतिशत), कार्बन–डाइ-ऑक्साइड (30 प्रतिशत), हाइड्रोजन (1.2 प्रतिशत), हाइड्रोजन सल्फाइड (0.8 प्रतिशत), ऑक्सीजन (1.2 प्रतिशत), नाइट्रोजन (1.2 प्रतिशत) एवं कार्बनमोनो ऑक्साइड (0.8 प्रतिशत) रहती हैं।

बायो गैस बनाने में जन्तुओं के अपशिष्ट, गोबर, पौधों एवं पेड़ों की सूखी पत्तियों, जंगली पौधों को एक डाइजेस्ट टेंक में किण्वन की क्रिया द्वारा सड़ाया जाता हैं। इससे उत्पन्न गैस को बायोगैस, गोबर गैस या मार्शगैस कहते हैं। इस गैस के जलने से धुंआँ रहित लो निकलती है। अतः यह एक प्रदूषण मुक्त गैस है। भारत विश्व का सबसे अधिक पशु रखने वाला देश है। यदि बायोगैस को ईंधन स्रोत के रूप में अपना लिया जावे, तो यह ग्रामीण क्षेत्रों की 75 प्रतिशत ईंधन की आवश्यकता को पूरा कर सकता है।

बायोगैस संयंत्र–बायो गैस संयंत्र दो प्रकार के होते हैं–

(1) नियत गैस कक्ष (2) तैरता गैस कक्ष

प्रथम प्रकार के बायोगैस संयंत्र अपनी जगह पर नियत रहता है जबकि द्वितीय प्रकार के संयत्र में गैस कक्ष नियत नहीं रहता। प्रथम प्रकार का गैस संयंत्र दिखाया गया हैं। इसमें गोबर एवं पानी मिलाकर प्रवेश कक्ष में डालते हैं, जो इसकी नली से प्रवाहित होकर मुख्य कक्ष से डाइजेस्ट कक्ष में आ जाती है। मुख्यकक्ष स्टील या सीमेन्ट कंकरीट का बना होता है। इसमें पड़ी खाद किण्वन क्रिया से सड़ाई जाती हैं, जिससे सम्पन्न गोबर गैस, गुंबदनुमा गैस टैंक में एकत्र होती रहती है। गैस टैंक स्टील का बना होता है। इसमें एक निकास नली लगी रहती है। इस नली से गैस बाहर निकलती है जिसे घरेलू उपयोग

में लाया जाता है। मुख्यकक्ष में जब गैस बनना बन्द हो जाती है, तो बचा हुआ अपशिष्ट निकास द्वारा बाहर निकाल लिया जाता है। यह अपशिष्ट खाद के रूप में प्रयुक्त किया जाता है, इसमें नाइट्रोजन एवं फॉस्फोरस युक्त यौगिक प्रचुर मात्रा में रहते हैं।

बायोगैस के उपयोग से ग्रामीण क्षेत्रों की ऊर्जा एवं खाद की समस्या का समाधान एक साथ हो जाता है। ग्रामीण क्षेत्रों में ईंधन के रूप में काम में ली जाने वाली लकड़ी प्रदूषण उत्पन्न करती है। लकड़ियाँ कटने से वनों का विनाश होता है। इन दोनों दुष्प्रभावों से बायोगैस बचती है। बायो गैस का उपयोग ऊर्जा के अतिरिक्त प्रकाश, कुटीर उद्योग, सिंचाई में किया जाता है।

जीवाश्म ईंधन

आज से लाखों-करोड़ों वर्ष पूर्व पृथ्वी पर स्थित पेड़-पौधे, वनस्पति, जानवर पृथ्वी के अन्दर दब गये। पृथ्वी के अन्दर उपस्थित अत्यधिक दाब एवं ताप के कारण ये जीव-जन्तु एवं पेड़-पौधे, जीवाश्म ईंधन, जैसे- कोयला, पेट्रोलियम एवं गैस आदि में बदल गये। यह प्रक्रिया लाखों वर्षों का परिणाम है। यहां हम जीवाश्म ईंधन के रूप में कोयले का वर्णन क़रते हैं।

कोयला

कोयला एक प्रकार का जीवाश्म ईंधन है। आधुनिक युग में यह औद्योगिकीकरण का मुख्य आधार है। कोयले से हमें कई उत्पाद प्राप्त होते हैं, जैसे- कोक, कोल गैस, अमोनिया, कोलतार आदि। इसी से ही हमें कृत्रिम रंग, नेफ्थलीन, नाइलोन के धागे आदि प्राप्त होते हैं। कोयले से उत्पन्न विद्युत ऊर्जा को ताप विद्युत ऊर्जा कहते हैं। कोयले की उत्पत्ति का कारण लाखों वर्षों तक पेड़-पौधों एवं जानवरों का पृथ्वी के अन्दर दबे रहना है। कोयले में उपस्थित कार्बन की मात्रा के आधार पर इन्हें चार किस्मों में बांटा गया हैं ये निम्न प्रकार हैं-

(1) पीट- सूखे पीट कोयले में कार्बन की मात्रा बहुत कम होती है। यह एक भूरे रंग का कोयला है एवं जलते समय अत्यधिक धुआँ देता है। इस कोयले में नमी की मात्रा अधिक रहती है।

(2) लिग्नाइट या भूरा कोयला- यह गहरे भूरे रंग का होता है। सूखे लिग्नाइट कोयले में 28 से 30 प्रतिशत तक कार्बन रहता है। यह पीट कोयले की तुलना में अधिक सघन है।

(3) बिटुमिनस- यह काले रंग का कठोर कोयला है। इसमें कार्बन का प्रतिशत 78 प्रतिशत से 86 प्रतिशत के परास में रहता है। इसमें जलने से कई पदार्थ उत्पन्न होते हैं। इसमें वाष्पशील पदार्थ अधिक होने के कारण, इसके भंजक आसवन से

हमें कोलतार, कोलगैस, अमोनिया आदि प्राप्त होते हैं। यह तीव्र एवं लम्बी धुएँदार लौ के साथ जलता है।

(4) एन्थ्रेसाइट– यह गहरा काला, अतिकठोर एवं भंगुर होता है। इसमें कार्बन की मात्रा 94 से 98 प्रतिशत तक होती है। यह नीली एवं छोटी लौ के साथ जलता है। इसमें राख कम बचती है।

पेट्रोलियम

पेट्रोलियम हाइड्रो कार्बन यौगिकों का एक जटिल मिश्रण है। इसमें ऑक्सीजन, नाइट्रोजन एवं सल्फर भी कुछ मात्रा में उपस्थित रहती है। यह पृथ्वी भूगर्भ में पाया जाता है। यह काले रंग का गाढ़ा द्रव पदार्थ है। इसे कच्चा तेल या अपरिष्कृत तेल भी कहते हैं। इस तेल की उत्पत्ति, पेड़–पौधों, जानवरों आदि के करीब 400 मिलियन वर्षों तक पृथ्वी

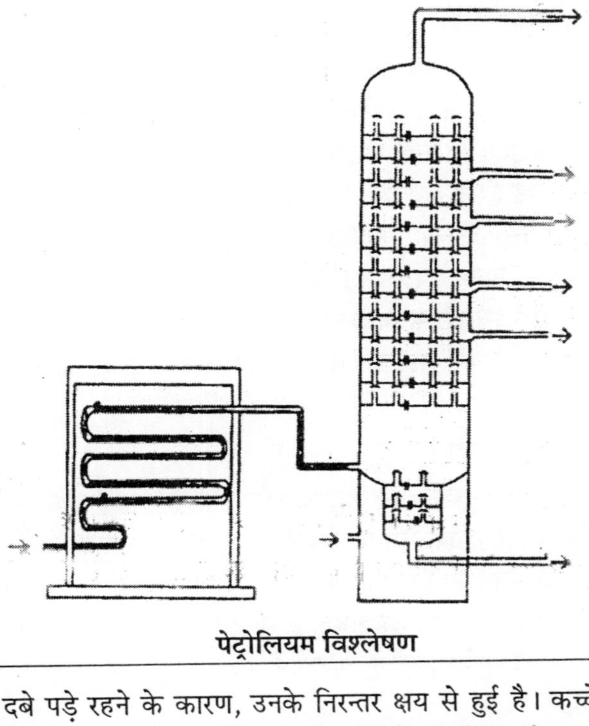

पेट्रोलियम विश्लेषण

के अन्दर दबे पड़े रहने के कारण, उनके निरन्तर क्षय से हुई है। कच्चे तेल में 0° से 400°C ताप के मध्य अनेकों यौगिक पाये जाते हैं। इनमें कार्बन एवं हाइड्रोजन के अतिरिक्त गंधक, नाइट्रोजन व ऑक्सीजन सम्मिलित रहते हैं। पृथ्वी से प्राप्त पेट्रोलियम सीधे उपयोग के योग्य नहीं होता है, अतः इसमें उपस्थित अंशों को भंजक आसवन या प्रभाजी आसवन द्वारा पृथक्–पृथक् करते हैं।

पेट्रोलियम का भंजक आसवन

भंजक विधि में कच्चे तेल को घुमावदार नलियों से संयंत्र के आधार में प्रवेश कराया जाता है। वहाँ उसे वाष्प द्वारा 650K तक गर्म किया जाता है। गर्म होने पर पेट्रोलियम की वाष्प ऊपर उठती है, तथा ऊपर स्थित विभिन्न विभाजकों में प्रवेश करती हुई विभिन्न भागों में पहुँचती है।

इन विभाजकों से ऊपर उठते-उठते वाष्प का ताप घटता जाता है एवं ये विभिन्न स्तम्भों में इकट्ठी होती जाती है। सबसे नीचे ताप अधिक रहता है अतः ज्यादा क्वथनांक का पदार्थ स्नेहक जमा होता है। फिर उससे कम क्वथनांक का पदार्थ (डीजल) जमा होता है। इस प्रकार उत्तरोत्तर रूप से कम क्वथनांक के पदार्थ क्वथनांक के घटते क्रम में जमा होकर पृथक् होते जाते हैं। अवाष्पशील पदार्थ नीचे इकट्ठा हो जाता हैं। उत्पन्न गैस नली से बाहर आ जाती है।

द्रवित पैट्रोलियम गैस

द्रवित पेट्रोलियम गैस या एल.पी.जी. ऐथेन, प्रोपेन तथा n-ब्यूटेन का मिश्रण है। किन्तु इसका मुख्य घटक n-ब्यूटेन है। पेट्रोलियम उद्योग में यह गैस एक उप उत्पाद के रूप में प्राप्त होता है। इसे दाब द्वारा आसानी से द्रवीभूत कर गैस सिलिण्डरों में भर लिया जाता है। यह ईंधन के रूप में काम आती है। वायु के साथ यह नीली लौ के साथ जलती है। इस गैस की 1 ग्राम मात्रा 50 किलो जूल ऊर्जा प्रदान करती है यह एक रंगहीन गंधहीन गैस है। किन्तु दुर्घटना न हो इससे बचने के लिये सिलिण्डरों में इस गैस के साथ गंधयुक्त पदार्थ इथाइल मरकेप्टेन मिला देते हैं ताकि सिलिण्डरों से गैस लीक होने पर गंध से पता लग सके। आजकल वाहनों को चलाने में भी इसका उपयोग किया जाता है।

प्राकृतिक गैस (सी. एन. जी)

प्राकृतिक गैस में मुख्यतः 90 प्रतिशत मेथेन होती है। यह तेल के कुओं से प्राप्त होती है। उच्च दाब पर प्राकृतिक गैस को दबाने से जो गैस प्राप्त होती है उसे सी. एन. जी. कहते हैं। सी. एन. जी. का उपयोग ईंधन एवं ऑटोमोबाइल में किया जाता है। यह जलने पर प्रदूषण मुक्त रहती है तथा अत्यधिक ऊष्मा उत्पन्न करती है। प्रदूषण की गंभीर समस्या को ध्यान में रखते हुये वाहनों के चालन में सी. एन. जी. एक अच्छा विकल्प है।

ऊर्जा रूपान्तरण

ऊर्जा के अनेक रूप हैं, जैसे- विद्युत, प्रकाश, ऊष्मा, ध्वनि, यांत्रिकी, रसायनिक आदि। विभिन्न रूपों की इन ऊर्जाओं को किसी एक रूप से दूसरे रूप में बदला जा सकता है। इन रूपान्तरणों के लिये यंत्रों की आवश्यकता होती है।

	रूपान्तरण	युक्ति
1.	विद्युत ऊर्जा से यांत्रिक ऊर्जा	विद्युत मोटर
2.	विद्युत ऊर्जा से ऊष्मीय ऊर्जा	विद्युत ऊष्मक
3.	विद्युत ऊर्जा से प्रकाश ऊर्जा	ट्यूबलाइट, विद्युत बल्ब
4.	विद्युत ऊर्जा से ध्वनि ऊर्जा	विद्युत घंटी
5.	प्रकाश ऊर्जा से विद्युत ऊर्जा	प्रकाश विद्युत सेल
6.	प्रकाश ऊर्जा से रासायनिक ऊर्जा	फोटोग्राफिक प्लेट
7.	यांत्रिक ऊर्जा से विद्युत ऊर्जा	डायनमों (जनित्र)
8.	ऊष्मा ऊर्जा से यांत्रिक ऊर्जा	इंजन (वाष्प)
9.	ऊष्मा ऊर्जा से विद्युत ऊर्जा	ताप वैद्युत पुंज
10.	रासायनिक ऊर्जा से ऊष्मा ऊर्जा	कोयला जलना
11.	रासायनिक ऊर्जा से प्रकाश ऊर्जा	विद्युत टार्च
12.	रासायनिक ऊर्जा से विद्युत ऊर्जा	प्राथमिक सेल
13.	यांत्रिक ऊर्जा से ऊष्मा ऊर्जा	चलते हुए इंजन में ब्रेक लगाना
14.	गतिज ऊर्जा से स्थैतिज ऊर्जा	दोलक के दोलनों में
15.	स्थैतिज ऊर्जा से गति ऊर्जा	ऊँचाई से गिरने वाला पिंड
16.	द्रव्य का ऊर्जा में	H_2 परमाणुओं के संयोजन से हीलियम परमाणु की उत्पत्ति व संहति-ह्रास का ऊष्मीय ऊर्जा में बदलना

विद्युत ऊर्जा से प्रकाश ऊर्जा

बल्ब, ट्यूबलाइट आदि विद्युत ऊर्जा को प्रकाश ऊर्जा में रूपान्तरण करने की युक्तियाँ हैं। यहाँ हम ट्यूबलाइट का संक्षेप में वर्णन करते है-

ट्यूबलाइट की बनावट- एक काँच की खोखली नली होती है, जिसके अन्दर के पृष्ठ पर केल्शियम सल्फाइड का लेप होता है। इस ट्यूबलाइट के अन्दर अक्रिय गैस आर्गन एवं पारद वाष्प कम दाब पर भरी होती हैं। इसके दोनों सिरों पर अन्दर दो फिलोंमेंट होते हैं। यह एक सॉकेट पर कसी रहती हैं। साकेट के बीच एक चोक तथा किनारे पर स्टार्टर लगा होता है। ट्यूब के सिरों पर दो-दो टर्मिनल निकले होते हैं जो उनके फिलामेन्टो के हैं। स्टार्टर में धातु की दो पत्तियाँ होती हैं, जिसमें धारा प्रवाहित होते ही गर्म हो जाती है एवं फैलकर अलग-अलग हो जाती हैं।

कार्यविधि- जैसे ही कुंजी लगाते हैं परिपथ में विद्युत धारा प्रवाहित होती है।

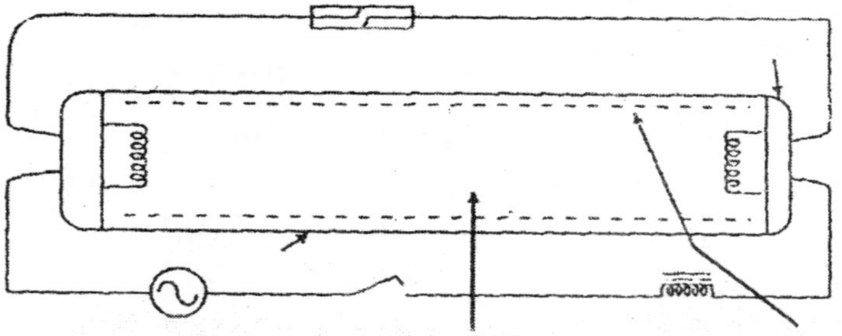

विद्युत ऊर्जा विनिमय

यह धारा तन्तुओं को गर्म करती है इससे इलेक्ट्रॉन उत्सर्जित होते हैं। ये इलेक्ट्रॉन ट्यूब में भरी गैस का आयनीकरण करते हैं, जिससे प्रकाश उत्पन्न होता है। ऊर्जा के ये कण जब ट्यूब की आन्तरिक सतह पर लेपित केल्शियम सल्फाइड पर टकराते हैं तो प्रतिदिप्ती उत्पन्न होती है जिसके कारण ट्यूब लाइट से प्रकाश प्राप्त होता है। जैसे ही फिलामेन्ट गर्म होकर चमकता है स्टार्टर की पत्तियाँ गर्म होकर विच्छेदित हो जाती हैं। अब फिलामेन्टों के बीच उत्पन्न विभवान्तर इसे सतत् रूप से जलाये रखता है।

यांत्रिकी ऊर्जा से विद्युत ऊर्जा

यांत्रिकी ऊर्जा को बदलने वाली युक्ति विद्युत जनित्र या डायनमो कहलाती है–

विद्युत जनित्र की बनावट– इसमें नर्म लोहे का एक क्रोड होता है जिस पर कुण्डली रूप में ताँबे के तार लिपटे होते हैं इसे आर्मेचर कहते हैं। यह आर्मेचर अक्ष पर घुमाया जाता है। कुण्डली का एक सिरा सर्पीवलय S_1 से तथा दूसरा सर्पीवलय S_2 से जुड़ा रहता है। कुण्डली के घूमने पर सर्पीवलय भी घूमते हैं। इन वलयो से धातु के दो बुस B_1, B_2 संयोजित होते हैं एवं संयोजन तार से बल्ब या लोड संयोजित कर देते हैं। आर्मेचर वक्रो घोड़े के नालनुमा दो चुम्बकीय ध्रुव N एवं S के बीच अक्ष XY पर व्यवस्थित कर देते हैं।

क्रिया विधि– जब आर्मेचर XY अक्ष पर घूमता है, कुण्डली भी N व S ध्रुवों के बीच घूमती है। चुम्बक के ध्रुवों से चुम्बकीय क्षेत्र उत्पन्न होता है। कुण्डली के घूमने के कारण कुण्डली से पार होने वाला चुम्बकीय फ्लक्स बदलता है। फेराडे के विद्युत चुम्बकीय प्रेरण के नियमानुसार, चुम्बकीय फ्लक्स के समय के सापेक्ष परिवर्तित होने पर विद्युत वाहक बल उत्पन्न होता है जिससे बल्ब में प्रत्यावर्ती धारा प्रवाहित होती है तथा यह जल जाता है।

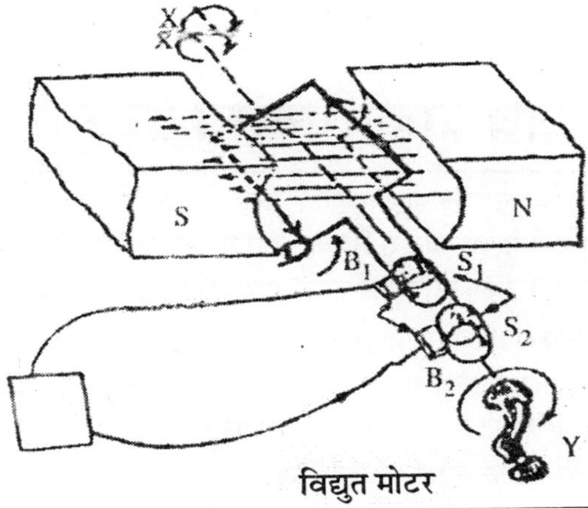

विद्युत मोटर

ईंधन का दक्षता पूर्ण उपयोग

जनसंख्या वृद्धि के साथ ईंधन की खपत प्रतिवर्ष बढ़ती जा रही है जबकि कोयला, तेल एवं गैसों के भण्डार सीमित मात्रा में हैं। अतः यह आवश्यक हैं कि ईंधन का उपयोग दक्षतापूर्ण हो। इसके निम्न उपाय हैं–

1. ईंधन का दहन एवं प्रभावशाली होना चाहिये ताकि ईंधन बेकार न जा सके।

2. जलाने के काम आने वाले उपकरण एवं भट्टियाँ ऐसी हों ताकि अधिकांश ऊष्मा उपयोग में आवे। इसके लिये सामान्य स्टोव के स्थान पर बत्ती का स्टोव काम में लेना चाहिये।

3. कोयले का दक्षतापूर्ण उपयोग हो इसके लिये संयत्रों में एफ. बी. सी. (फ्लूडाइज्ड बेड कम्बिशन) का उपयोग करना चाहिये।

4. ओटोमोबाइल में ईंधन का अन्तः करण इ. एफ . आई. पद्धति (इलेक्ट्रॉनिक फ्यूल इन्जशन) काम में लेना चाहिये।

5. ऑटोमोबाइल वाहनों में वी. आर. सी (वेपर रिसर्क्युलेशन सिस्टम) तथा ई. जी. आर. (एग्जॉस्ट गैस रिसर्कुलेशन) काम में लेना चाहिये।

6. घरों में काम आने वाले बर्तनों के पैंदे चौड़े एवं काले होने चाहिये।

□□□

14

जैव प्रौद्योगिकीय प्रबंधन

जन्तु एवं पादप कोशिका संवर्धन बहुत पुराना है परन्तु जैवप्रौद्योगिकी शब्द नया है। करीब 5000 वर्षों से मनुष्य सूक्ष्मजीवों की मदद से सिरका, दही एवं शराब का उत्पादन करता आ रहा है। हमारे पूर्वज जीवाणुओं के किण्वन से कई उत्पाद प्राप्त करते थे।

वैदिक युग में (5000-7000 ईसा पूर्व) आर्य, पर्यावरण को शुद्ध करने के लिए यज्ञ किया करते थे जिसमें घी का उपयोग होता था, घी दूध का किण्वन उत्पाद हैं, अतः इसे पुरातन जैवप्रौद्योगिकी की संज्ञा दे सकते हैं। पुरातन जैव प्रौद्योगिकी का आधार वे विधियाँ हैं, जो सूक्ष्मजीवों की स्वाभाविक एवं प्राकृतिक क्षमताओं पर निर्भर है।

जैवप्रौद्योगिकी शब्द, 1917 में हंगरी के अभियन्ता, कार्ल इरेकी ने दिया। बीसवीं शताब्दी के अन्त में, जैवप्रौद्योगिकी जीवविज्ञान की एक नई शाखा के रूप में विकसित हुई। प्रथम विश्व युद्ध के समय किण्वन विधियाँ विकसित की गई जिसने स्टार्च से एसीटोन का निर्माण किया गया। पेनिसिलियम नोटेटम द्वारा पेनिसिलीन (एक प्रति जैविक) का व्यापारिक उत्पादन द्वितीय विश्व युद्ध के दौरान ही प्रारम्भ हो सका, जबकि इस कवक द्वारा पेनिसिलीन का उत्पादन ऐलेक्जेण्डर फ्लेमिंग ने 1930 में ही शुरू कर दिया था।

1953 में वाटसन एवं क्रिक ने डी.एन.ए. की खोज के बाद 1971 में वेरनर अरबेर ने जीवाणु में विशेष एन्जाइम की खोज की जिसे रिस्ट्रीकशन एन्जाइम कहते हैं। यह एन्जाइम डी.एन.ए. को सूत्र काट सकता है। 1973 में एस.कोहेन एवं एच. बोयर ने जीवाणु से एक विशेष जीन निकाला एवं इसे दूसरे जीवाणु में, रिस्ट्रीक्शन एन्जाइम की सहायता से डाल दिया, इसी खोज से पुन:संयोजी डी.एन.ए. तकनीकी प्रारम्भ हुई। पुनः संयोजी डी.एन.ए. तकनीकी आनुवंशिक अभियांत्रिकी का मुख्य आधार है। इस तकनीकी के उपयोग से किसी भी जीव से इच्छित जीन को अलग करके इसे किसी अन्य जीव में स्थानांतरित किया जा सकता है। इस आनुवंशिक अभियांत्रिकी विधि से स्थानान्तरित किए गए जीन को पारजीन कहते हैं। पारजीनी जीव उस जीव को कहते हैं, जिसमें कोई पारजीव उपस्थित एवं प्रकट होता है।

1976 में बाल्टीमोर एवं बाल्टीमोर ने मानव वृद्धि हार्मोन जीन का स्थानान्तरण, खरहे में किया। 1997 में एडिन्बर्ग स्कॉटलैण्ड् के रॉसलिन संस्था के वैज्ञानिक डॉ. इआन विल्मट ने भेड़ के क्लोन (प्रतिरूप) बनाने में सफलता प्राप्त की।

1979 में मानव वृद्धि हार्मोन का संश्लेषण किया गया। 1980 में पॉल बर्ग, फ्रेड्रिक सेंगर एवं साथियों को पुन:संयोजी डी.एन.ए. अणु की खोज के लिए नोबेल पुरस्कार दिया गया। आनुवंशिक अभियांत्रिकी आधारित उत्पादन तकनीकी को प्रायः आधुनिक जैवप्रौद्योगिकी कहते हैं।

जैवप्रौद्योगिकी विज्ञान की सबसे महत्त्वपूर्ण एवं नवीन शाखा है। मानव उद्‌विकास के साथ-

साथ विज्ञान का भी उद्विकास हुआ है। सर्वप्रथम मानव ने प्रकृति को जानना प्रारम्भ किया, जिसके परिणाम थे, विज्ञान के मूलभूत सिद्धान्त। तदुपरान्त मानव ने सूचनाओं के आधार पर प्राकृतिक संसाधनों का उपयोग एवं दोहन प्रारम्भ किया। इन प्रक्रियाओं के लिए विज्ञान की विभिन्न शाखाओं का उद्विकास हुआ।

वर्तमान में विज्ञान एवं अभियांत्रिकी की विभिन्न शाखाओं में अन्तर्सम्बन्ध अत्यन्त मजबूत हुए हैं एवं प्राकृतिक संसाधनों का उचित नियोजित एवं मर्यादापूर्वक दोहन करने के लिए जैवप्रौद्योगिकी शाखा का विकास हुआ है।

जन्तु एवं पादप कोशिकाओं अथवा उनके अवयवों का सूक्ष्मजीवों के नियंत्रित उपयोग से मनुष्य के लिए उपयोगी उत्पादों का उत्पादन इसके द्वारा किया जाता है। प्रमुख रूप से जैव प्रौद्योगिकी की मदद से विज्ञान एवं अभियांत्रिकी के सिद्धान्तों के उपयोग एवं जैविक कारकों की सहायता से उपयोगी उत्पादों का उत्पादन या उपयोगी सेवाओं का सृजन किया जाता है।

जैवप्रौद्योगिकी का मूल उद्देश्य मर्यादा पूर्वक दोहन कर मानव हित में लाभ अर्जित करना है। इसमें सम्पूर्ण जन्तुओं तथा पौधों के मानव हित में उपयोग को शामिल नहीं किया जाता है क्योंकि कृषि, उद्यान कृषि तथा पशुपालन, विषयों में इनके उपयोग से सम्बन्धित अध्ययन किए जाते हैं।

जैवप्रौद्योगिकी का विज्ञान की अन्य शाखाओं से अन्तर्सम्बन्ध

जैव प्रौद्योगिकी में जीव विज्ञान, रसायन विज्ञान एवं अभियांत्रिकी के कई विषयों का योगदान है। इनमें प्रमुख विषय है— आण्विक जैविकी, सूक्ष्मजैविकी, जैव रसायन विज्ञान, प्रतिरक्षा विज्ञान, प्रक्रम अभियांत्रिकी, जैवरासायनिक अभियांत्रिकी, रासायनिक अभियांत्रिकी एवं यांत्रिक अभियान्त्रिकी आदि।

जैवप्रौद्योगिकी:

सामान्य जानकारी

जैवप्रौद्योगिकी विषय के अध्ययन ने पूर्व कुछ तकनीकी शब्दों की जानकारी आवश्यक हैं संक्षेप में विवरण निम्न प्रकार है—

एन्टीजन—यह यौगिक जो एन्टीबाडी निर्माण को प्रेरित करता है।

कैलस— (क) घाव युक्त स्थान पर बना घाव उत्तक। (ख) पादप सम्बर्द्धन में, अव्यवस्थित ट्यूमर जैसी रचना का निर्माण।

डी.एन.ए. लाइगेज— एन्जाइम जो डी.एन.ए. टुकड़ों को जोड़ता है।

डी.एन.ए.— केन्द्रक में उपस्थित आनुवंशिक पदार्थ जो पीढ़ी दर पीढ़ी गुणों के संचरण का नियंत्रण के साथ कोशिका में समस्त क्रियाओं का नियंत्रण करता है।

पुनः संयोजी डी.एन.ए.—कृत्रिम विधियों से प्रयोगशाला में किसी जीव के मूल डी.एन.ए. में हेर फेर कर संरचना में परिवर्तन करना, इस परिवर्तन से डी.एन.ए. को पुनःसंयोजी डी.एन.ए. कहते हैं।

आनुवंशिकी अभियांत्रिकी— आनुवंशिक हेर फेर के द्वारा किसी जीव की वंश–परम्परा में उपयोगी परिवर्तन करना।

प्लाज्मिड— कुछ जीवाणुओं में गुणसूत्रीय डी.एन.ए. के अतिरिक्त उपस्थित वर्तुल डी.एन.ए. को, प्लाज्मिड कहते हैं।

रिस्ट्रीक्शन एन्डो न्यूक्लिऐज— वे एन्जाइम जो गुणसूत्र, में निश्चित बिन्दुओं पर चीर लगाकर उनके खण्ड़ों को अलग करने को प्रेरित करते हैं।

वाहक—वे संचनाएँ जो डी.एन.ए. को एक जीव से दूसरे जीव में स्थानांरित करते हैं।

क्लोनिंग— वह प्रक्रिया जिसके माध्यम से सम्पूर्ण डी.एन.ए. या किसी जीन की कई प्रतियाँ बनाई जा सकती हैं।

कर्तोतक— अलग किया हुआ पादप भाग, जो उत्तक संवर्द्धन को प्रारम्भ करता है।

इन्टरफेरोन— जब वाइरस, उत्तकों पर आक्रमण करते हैं तो उत्तक प्रोटीन उत्पन्न करते हैं जो प्रतिविषाणुक कारक हैं, इसे इन्टरफेरोन कहते हैं।

जीवाणुभोजी— जीवाणुओं को संक्रमित करने वाले विषाणु।

निफ जीन— नाइट्रोजन का स्थायीकरण करने वाले जीन।

संवर्धन—किसी माध्यम में उगाए गये सूक्ष्म जीवों का समूहन।

लाल जैवप्रौद्योगिकी— जैवप्रौद्योगिकी का चिकित्सकीय अनुप्रयोग।

हरित जैवप्रौद्योगिकी—कृषि क्षेत्र में जैवप्रौद्योगिकी का अनुप्रयोग।

जैवप्रौद्योगिकी के उद्देश्य

(1) उन उत्पादों का उत्पादन जो अनुपलब्ध या अपर्याप्त मात्रा में उपलब्ध थे।

(2) औद्योगिक प्रक्रमों में लागत कम करने हेतु नयी विधियों का विकास।

(3) अधिक सुरक्षित एवं उच्च गुणवत्ता युक्त उत्पादों का उत्पादन।

(4) उन संसाधनों की खोज एवं उपयोग जो अभी तक अनुपलब्ध थे।

जैवनैतिकता

जैसाकि प्रारम्भ में हमने पढ़ा कि जैवप्रौद्योगिकी में सूक्ष्मजीवों, जन्तु एवं पादप कोशिकाओं तथा उनके घटकों के उपयोग से मानव उपयोगी उत्पादों एवं सेवाओं का सृजन होता है। अतः यह स्पष्ट होना चाहिए कि मानव कल्याण के लिए उपरोक्त जैविक कारकों का हम उपयोग कर, कहीं उनका दोहन तो नहीं कर रहे हैं। इसलिए नैतिकता के आधार पर हमारा व्यवहार जैविक कारकों के प्रति मर्यादापूर्ण होना चाहिये। नैतिकता ऐसे मापदण्डों या मानकों का समूह होता है जिसके आधार पर कोई व्यक्ति या समुदाय अपने व्यवहार का नियमन करता है और यह निश्चित कर लेता है कि कौनसी क्रियाएं करने योग्य हैं और कौनसी नहीं। अतः जैव नैतिकता को ऐसे मापदण्डों या मानकों का समुह कहा जा सकता है, जिसके आधार पर जैविक संसार के साथ हमारे व्यवहार एवं दृष्टिकोण का नियमन किया जा सकता है।

जैवप्रौद्योगिकी में, विशेष रूप से पुन:संयोजी तकनीकी, जैविक संसार की महत्त्वपूर्ण विधियों द्वारा दोहन करने पर केन्द्रित हैं। अत: जैवप्रौद्योगिकी जैविक विविधता के लिए हानिकारक हो सकती हैं, इसलिए निम्न जैवनैतिकता प्रश्न उठना स्वाभाविक है—

(क) क्या जैवप्रौद्योगिकी में प्राणियों का उपयोग उनके लिए कष्टदायी हो सकता है?

(ख) क्या किसी जाति के जीवों को अन्य जाति के स्थानान्तरित कर हम उस जाति की पहचान को प्रभावित तो नहीं कर रहे?

(ग) जैवप्रौद्योगिकी में हम जीवों का मानव कल्याण में उपयोग करते हैं, यह उनका अत्यधिक दोहन तो नहीं है?

(घ) क्या जैवप्रौद्योगिकी से पर्यावरण को खतरा सम्भव है?

(ङ) क्या जैवप्रौद्योगिकी से जैवविविधता पर भी प्रतिकूल प्रभाव पढ़ सकता है?

(च) जब जीवों का उपयोग औषधीय प्रोटीन एवं अन्य उत्पादों के लिए करते हैं तो उन्हें 'जीव' से हटाकर 'फैक्ट्री' की श्रेणी में रख देते हैं। क्या यह उचित है?

अत: प्रत्येक व्यक्ति या समुदाय को मर्यादित दृष्टिकोण रखते हुए मूल्यांकन करना होगा एवं यह निर्णय लेना होगा कि कौनसी प्रक्रियाएं उसे स्वीकार्य हैं और कौनसी नहीं। प्रत्येक मानव समाज को इन प्रश्नों के संदर्भ में सम्पूर्ण जीव जगत् को केन्द्र बिन्दु मान कर सार्थक निर्णय लेने होगे।

जैवपेटेन्ट

सामान्यतया, भौतिक परिसम्पत्तियाँ जैसे— घरेलू सामान, जमीन आदि व्यक्तिगत सम्पत्ति होती है। इसी प्रकार किसी देश की सम्पूर्ण सम्पत्ति उसकी निजी सम्पत्ति होती है। व्यक्तिगत सम्पत्ति के अधिकारों की रक्षा देश में प्रचलित कानूनों के तहत होती है। परन्तु वर्तमान में ज्ञान आधारित समाज का वर्चस्व बढ़ता जा रहा है। इस ज्ञान आधारित समाज में भारत की गणना अग्रिम पंक्ति में की जा रही है। ज्ञान आधारित इस समाज की अर्थव्यवस्था का मुख्य स्तम्भ बौद्धिक सम्पत्ति सृजन एवं रक्षा ही है। बौद्धिक सम्पत्ति कोई डिजाइन, अवधारणा, शोध संकेत आदि हो सकती है तथा इन्हें व्यक्तिगत सम्पत्ति के रूप में मान्यता दी जानी चाहिए क्योंकि यह व्यक्ति विशेष को बौद्धिक स्तर का परिणाम होती है। बौद्धिक सम्पत्ति की रक्षा एवं उसे व्यक्तिगत मान्यता देने हेतु उसका कानूनी संरक्षण आवश्यक है। सरकार द्वारा प्रदत्त यही कानूनी संरक्षण पेटेन्ट कहलाता है। पेटेन्ट एक सरकारी अनुदान है, जो सीमित समयावधि के लिए, व्यक्ति को अपने आविष्कार के विकास, उपयोग एवं व्यवसाय का विशेषाधिकार प्रदान करती है। पेटेन्ट, नई एवं उपयोगी मशीनों, निर्मित उत्पादों, औद्योगिक प्रक्रमों एवं उपलब्ध साधनों में महत्त्वपूर्ण सुधारों के लिए प्रदान किया जाता है। इसके अलावा यह नए रसायनों, रासायनिक यौगिकों, भोज्य पदार्थों एवं चिकित्सकीय उत्पादों के उत्पादन एवं प्रसंस्करण के लिए भी प्रदान किया जाता है। पेटेन्ट, इसके अलावा, आनुवांशिक अभियांत्रिकी द्वारा विकसित नवीन जीवों हेतु भी प्रदान किया जाता है। जीवों एवं उनसे सम्बन्धित अवयवों, सम्बन्धी पेटेन्ट जैवपेटेन्ट कहलाते हैं।

इस तरह के पेटेन्ट मुख्यत—

(1) सुक्ष्मजीवों के विभेद,

(2) कोशिका क्रम,

(3) आनुवंशिकत: रूपान्तरित पादप जन्तु,

(4) डी.एन.ए. क्षार क्रम,

(5) डी.एन.ए. क्षार क्रमों द्वारा कोडित प्रोटीनों,

(6) विभिन्न जैवप्रौद्योगिक प्रक्रियाएं,

(7) उत्पादन प्रक्रियाएं,

(8) उत्पाद,

(9) उत्पादों के अनुप्रयोग के लिए दिये जाते हैं।

जैवपेटेन्ट प्राप्त करने के लिए आविष्कार पूर्णत: नवीन, अप्रकटित एवं जैविक अनुप्रयोग में सक्षम होना चाहिए। जैवपेटेन्ट का अधिकार, आविष्कारक द्वारा, किसी अन्य व्यक्ति को या उत्तराधिकारी को दिया जा सकता है। आविष्कारक अपने आविष्कार के व्यावसायिक उपयोग के एवज में उपयोगकर्ता से क्षतिपूर्ति प्राप्त कर सकता है। प्राय: विभिन्न देशों में पेटेन्ट 16 से 20 वर्ष तक वैध रहता है जिसके उपरान्त वह आविष्कार सार्वजनिक उपयोग में लिया जा सकता है। भारत में पेटेन्ट वैधता 20 वर्ष के लिए है। भारत में पेटेन्ट सम्बन्धी कानून ''पेटेन्ट कानून–1970 बीस अप्रेल उन्नसी सौ बहत्तर को प्रभावी हुआ था।'' जैव प्रारूपों के पेटेन्ट का समाज के कई सामाजिक वर्गों द्वारा विरोध किया जाता रहा है। ये विरोध मूलत: नैतिक एवं राजनैतिक प्रकृति के हैं। जैवपेटेन्टों के समर्थन में सबसे बड़ा तर्क आर्थिक प्रकृति का है।

कृषि क्षेत्रों में

(अ)	पीडक का जैविक नियंत्रण	खरपतवारों, रोगों व नाशी कीटों आदि का जैव नियंत्रण
(ब)	जैव उर्वरक का उपयोग	रासायनिक उर्वरकों के दुष्प्रभावों से बचाव, अधिक गुणवत्ता एवं उत्पादन।
(स)	रोगमुक्त पादपों का विकास	अधिक उत्पादन, कृषि लागत कम।
(द)	विषम पर्यावरणीय परिस्थितियों हेतु अनुकूलित पादपों का विकास	उत्तम परिस्थितिकी संतुलन, अप्रयुक्त भूमि का उपयोग, सुगम उपलब्धता।

अन्य क्षेत्रों में

(अ)	दूषित जल उपचार	सुक्ष्मजीवों के माध्यम से दूषित जल का उचित प्रबन्धन।
(ब)	बहि:स्रावों का निराविषन	औद्योगिक बहि:स्रावों में उपस्थित विषैले पदार्थों का निराविषन।

(स) पौष्टिक खाद्य पदार्थों का उत्पादन	सुक्ष्मजीवों तथा अनेक उत्पादों का भोज्य पदार्थों के रूप में उपयोग
(द) ईंधन उत्पादन	बायोगैस, इथेनॉल आदि का सुक्ष्मजीवों के उपयोग से उत्पादन।

पादप जैवप्रौद्योगिकी

मनुष्य के पालतू जन्तुओं एवं लाभदायक फसलों के जीन प्रारुपों में सुधार कर उन्हें अधिक उपयोगी बनाने का सतत प्रयास किया है। इस प्रक्रिया में दो प्रमुख चरण होते हैं— (क) आनुवंशिक विविधता का उत्पादन एवं (ख) वांछित जीन प्रारुपों का चरण। आनुवंशिक विविधता का उत्पादन सम्बन्धित फसल के जिनोम में उपस्थित जीनों के पुनःसंयोजन द्वारा किया जाता है। पहले वर्षों तक जीनों का स्थानान्तरण संकरण द्वारा ही किया जा सकता था। परन्तु अब कई नई तकनीकों का विकास हुआ है। इन नवीन तकनीकों का कृषि के क्षेत्र में महत्त्वपूर्ण योगदान है यथा जैवउर्वरक, जीवनाशी, रोग व कीट रोधी किस्मों का निर्माण आदि।

पादप ऊतक संवर्धन

पादप कोशिकाओं, ऊतकों एवं अंगों को उचित पोष माध्यम पर पाये (किसी पात्र जैसे परखनली) संवर्धित करने को पादप ऊतक संवर्धन कहते हैं। वह पादप ऊतक या अंग जिसे उसके मूल स्थान से अलग करके पात्रे संवर्धित किया जाता है, कर्तोतक कहते हैं। पादपों की विशेषता है कि इसकी कोई भी कोशिका नये पौधे को जन्म दे सकती है, इसी कारण विभिन्न पौधों का प्रयोगशाला में ऊतक संवर्धन तकनीक के द्वारा संवर्धन संभव है, इस तरह जो नन्हें पादप तैयार होते हैं वे बाद में लाखों नये पौधों को जन्म दे सकते हैं।

ऊतक संवर्धन निम्न प्रकार का होता है—

(क) **पादप संवर्धन** — नवोद्भिद का संवर्धन।

(ख) **भ्रूण संवर्धन**— विलग किये गये भ्रूण का संवर्धन।

(ग) **ऊतक संवर्धन**— कोशिकाओं या ऊतकों से तैयार संवर्धन।

(घ) **अंग संवर्धन**— विलग अंगों जैसे— मूलाग्र, प्ररोह अग्रप्ररोह, पुष्पों आदि का संवर्धन।

(ङ) **जीवद्रव्यक संवर्धन**— विलग किये जीवद्रव्यकों का संवर्धन।

संवर्धन के लिए उपयोग में किए जाने वाले कर्तोतकों, संवर्धन पात्रों पोष पदार्थों एवं उपकरणों आदि को सूक्ष्मजीवों से रहित करना अनिवार्य होता है। इसके लिए कर्तोतकों को विशेष प्रति सूक्ष्मजैविकों से उपचारित किया जाता है, पात्रों एवं पोष पदार्थों का संवर्धन माध्यम को भी रोगाणुनाशक भाप, शुष्क ताप या एल्कॉहल से उपचारित करके किया जाता है। इस प्रक्रिया को सतह रोगाणुनाशक कहते हैं। पोष पदार्थ में वे सभी पोषक होने चाहिये, जो कर्तोतक की वृद्धि एवं परिवर्धन के लिए जरूरी है। इन पोष पदार्थों में अकार्बनिक लवण, विटामिन, सुक्रोस एवं वांछित वृद्धि नियामक होते हैं। पादप ऊतक सवंर्धन में अधिक उपयोग में आने वाले

वृद्धि नियामक ऑक्सीन जैसे— 2, 4, डाइक्लोरोफिनाक्सी एसिटिक अम्ल एवं साइटोकाइनिन जैसे— बेंजिलएमीनोप्यूरीन आदि। ये वृद्धि नियामक पादप ऊतक संवर्धन में, कोशिका विभाजन एवं उनके अंग पुनरुत्पादन के लिए जरूरी होते हैं। ऊतक संवर्धों को सामान्तया एक संवर्धन कक्ष में 24°C पर प्रकाश में रखते हैं।

एक पादप ऊतक संवर्धन प्रयोगशाला को मुख्य तीन भागों में बांटा जा सकता है—

(क) पोष माध्यम कक्ष, (ख) स्थानान्तरण कक्ष, (ग) संवर्धन कक्ष।

पादप ऊतक संवर्धन के प्रकार

पादप ऊतक संवर्धनों का प्रकार सामान्यतया उनकी वृद्धि के प्रकार या संवर्ध आरंभ करने के उपयोग किए गये कर्तोतक आदि पर निर्भर करता है।

कैलस संवंर्ध— कैलस संवर्ध कोशिकाओं का एक असंगठित समूह होता है, इसे एगार पोष पदार्थ पर सम्बन्धित किया जाता है। एगार, यह समुद्री खरपतवार से प्राप्त जैली जैसा पदार्थ है। पोष पदार्थ में सामान्यतया ऑक्सीन (2, 4, डाइक्लोरोफिनाक्सी एसिटिक एसिड) एवं साइटोकाइनिन (जैसे— बेंजिल एमीनोप्यूरीन) उपस्थित होते हैं। जब कर्तोतक इस माध्यम में रखा जाता है, तो कर्तोतक की बहुत सी कोशिकाओं में विभाजन प्रारम्भ हो जाता है। इससे 2–3 सप्ताह में इन कर्तोतकों से कैलस, एक असंगठित कोशिका समूह के रूप में प्राप्त होता है।

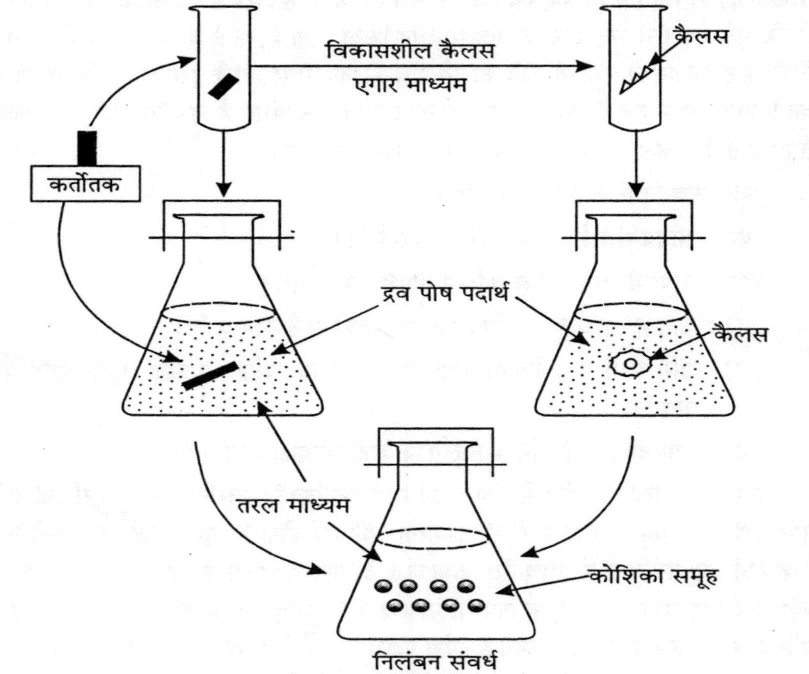

चित्र–2: कैलस एवं निलंबन का प्रारम्भ

निलंबन संवर्ध— इनमें एकल कोशिकाएं एवं छोटे-छोटे कोशिका समूह होते हैं, इनको द्रव पोष पदार्थ में निलंबित रखा जाता है। इस संवर्ध में कर्तोतक को तरल पोष पदार्थ में रखा जाता है। निलंबन संवर्धों को लगातार 100–200 चक्कर प्रति मिनट की दर से हिलाते रखना अनिवार्य है इससे पोष पदार्थ का लगातार मिश्रण होता रहता है एवं कोशिका समूह, छोटे समूहों में टूटता रहता है। निलंबन संवर्धों की वृद्धि दर, कैलस संवर्धों की तुलना में अधिक होता है। कैलस एवं निलंबन संबर्धों का उपयोग जैव रसायनों की प्राप्ति व पादपों के पुनरुद्भवन, ट्रांसजैनिक पादप उत्पादन एवं प्रोटोप्लास्टों की प्राप्ति के लिए किया जाता है।

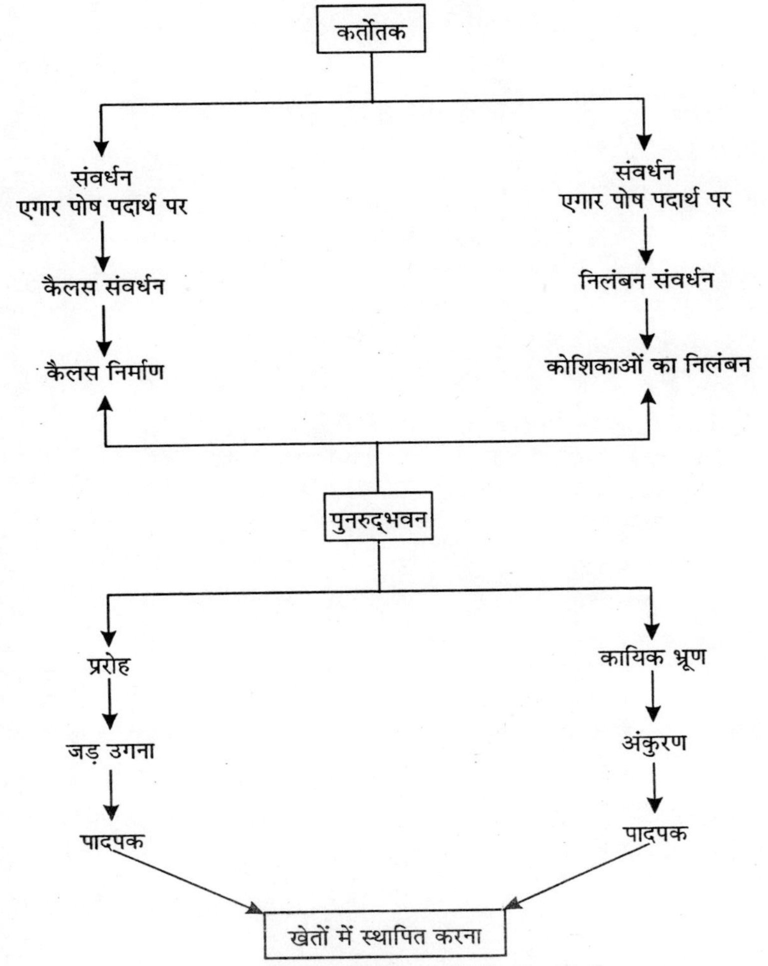

चित्र-3: कैलस एवं निलंबन संवर्धन का उपयोग